军事计量科技译丛

装备科技译著出版基金

阿 秒 物 理
Attosecond Physics
Attosecond Measurements and Control of Physical Systems

［西班牙］路易斯·普拉哈（Luis Plaja）
［西班牙］里卡多·托雷斯（Ricardo Torres） 主编
［英　　国］阿梅尔·扎伊尔（Amelle Zaïr）
　　　　　赵环　赵研英　叶蓬　译

国防工业出版社

·北京·

著作权合同登记号　图字:01-2020-023 号

图书在版编目(CIP)数据

阿秒物理 /（西）路易斯·普拉哈（Luis Plaja），（西）里卡多·托雷斯（Ricardo Torres），（英）阿梅尔·扎伊尔主编；赵环，赵研英，叶蓬译. —北京：国防工业出版社，2023.1

（军事计量科技译丛）

书名原文：Attosecond Physics，Attosecond Measurements and Control of Physical Systems

ISBN 978-7-118-12644-0

Ⅰ.①阿… Ⅱ.①路…②里…③阿…④赵…⑤赵…⑥叶… Ⅲ.①超短光脉冲-研究 Ⅳ.①TN781

中国版本图书馆 CIP 数据核字（2022）第 206746 号

Attosecond Physics：Attosecond Measurements and Control of Physical Systems
edited by Luis Plaja, Ricardo Torres and Amelle Zaïr
Copyright @ Springer-Verlag Berlin Heidelberg, 2013
This edition has been translated and published under licence from
Springer-Verlag GmbH, part of Springer Nature.
本书简体中文由 Springer 出版社授权国防工业出版社独家出版。
版权所有，侵权必究。

※

国防工业出版社出版发行
（北京市海淀区紫竹院南路 23 号　邮政编码 100048）
北京龙世杰印刷有限公司印刷
新华书店经售

*

开本 710×1000　1/16　插页 14　印张 16½　字数 295 千字
2023 年 1 月第 1 版第 1 次印刷　印数 1—1600 册　定价 128.00 元

（本书如有印装错误，我社负责调换）

国防书店：(010)88540777　　书店传真：(010)88540776
发行业务：(010)88540717　　发行传真：(010)88540762

译者序

从 2001 年法国和奥地利的研究团队先后分别首次产生阿秒脉冲串和孤立阿秒脉冲算起，阿秒科学恰好迈进了"20 岁"的门槛，作为一门年轻的学科，阿秒科学在过去的 20 年里"成长"迅猛，不仅带动了超快激光技术的快速发展，也促成了以电子动力学研究为突破口的许多前沿应用学科的创新，开启了超快科学的阿秒时代。国内第一个阿秒脉冲于 2013 年在中国科学院物理研究所产生，迄今已有不少研究所和大学开展阿秒科学与技术的研究，在理论与实验方面取得了多个重量级的成果，近年来中国科学院西安光学精密机械研究所、国防科技大学、华中科技大学等单位也分别产生了输出指标优秀的阿秒脉冲。但总体而言，目前国内该领域研究还处于紧跟国际领先水平的阶段，这其中的一个主要原因是由于阿秒的前沿性，系统的专业书籍还比较欠缺，致使许多相关应用学科的研究人员接触该领域偏晚。因此能有一本系统讲述阿秒科学、技术及应用的专业书籍，无疑对于从事与这一领域相关研究的科技工作者是非常有益的。为此我们翻译了由西班牙萨拉曼卡大学的 Luis Plaja、萨拉曼卡激光中心的 Ricardo Torres 及英国帝国理工学院的 Amelle Zaïrs 三位学者共同编辑、Springer 出版集团出版的 *Attosecond Physics Attosecond Measurement and Control of physical Systems*，以期对国内广大阿秒科研工作者有所帮助。

本书汇总了从阿秒脉冲的产生、测量到应用的一系列综述文章，作者不仅有创建阿秒科学重要发现与发明的奠基人，而且也有多位近年来该领域相关研究的开拓者。通过对本书的阅读，读者不仅能够领略（回顾）30 多年前气体高次谐波发现和 20 年前阿秒脉冲产生的里程碑工作,还可以感受到阿秒脉冲及超强激光在不同物质体系中展现出的精彩物理图像与过程。由不同作者贡献的各个章节,不仅概括了国际该领域多个研究团队的重要成果,同时也结合时间顺序及逻辑关系,循序渐进地描述了阿秒脉冲产生、测量及应用的内容,对于读者了解阿秒物理的相关知识与发展过程,并深入走进阿秒王国,具有很好地引导作用。如 1987 年 A.L'Huillier 等人发现的高次谐波实验现象;1993 年 P.B. Corkum 等人对气体高次谐波产生原理的半经典三步模型解释;1994 年 M.Y. Ivanov 等人对半经典模型向量子模型的扩展;2001 年 P. Salières 将高次谐波的产生理论纳入费曼路径积分的体系等。不可否认的是,阿秒脉冲的产生离不开飞秒激光技术的发展。基于自聚焦效应或饱和吸收体的锁模机制,20 世纪末人们已经能够从激光振荡器直接产生少周期的飞秒脉冲,结合 G.Mourou 等人提出的啁啾脉冲激光放大技术、M. Nisoli 等人发明的空心光纤光谱展宽技术及 F.Krausz 等人发展的啁啾镜色散补偿技术,进一步使得单脉冲能量达毫焦耳的少周期激光脉冲成为可能,从而促使 F.Krauzs 等人于 2001 年获得了真正意义上的阿秒脉冲——孤立的单阿秒脉冲。

  本书不仅讲述了阿秒物理研究的主要内容,同时也简要介绍了相关的飞秒激光技术。如在第二部分第 3~6 章中,我们可以看出激光技术对高次谐波和阿秒激光研究的促进作用。正是高重复频率高平均功率飞秒激光的发展,使得高通量高次谐波成为可能,特别是 $2\sim4\mu m$ 长波长飞秒驱动激光的出现,不仅将高次谐波推进到了水窗波段,也使得利用液体和固体介质产生高次谐波逐渐成为新的研究热点,相比传统的气体高次谐波,后者具有小巧、稳定、可塑性等独特的优点。另一方面,由于阿秒脉冲和高次谐波在超快动力学探测中的广泛应用,作者在第三部分第 7~13 章重点介绍了几个有重要代表性的应用研究工作,如强场电离中的电子动力学、利用高次谐波对分子结构进行成像、电离过程中电子从固体内部隧穿至表面的时间延迟、分子电离之后的解离过程等。相信译著的出版，不仅有助于该领域学者从专业角度深入掌握阿秒物理的相关技术及应用，也能够增强不同背景的读者对阿秒科学的了解和兴趣。

我们希望读者朋友在本书的阅读中能够经历一场阿秒领域的"远征"，并抵达该领域的世界前沿。不仅满足于享受前人建立的优美物理世界，也能贡献自己的一份力量，为我国阿秒研究从"紧跟国际先进水平"到"引领世界"增砖添瓦。

本书第1~8章由赵环翻译，第9章和第14章由赵研英翻译，第10~13章由叶蓬翻译，3位译者共同对全部译稿进行了校对和修改。特别感谢中国科学院物理研究所魏志义研究员在繁忙的工作之余为本书作序，并细致审阅全书给出修改意见。

由于译者水平有限，书中难免存在不妥和疏漏之处，请各位读者批评指正！

译者
2022年5月

序

人类对自然科学的认识是通过对空间及时间的观察而不断发展的,我们身处的世界是由物质构成的,并处在绝对运动之中,显微镜的发明及分辨率的不断提高,使得我们从宏观世界的直观了解,进一步深入到肉眼看不见的细菌、病毒、甚至分子及原子的结构。同宏观物体的运动一样,构成物质结构的分子、原子、电子无时无刻不处于运动之中,并遵循相关的科学规律。通过理论研究人们很早就知道,分子的旋转、振动等发生在皮秒到飞秒的时间尺度,而电子绕原子转动的时间更高达阿秒量级,但如何从实验上测量验证电子的超快过程,一直缺少高分辨率的时间观察手段,因此在物质结构动态研究方面,长期以来远不如稳态研究活跃。

阿秒(as)是 10^{-18} s 的时间单位,比飞秒(fs)快 3 个量级,比皮秒(ps)快 6 个量级。传统上,人们借助电子技术才能获得纳秒(ns)到皮秒(ps)量级的最快可控过程。随着激光的问世,特别激光锁模技术的出现,超快技术才得到了快速发展,激光也因此成为目前研究微观粒子超快运动的最重要手段。1981 年,美国贝尔实验室发明了碰撞脉冲锁模(CPM)技术,第一次将人们所能控制的时间推进到了亚 100fs,开启了超快研究的飞秒时代;2001 年,奥地利维也纳技术大学的 Ferenc Krausz 教授结合飞秒激光啁啾脉冲放大技术(CPA)及高次谐波技术(HHG),第一次测量得到了孤立的阿秒激光脉冲,超快科学研究从此迎来了阿秒时代。

阿秒激光的出现是激光发展史上最重要的里程碑成果之一,由于原子中电子绕核运动的时间在阿秒量级,因此阿秒激光为测量电子的动力学行为提供了前所未有的手段。我们知道,任何状态的物质特性都由其电子结构决定,无论是物理、化学、还是生物学所涉及的相关问题,都可以通过对原子内壳层束缚电子运动过程的测量和控制获得新的发现和认识,进而揭示新的科学规律。实际上,迄今科学家对物质科学的研究大多都关注于空间分辨的稳态结构,考虑到构成物质世界的微观粒子处于超快运动之中,因此阿秒激光无疑为科学家从时间分辨的角度研究物质的动态行为打开了极为广阔的天地,迄今不仅多次打破最短脉冲宽度的世界纪录,将650as推进到了43as,而且在原子分子物理、凝聚态物理、半导体物理、信息技术、材料科学等领域取得系列重要突破。值得关注的是欧盟在匈牙利也立项建设以阿秒激光为主体内容的大科学设施——ELI-ALPS(extreme light infrastructure-attosecond light pulse source)。但相对快速增长的论文产出,阿秒相关的专著却不多见。原著是由西班牙萨拉曼卡大学的Luis Plaja、萨拉曼卡激光中心的Ricardo Torres及英国帝国理工学院的Amelle Zaïrs三位学者共同编辑的,系统总结了这一前沿学科的主要内容。与著名阿秒激光专家Zenghu Chang(常增虎)教授编著的 *Fundamentals of Attosecond Optics* 及中国科学院上海光机所曾志男、李儒新研究员编著的《阿秒激光技术》两本专著的风格有所不同,本书由不同研究机构的多位阿秒科学家共同撰写完成,共四部分14章:第一部分讲述阿秒科学的基础;第二部分是对阿秒脉冲产生、控制及诊断的概括;第三部分介绍了多个应用研究;第四部分描述了未来的发展趋势,每章都有各自的摘要、总结及参考文献。全书不仅涉及十分广泛而具体的前沿专业内容,而且也具有很好的逻辑关联性。其中第一部分及第四部分单独成章,分别由高次谐波三步模型的提出者Paul Corkum教授与首次实现阿秒激光的Ferenc Krausz教授撰写,体现了该书的权威性。

很高兴赵环和赵研英、叶蓬三位青年学者经过数年的辛勤劳动,在阿秒激光问世20年之际,完成了这部书的翻译工作,我也有机会先睹为快！原著虽然出版于2013年，但站在今天的角度，由许多研究者撰写的章节作为阿秒研究经典性的成果，仍然具有重要的参考意义。我深知翻译一本专业书丝毫不比直接撰写容易，甚至更为复杂。三位译者虽然是我以前的博士研究生，但毕业后都在不同的科研单位工作，因此平时与我联系并不多，去年当赵环将他们的译稿发给我并邀请写序时，令我颇为喜悦并十分感动，他们在繁忙的工作之余，放弃多个节假日，严谨准确地完成了本书的翻译，体现了对超快科学技术一如既往的执着。随着阿秒激光的不断发展，应用研究向多学科不断深入，国内研究队伍的不断壮大，相信这本译著的出版，必将为越来越多的读者喜爱，成为阿秒科学研究人员及青年学生的重要参考之一。

魏志义

2022年1月

前言

阿秒科学是一项在 10^{-18} s 的时间尺度上控制并测量自然现象的艺术。正如显微镜的发明为 17 世纪的科学家打开了微观世界的大门,阿秒技术为当代科学家开辟了广阔的探索领域。显微镜通过放大微小物体的图像使人们能够观察它们最细微的特征,阿秒技术则通过拍摄超快现象的慢动作电影来揭示超短时间间隔内物体的动力学特性。

原子单位制的时间单位是 24as,因此,阿秒科学就是在电子自身的时间尺度下对其进行时间分辨的动力学研究。任何状态下的物质特性都由其电子结构决定,同样地,这些特性的改变,无论是因为化学反应还是受外场影响,最终都由电子的运动驱动。显而易见,从原子物理学到材料科学乃至生物化学领域,电子的动力学控制都是至关重要的研究内容。20 世纪是研究和控制稳态物质结构的时代,而 21 世纪将由时间分辨的物质动力学主导,从最基本的层面揭示微观世界的奥秘。

超快科学的发展与激光技术的进步密不可分。1960 年,当第一台可见光激光器研制成功时,几乎没有人能预料到这台小装置会对科学史产生如此重大的影响。激光器发明不久后出现了调 Q 技术,产生了纳秒级光脉冲,标志着超快革命的开端。1974 年,由于锁模技术的发展以及宽带增益激光介质的面世,产生了亚皮秒激光脉冲,进而催生了一门崭新的化学研究分支——飞秒化学。

进入 20 世纪 80 年代之后,激光技术又迎来了一项突破性进展——啁啾脉冲放大(chirped pulse amplification,CPA)。CPA 技术使得台式化激光系统可以产生太瓦级(10^{12} W)光脉冲,极大拓展了超强激光与物质相互作用的研究。事实证明,"超强"与"超快"密切相关,高次谐波产生就是最佳例证。强激光的场强与电子在原子中感受到的库仑场相当，因此强激光能驱动电子往复运动，在这一过程中产生高能光子。近红外光场的振荡周期在飞秒量级，因此电子的受控运动和随后的光子辐射在亚飞秒量级。目前，由高能激光激发的高次谐波及其相关过程，如阈上电离、非序列双电离等，为人们打开了通向阿秒世界的大门。

目前，阿秒科学研究主要有两大领域——阿秒光源的发展及阿秒现象的测量与控制。阿秒光源的终极研究目标是获得脉宽为几阿秒的完全可控的高能孤立阿秒脉冲，并能将其应用于超快泵浦探测及非线性极紫外光谱学等。本书第1章回顾了阿秒光源研究现状，其中包括对超短脉冲进行完整测量这一富有挑战性的研究。

本书第二部分(第2~6章)讨论测量和控制原子、分子和固体中电子动力学的方法，这些方法包括使用极紫外阿秒脉冲和红外飞秒脉冲进行泵浦探测，利用高能红外激光场直接驱动电子运动等。其中一些技术已经产生了激动人心的研究结果。

阿秒科学是一门年轻的学科，在未来几年必然会有巨大的发展。这一领域的研究十分活跃，以阿秒为关键词的出版物数量迅速增长，2000年才不到20个，到2012年已经达到250个以上。阿秒科学研究将迎来一系列重大突破，其中可预期的包括阿秒自由电子激光器、激光-等离子体相互作用产生微焦能量的千电子伏阿秒脉冲、光波的亚周期成形、阿秒时间分辨的原子分子物理及电子衍射技术等。

我们希望本书能够成为阿秒领域初涉者的研究指南，同时能为经验丰富的研究者提供参考，尤其寄望本书能激励新一代科学家继承前人之志，继续跋涉阿秒世界征服之路。

Luis Plaja, Ricardo Torres, Amelle Zaïr
萨拉曼卡，伦敦

目录

第一部分 基本原理

第1章 阿秒科学 ········· 003

参考文献 ········· 007

第二部分 阿秒脉冲的产生、控制及诊断

第2章 阿秒脉冲产生的原理 ········· 011

2.1 介绍 ········· 011

2.2 单原子响应 ········· 014

    2.2.1 含时薛定谔方程的数值求解 ········· 015

    2.2.2 强场近似下求解含时薛定谔方程 ········· 017

    2.2.3 含时电离率 ········· 018

2.3 宏观响应 ········· 018

    2.3.1 传播方程的数值解 ········· 022

2.4 小结和展望 ········· 025

参考文献 ········· 026

第3章 高强激光产生孤立阿秒脉冲 ········· 030

3.1 介绍 ········· 030

3.2 通过高次谐波产生阿秒脉冲 ········· 031

    3.2.1 轨道分析 ········· 031

    3.2.2 谐波产量：凹陷结构 ········· 032

    3.2.3 谐波光谱与阿秒脉冲 ········· 035

3.3 电离选通 ········· 037

3.4 小结 ········· 040

参考文献 ········· 040

第4章 孤立阿秒脉冲产生 ... 042

- 4.1 介绍 ... 042
- 4.2 阿秒脉冲驱动光场的基本条件 ... 043
- 4.3 载波包络相位稳定的少周期激光场 ... 044
- 4.4 偏振选通和干涉偏振选通 ... 045
  - 4.4.1 传统偏振选通 ... 045
  - 4.4.2 干涉偏振选通 ... 047
- 4.5 电离选通 ... 048
  - 4.5.1 单原子响应的电离选通 ... 048
  - 4.5.2 宏观效应的电离选通 ... 050
- 4.6 双色选通 ... 051
  - 4.6.1 双色场(800nm+400nm,平行偏振方向) ... 052
  - 4.6.2 双光学选通、扩展双光学选通 ... 053
  - 4.6.3 红外双色场和红外双光学选通 ... 056
- 4.7 其他方法 ... 059
- 4.8 小结——高能孤立阿秒脉冲的产生 ... 060
- 参考文献 ... 061

第5章 阿秒脉冲的诊断 ... 063

- 5.1 介绍 ... 063
- 5.2 阿秒条纹相机 ... 064
  - 5.2.1 实验结果 ... 067
- 5.3 新型时域诊断技术 ... 068
  - 5.3.1 Omega振荡滤波相位重建法 ... 069
- 5.4 极紫外非线性光学阿秒计量 ... 070
- 5.5 小结 ... 072
- 参考文献 ... 072

第6章 中红外激光强场与阿秒物理 ... 074

- 6.1 介绍 ... 074
- 6.2 激光技术的现状和前景 ... 075
  - 6.2.1 3.2~3.9μm 激光系统 ... 075
  - 6.2.2 1.3~2.0μm 激光系统 ... 076
- 6.3 长波激光作用下的光电离和高次谐波产生 ... 077

  6.3.1 再碰撞模型中的隧穿电离和阈上电离 ······ 077
  6.3.2 3.6μm 激光场中的非顺序电离 ······ 079
 6.4 中红外波长下高次谐波产生和阿秒产生 ······ 081
  6.4.1 谐波产量 ······ 082
  6.4.2 高次谐波的截止能量和频率成分 ······ 083
  6.4.3 光谱相位测量 ······ 083
  6.4.4 阿秒束线和 RABBITT 测量 ······ 086
 6.5 液体和晶体中的高次谐波产生 ······ 086
  6.5.1 液体中的谐波产生 ······ 087
  6.5.2 完美 ZnO 晶体中的谐波产生 ······ 087
 6.6 小结和展望 ······ 088
 参考文献 ······ 089

第三部分 物理系统中的阿秒测量和控制

第 7 章 多色场中的强场电离 ······ 093

 7.1 介绍 ······ 094
 7.2 强场电离 ······ 095
  7.2.1 双色场中电子发射和边带产生的半经典模型 ······ 097
  7.2.2 Brunel 发射的量子机制 ······ 098
 7.3 气体靶中产生的高频边带 ······ 099
 7.4 体电介质的高频边带 ······ 101
 7.5 气体中低频边带的产生 ······ 103
 7.6 阈上电离光谱到电流的映射 ······ 105
 7.7 高次谐波产生 ······ 107
 7.8 小结 ······ 109
 参考文献 ······ 110

第 8 章 阿秒电子干涉测量法 ······ 112

 8.1 介绍 ······ 113
 8.2 电子干涉测量法 ······ 113
 8.3 阿秒脉冲串和红外场的光致激发 ······ 115
 8.4 阿秒脉冲串和红外场的光电离 ······ 118
 8.5 单个阿秒脉冲和延迟红外光场的光致激发 ······ 121
 8.6 小结 ······ 124

参考文献···124

第9章 阿秒时钟:阿秒时间分辨的超快测量技术·······················126

9.1 介绍···126
9.2 阿秒时钟原理···127
    9.2.1 分针···129
    9.2.2 时针···136
9.3 实验装置···137
    9.3.1 动量矢量的计算···138
    9.3.2 单电离和动量分辨率··140
    9.3.3 双电离··143
9.4 小结和展望···144
参考文献···145

第10章 基于高次谐波光谱的分子电子结构研究·························147

10.1 介绍···148
10.2 氩气中的库珀极小值··148
10.3 氙气中电离通道间的耦合和巨共振····································152
10.4 准直分子的高次谐波··155
10.5 分子轨道的断层成像··159
10.6 对 CO_2 分子轨道的层析重建··162
10.7 使用高次谐波光谱跟踪化学反应·······································165
10.8 瞬态光栅高次谐波光谱··167
10.9 小结···171
参考文献···172

第11章 极紫外谐波辐射的阿秒分子光谱学·······························178

11.1 介绍···178
11.2 谐波光谱的 RABBITT 分析···180
11.3 准直分子的谐波辐射··181
    11.3.1 谐波辐射的多通道贡献··181
    11.3.2 谐波发射时间的控制···184
11.4 阿秒极紫外高次谐波作用下的分子光电离··························186
    11.4.1 RABBITT 相位和时间延迟·······································186
    11.4.2 延时的物理解释··187

| 11.5 | 小结 | 189 |

参考文献 190

第 12 章 分子中电子动力学行为的观测与控制 192

12.1 介绍 193
12.2 阿秒激光驱动的分子中的电子动力学 193
    12.2.1 阿秒时间尺度的电荷共振增强电离 194
    12.2.2 氢分子离子中核间电子动力学的观测 197
12.3 跟踪大分子中的电子重新排列 200
12.4 控制分子中的电荷分布 202
    12.4.1 使用载波包络相位稳定的脉冲控制分子中的电荷分布 203
    12.4.2 使用阿秒泵浦脉冲(串)和红外探测脉冲控制分子中的电荷分布 206
参考文献 209

第 13 章 凝聚态物质中阿秒时间分辨的光电子发射光谱 213

13.1 介绍 213
13.2 亚飞秒时间分辨的光电子发射实验 214
13.3 对不同的电子发射时间的解释 223
13.4 能够分辨相移的光电子发射实验及其与时间延迟的关系 224
13.5 展望:同时实现高的时间分辨率和能量分辨率 228
参考文献 230

第四部分 未来趋势

第 14 章 阿秒科学时代的来临 237

14.1 阿秒光源与技术前沿 238
14.2 从观察到控制 240
14.3 原子和分子中的电子 242
14.4 凝聚态物质中的电子 244
14.5 原子分辨率的时空(4D)成像 245
14.6 预期影响 247
参考文献 247

第一部分
基 本 原 理

第1章
阿秒科学

P. B. Corkum

摘要 作为科学史上浓墨重彩的一笔,阿秒技术对于科学发展进程意义深远。正是因为阿秒技术的助力,科学领域产生了诸多具有深度意义的重要发现。从字面理解,阿秒科学似乎就是动力学的研究,然而阿秒技术很多最重要的应用却与动力学完全无关,其一系列广泛应用都将影响未来技术发展。

很荣幸向读者介绍这本新出版的著作,并借此阐述关于阿秒科学过去和未来发展的一些思考。过去的10年里,量子电子学取得了重大的进展,如图1.1所示,

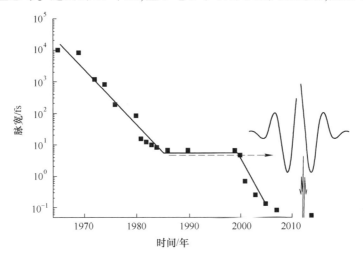

图1.1 锁模技术产生后超短脉冲脉宽的进展

P. B. Corkum

Joint Attosecond Science Laboratory, University of Ottawa and National Research Council of Canada, 100 Sussex Drive, Ottawa K1A 0R6, Canada

e-mail: Paul.Corkum@ nrc-cnrc.gc.ca

在停滞不前10年后,人们将波长推向短波方向,大幅缩短了脉冲的脉宽一个数量级以上。基于激光驱动方法获得的超短脉冲,不仅脉宽最短,而且波长也最短。当你阅读这本新书时,你会发现阿秒物理起源于4种传统科学,并从不同方向对世界科学进程产生影响。

这4项传统科学其中之一就是超快科学,目前阿秒技术是超快科学的前沿发展方向。作为激光科学的分支,超快科学拥有50多年的发展历史,甚至拥有比激光更深刻的科学本质。50年来,超快科学一直是科研领域的重要发展方向。由于其研究对象——时间是所有物理科学的天然前沿,超快科学的发展始终保持生机勃勃。人们不断追寻更短的时间间隔,探索未知的科学领域,寻求科学研究的新方法,任何自然研究的边界对人类而言依旧遥不可及。在可预见的将来,出于对更快的超快现象无止境的研究需求,人们将会继续推进产生更短脉冲的技术发展。

阿秒科学继承了50年来有关快速测量的概念和方法的研究成果,相关科研人员的任务之一就是改进并应用这些方法。作为一门年轻的学科,阿秒科学才仅仅"10岁",大量科研工作亟待开展。受限于阿秒光源的强度,无法直接开展阿秒泵浦-阿秒探测光谱研究,而在飞秒领域常用的诸如二维光谱[1]等方法更是无法应用于阿秒研究。然而在阿秒领域出现了一些崭新的研究技术,比如将低频脉冲(在实验中使用的是可见光脉冲)作为泵浦光[2-3]或探测光[4],也可以两束光都使用低频脉冲[5]。由于相干作用[4]或者大量光子吸收特性[5],使用低频脉冲作为泵浦光或探测光,可以提高时间分辨率。这种实验方式已取得重大进展,以"阿秒条纹相机"[6-7]为例,通过获取阿秒脉冲照射后材料中处于不同能带的电子的时间分辨图像,可以在时间上分辨原子介质中的级联复合(仅在最近的两篇研究进展中提及[8])。这种研究方法也可应用于超快太赫兹频谱领域。

作为阿秒科学起源的第二个传统学科,非线性光学与超快科学一样,也是具有50年研究历史的光学分支。事实上,所有超快测量都必然是非线性的。非线性光学是时间分辨测量的基础,非微扰非线性光学有望开启测量科学的新纪元。借助非微扰非线性光学,阿秒脉冲在产生的时刻可以同时被测量[9-10],人们可以激发并观测全新的现象,例如,量子隧穿的时间分辨[11]及分子或原子内由隧穿所激发的阿秒束缚态电子波包[2,5,12]。由此物理学家可以得到分子轨道波函数图像[13-14]。而在传统的化学教材中,这种电子波包的可视化从概念上来说是不可能的。新型时间分辨光谱学的发展将助力探索新的非线性效应[15-17]。

导致阿秒脉冲产生的非微扰非线性光学机制拥有清晰的物理模型——"碰撞复合"模型[18-19]。这一模型的核心是,超短超强脉冲可以控制离化的电子,这种控制可以用经典力学的直观图像描述。基于"碰撞复合"模型,人们可以进一步控制弱束缚态电子甚至强束缚态电子。通过优化控制激光光场,我们可以更好地控制电子,并通过控制电子从而控制物质。

"碰撞复合"突显了阿秒科学的第三个起源,也是物理学最古老的研究领域——碰撞物理。正是通过碰撞,科学家才第一次认识了物质结构、原子结构、核子结构及质子结构。同样经过碰撞,通过光学方式人们可以系统性地获得原子分子的结构信息[20-22],其空间分辨率与碰撞复合的碰撞能量范围相关。使用同样的方法,也可以获得核子的结构信息[23]。

阿秒科学反过来也推动了碰撞物理学的发展,它为碰撞物理学贡献了两项重要的研究工具:其一是时间分辨碰撞事件[24-25],这种新方法对原子核动力学超快特性的研究[23]或许会产生巨大的帮助;其二,由于碰撞能够与光脉冲同步,泵浦探测这一强有力的光学方法可以应用于碰撞物理。通过延迟碰撞可以研究泵浦脉冲激发的动力学过程。利用泵浦脉冲可以控制碰撞体系,比如排布分子或定向分子,以简化散射。

来自碰撞物理的灵感为阿秒科学提供了美好的愿景,即有可能同时以原子空间分辨尺度(甚至是核子空间尺度)和价电子时间分辨尺度[25-26](最终也将在核子时间尺度)进行时空测量。

短脉冲的数学模型及短脉冲的产生技术决定了阿秒脉冲是极紫外或软X射线波段,同步加速器从30年前就开始研究这一频谱区域。借助同步加速器30年的研究经验,利用原子特征共振及其他相关的X射线方法,就可以探测分子或固体物质。

阿秒科学并不是唯一脱胎自传统科学领域的"黑科技"。飞秒技术孕育了阿秒技术,而同步加速器孕育了自由电子激光器[27]。虽然过去的每一项技术进步都十分重要,但毋庸置疑,我们正经历着光子学技术的历史性进步,尽管我们才刚刚开始探索光子学技术的扩展。今后10年我们的一项主要任务是走出暨有的研究领域,去发现可能产生重大影响的科学新区,那里还有很多有待探索的未知。

借此机会我简要强调一下,在我的实验室正在启动一项新的特殊研究方向——极性分子[28-30]。尽管其中并没有涉及阿秒动力学,事实上,除了碰撞复合,其中不涉及任何动力学。然而,正如我所说,除了动力学,我们的研究还有更广泛的应用。如果能对极性分子——化学上非常重要的一种分子,提供更新的研究视角,这同样也是重要的成就。

1. 问题

化学是高度定向的。反应物靠近的时候,局域场会对碰撞产生修正,从而影响化学反应。当至少有一种反应物是极性分子时,反应物之间靠近的方向不同,会导致反应的过程不同。这就是立体化学。我们能对极性分子提供更深层的认识吗?

碰撞复合电子是研究局域场的天然高灵敏度工具。

(1)它是带电的。

(2)它通过定向隧穿发射,以同方向的碰撞复合结束。

(3) 可以根据发射的阿秒光子确定碰撞复合电子的特性。

(4) 可以使用强有力的工具测量电子或相关光子的振幅和相位,从而比较分子的不同方面。

通过这些研究,我们将从分子的各个方面及分子周围的局域场结构来了解电子隧穿的细节。

2. 技术

目前,定向极性分子是切实可行的,对这种方法感兴趣的读者可以参考文献[29-30]。

在激光场相邻的两个半周期中,电子在定向后的极性分子隧穿电离的位置,从一侧变到另外一侧。长轨道和短轨道电子波包的后续运动同样被局限于初始电离的一侧。因此阈上电离电子及其发射的阿秒脉冲都记录了轨道的自然不对称、斯塔克(Stark)频移以及电子离开时的局域电子环境。这种不对称性也是立体化学的成因。

如果驱动脉冲用于选通一个孤立的阿秒脉冲,那么当改变载波包络相位(carrier-envelope phase,CEP)时,会改变碰撞复合的方向,从而改变阿秒脉冲的时域结构。这是由于电子从相反方向上碰撞复合时,用于描述复合的频率相关跃迁极矩在振幅和相位上是不同的[28]。

如果驱动脉冲包含多个周期,后续的一系列阿秒脉冲之间相互干涉会产生如图1.2所示的偶次谐波(两条强高次谐波之间的弱光谱线[28])。

尽管这些都是早期的实验结果,但很快我们就能把大量的阿秒研究工具应用于极性分子。

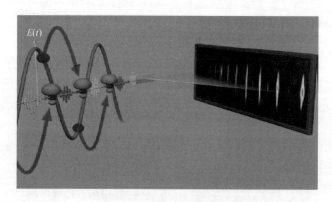

图1.2 (见彩图)一氧化碳分子高次谐波产生[28]

一氧化碳分子的不对称性导致了偶次谐波的产生,图中最右边是H15,最左边是H29。

参考文献

[1] J. D. Hybl, A. A. Ferro, D. M. Jonas, J. Chem. Phys. **115**, 6606 (2001)
[2] M. Uiberacker et al., Nature **446**, 627-632 (2007)
[3] O. Smirnova et al., Nature **460**, 972-977 (2009)
[4] A. L. Cavalieri et al., Nature **449**, 1029-1032 (2007)
[5] A. Fleischer et al., Phys. Rev. Lett. **107**, 113003 (2011)
[6] J. Itatani et al., Phys. Rev. Lett. **88**, 173903 (2002)
[7] E. Constant et al., Phys. Rev. A **56**, 3870 (1997)
[8] M. Drescher et al., Nature **419**, 803 (2002)
[9] N. Dudovich et al., Nat. Phys. **2**, 781 (2006)
[10] K. T. Kim et al., Nat. Phys. (2013). doi:10.1038/nphys2525
[11] D. Shafir et al., Nature **485**, 343-346 (2012)
[12] E. Goulielmakis et al., Nature **466**, 739-743 (2010)
[13] J. Itatani et al., Nature **432**, 867 (2004)
[14] C. Vozzi et al., Nat. Phys. **7**, 822-826 (2011)
[15] W. Li et al., Science **322**, 1207-1211 (2008)
[16] H. J. Wörner et al., Nature **466**, 604-607 (2010)
[17] H. J. Wörner et al., Science **334**, 208 (2011)
[18] P. B. Corkum, Phys. Rev. Lett. **71**, 1994 (1993)
[19] M. Lewenstein et al., Phys. Rev. A **49**, 2117 (1994)
[20] T. Zuo, A. D. Bandrauk, P. B. Corkum, Chem. Phys. Lett. **259**, 313 (1996)
[21] M. Meckel et al., Science **320**, 1478 (2008)
[22] C. I. Blaga et al., Nature **483**, 194 (2012)
[23] N. Milosevic, P. B. Corkum, T. Brabec, Phys. Rev. Lett. **92**, 013002 (2004)
[24] D. Zeidler et al., Phys. Rev. Lett. **95**, 203003 (2005)
[25] H. Niikura et al., Nature **421**, 826 (2003)
[26] S. Baker et al., Science **312**, 424 (2006)
[27] P. Emma et al., Nat. Photonics **4**, 641-647 (2010)
[28] E. Frumker et al., Phys. Rev. Lett. **109**, 233904 (2012)
[29] M. Spanner et al., Phys. Rev. Lett. **109**, 113001 (2012)
[30] E. Frumker et al., Phys. Rev. Lett. **109**, 113901 (2012)

第二部分
阿秒脉冲的产生、控制及诊断

第二編

第2章
阿秒脉冲产生原理

Mette B. Gaarde, Kenneth J. Schafer

摘要 本章主要探讨使用高能红外激光脉冲产生高次谐波和阿秒脉冲的理论问题,将分别从单原子水平和宏观角度讨论阿秒脉冲的产生,包括相位匹配问题。提起阿秒脉冲的产生,人们往往仅从激光-原子相互作用的原子层面上去考虑,本章将拓展上述理解至包括大量原子的宏观效应层面。

2.1 介绍

阿秒科学中发展最迅速的部分涉及超快原子物理与极端非线性光学的学科交叉。阿秒脉冲是目前能够产生的最短光脉冲[1-2],可以探测束缚电子在其自然时间尺度上(阿秒,10^{-18}s)的动力学变化[3-7]。产生脉宽100as的脉冲是一项科学技术难题,因为光脉冲必须包含至少一个光学周期。30eV辐射的周期是138as,要获得138as的脉冲,需要产生带宽约为20eV的极紫外(XUV)辐射,而且必须严格控制光的振幅和相位,以避免脉冲的时间色散。高能超快激光脉冲驱动高次谐波产生(high harmonic generation, HHG)的过程[8-9]提供了这样的光源,本章将详细讨论由高次谐波产生的阿秒脉冲,这种阿秒脉冲的产生是由于单个原子和激光相互作用的微观量子机制与激光脉冲和快速电离气体中产生的极紫外辐射的宏观相位匹配间的复杂平衡而导致的,这不仅决定了极紫外辐射的产量,也决定了它的时间空间相干特性[10-12]。

本章的主题是对强场激光-物质相互作用过程进行全面理论描述,通过求解

M. B. Gaarde · K. J. Schafer
Department of Physics and Astronomy, Louisian State University, Baton Rouge,
LA 70803-4001, USA
e-mail: gaarde@ phys. 1su. edu
k. J. Schafer
e-mail: Schafer@ phy. 1su. edu

含时薛定谔方程(TDSE)来描述微观激光-原子相互作用,同时求解麦克斯韦方程(MWE)来描述辐射的宏观传输和相位匹配,从而复原阿秒脉冲产生的全部计算过程。根据本章所引参考文献中的实验条件进行理论计算,得到的理论数据与实验结果十分符合。不过本章仅涉及少量实验结果,也不会详细讨论产生孤立阿秒脉冲或阿秒脉冲串的实验方法,更多细节请参阅本书第3~6章或综述文献[13,14]。

本节剩余部分将采用半经典模型讨论单个原子在强场作用下产生高次谐波和阿秒脉冲的基本概念[15-16],在2.2节中将针对单个原子进行详细计算,在2.3节中将进行宏观角度的计算,包括相位匹配等。

在半经典模型中,假定原子只有一个有效电子,初始时电子由于强场作用隧穿电离,随后在激光场中作为自由粒子进行加速,返回离子核后复合到基态,从光场中获得的能量被释放,产生高能光子。如果驱动激光脉冲持续几个光周期,这一过程的半周期性(对应阿秒脉冲串辐射周期)意味着只能产生激光频率的奇次谐波[1,8-10,17-18],而少周期激光脉冲则由于单次碰撞的作用,可以产生连续的发射光谱[2,3,19-21]。

图2.1展示了半经典模型下电子在振荡电场$E_0\sin(\omega t)$中的轨迹(ω为红外激光频率,其光周期为T)。电子被释放到连续态后的轨迹取决于其释放(电离)时间。释放时间介于$t=0$到$t=T/4$之间的电子永远不会返回(未在图中显示),释放时间介于$T/4$和$T/2$之间的电子将在不同的时刻以不同的动能返回(图2.1(a))。返回动能决定了产生光子的能量范围,截止能量为$I_p+3.2U_p$[22],其中有质动力势U_p是电子在一个光周期中的平均动能,I_p则是电离势能。每个截止能量以下电子的返回电子动能,都对应有两条量子路径,长路径的电子释放得早,返回得迟,短路径的电子释放得迟,返回得早[10,23]。

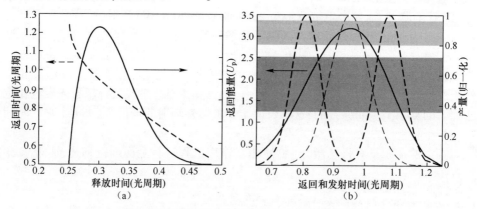

图2.1 振荡电场中电子轨迹的经典计算结果
(a)返回时间(左侧纵轴)以及返回动能(右侧纵轴)与释放时间的函数关系;
(b)实线部分显示了返回能量与返回时间的函数关系,粗(细)虚线部分为处于深(浅)灰色阴影能量范围的XUV光子合成的阿秒脉冲的时域包络。

由于高频辐射仅在激光光周期的一小段时间内发生,因此谐波的产生被限制在阿秒时间尺度之内。图2.1(b)显示了如何从谐波光谱中选择大范围的光子能量来合成阿秒脉冲,根据发射能量与发射时间的关系,该合成相当于将XUV的辐射限制在亚周期时间之内。

产生阿秒脉冲最简单的方法是选择截止能量附近的高次谐波(浅灰色阴影覆盖的光子能量范围),这些谐波的发射时间相近,因此,产生的阿秒脉冲的脉宽主要由光谱带宽决定。如果驱动脉冲宽度足够短(不到两个光学周期)且选择了正确的载波包络相位,可能会产生一个孤立的几百阿秒的脉冲,这在过去10年的多项实验中都成功得以证实[3,9,21]。

通过选择更宽的频带(图2.1(b)中的深灰色阴影覆盖的光子能量范围),甚至能产生更短的阿秒脉冲。在单原子层面上,每半个周期可以产生两个不规则间隔的阿秒脉冲,分别对应于短轨道和长轨道的返回时间[10]。在以多周期脉冲驱动的实验中通常会选择这种光谱范围,从而产生阿秒脉冲串。

图2.2所示为含时薛定谔方程数值积分计算得到的800nm激光脉冲驱动下氩原子的辐射光谱和时域波形,具体计算方法将在2.2.1节中详细介绍。计算结果展示并证实了半经典模型的基本概念:图2.2(a)中的谐波谱一直延伸到大约30次谐波的截止能量(46eV,根据$I_p+3.2U_p$,光强为1.6×10^{14}W/cm^2),且平台区(阴影区域)谐波的时域波形由每半个周期的两个阿秒脉冲组成,如图2.2(b)所示,"短"量子路径和"长"量子路径对应的脉冲分别以不同颜色显示。图2.2(c)对偶极辐射进行了时间频率分析,其细节参见文献[24],实线部分是短轨道和长轨道返回时间和能量的半经典计算结果,与全量子理论的结果符合程度非常高。

从图2.2中可以观察到一些更有趣的现象:①图2.2(c)的时频分析表明,返回时间大于一个周期的轨道也会辐射高次谐波,而且它们的强度常常强于长轨道的高次谐波。②单个阿秒脉冲是啁啾的,短轨道中最高能量光子的辐射时间比最低能量光子晚,长轨道中最高能量光子的辐射时间比最低能量光子早。这在图2.1(b)中也很明显,短轨道返回时间随着返回能量的增加而增加,长轨道的返回时间随着返回能量的增加而减少。阿秒脉冲串中单个阿秒脉冲的啁啾(atto-chirp)近似线性[25-26],为了得到最短的脉冲宽度必须加以补偿,可以通过在第二个介质中进行压缩,或是在阿秒脉冲产生过程中调节群速色散[29]来实现补偿。

图2.2(b)清楚地表明,即使经过光谱滤波,单个原子产生的阿秒脉冲并不可用。因此,XUV辐射必须经过诸如相位匹配、空间选通或偏振选通等附加滤波方式,才能成为可用的阿秒光源。

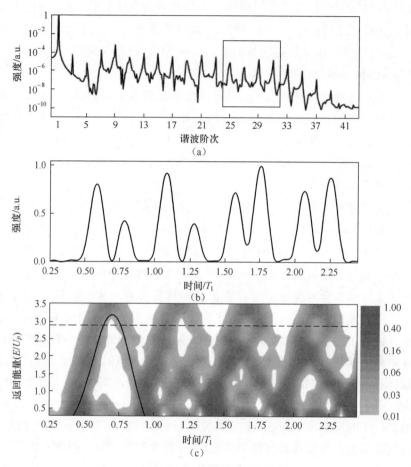

图 2.2 （见彩图）时间分辨的谐波辐射

(a) 800nm 激光脉冲驱动下氩原子的单原子谐波,脉冲峰值功率密度为 $1.6 \times 10^{14} \text{W/cm}^2$,时域波形为平顶型; (b) 图(a)中方框内光谱的时域波形;(c) 偶极辐射的时间频率分析。黑实线为两条最短轨道返回能量的半经典结果,水平虚线表示构造图(b)中脉冲串的谐波范围的中心频率[38]。

2.2 单原子响应

我们首先讨论单个原子与偏振方向沿 z 轴的线偏振高能红外激光场相互作用下的阿秒脉冲产生和高次谐波产生的理论基础。本节及后续章节中将基于单电子近似(SAE)进行理论计算,仅以一个电子响应来描述激光-原子相互作用。我们的目标是计算由激光脉冲引起的原子辐射光谱,也就是在宏观尺度下产生电场的

功率谱。单原子微观尺度下的计算无法直接给出功率谱。然而,产生的辐射的源项(在波动方程中)与偶极子光谱 $|\tilde{d}(\omega)|^2$ 成正比,$|\tilde{d}(\omega)|^2$ 可由含时单原子偶极矩(原子单位制)的傅里叶变换获得:

$$d(t) = -\langle \psi(t)|z|\psi(t)\rangle \tag{2.1}$$

式中:$\psi(t)$ 为含时波函数。通过以 ω_{xuv} 为中心的窗口函数进行频谱滤波及逆傅里叶变换,可以获得部分光谱的时域分布:

$$d_{xuv}(t) = \int \tilde{d}(\omega) W(\omega - \omega_{xuv}) \exp(i\omega t) \mathrm{d}\omega \tag{2.2}$$

窗口函数模拟了光谱滤波的实验效果,即只选择了一段极紫外频率。

为了计算强场中单电子的含时波函数,必须求解含时薛定谔方程,在偶极近似和长度规范下,方程式(原子单位制)为

$$i\frac{\partial}{\partial t}|\psi(t)\rangle = (H_0 + E_L(t)z)|\psi(t)\rangle \tag{2.3}$$

式中:H_0 为自由场电子的哈密顿量;$E_L(t)$ 为含时激光电场。

本章集中讨论沿 z 轴方向线偏振的光场情况,这是产生高次谐波最有利的条件。在第 4 章中将讨论偏振选通,即利用偏振方向随时间变化的激光产生孤立阿秒脉冲。

下面将介绍含时薛定谔方程的两种解法。一种是基于网格的数值求解(以下简称 SAE-TDSE),同时考虑了激光和原子的电势[30],另一种解法是 Lewenstein 等提出的强场近似(SFA)[31]。

2.2.1 含时薛定谔方程的数值求解

我们仅讨论线偏振条件下基于网格的含时薛定谔方程数值解。三维空间中,对于偏振方向沿 z 轴的激光,在长度规范下,相互作用正比于 $r\cos(\theta) \propto r Y_1^0$,因此我们使用离散径向函数和球谐函数的乘积作为混合基矢,将含时态矢量扩展为

$$|\psi(\boldsymbol{r},t)\rangle \rightarrow \sum_{\ell=|m|}^{\ell_{max}} \psi_\ell(r_j,t)|\ell,m\rangle \tag{2.4}$$

式中:$\langle\theta,\phi|\ell,m\rangle = Y_\ell^m(\theta,\phi)$;$r_j$ 为第 j 个径向格点;在线偏振条件下量子数 m_ℓ 守恒。

我们采用单电子赝势进行三维空间的单电子近似计算,其基态是我们感兴趣的价态。首先根据原子结构计算全电子势构造赝势;然后加入长程库仑吸引作为修正;最后用角动量 ℓ 的价轨道构建与 ℓ 相关的势:

$$V(\boldsymbol{r}) = \sum_\ell V_\ell(r)|\ell\rangle\langle\ell| - 1/r \tag{2.5}$$

式中：V_ℓ 为短程电势，取决于电子角动量与径向距离。

对于球坐标系中的原子系统，这种空间非局域的电势形式具有很高的灵活性。计算含时波函数时我们使用离散自由场哈密顿量的本征态作为初态，采用短时近似的方法处理时间（时序）演化算符进行时间积分。波函数从时间 t_n 到 $t_{n+1} = t_n + \delta t$ 的演化为

$$|\psi(t_{n+1})\rangle = e^{-iH_{\bar{n}}\delta t}|\psi(t_n)\rangle \quad (2.6)$$

在中间时刻 $t_n + \delta t/2$ 对哈密顿量取值。

长度规范下的哈密顿量由两部分组成，其中 H_0 为原子哈密顿量，是量子数 ℓ 的对角项；H_I 为相互作用部分，与 ℓ 轨道耦合。由于 r 和 ℓ 的耦合劈裂，对时间传播算符进行劈裂算符展开是最方便的，这样处理下的传播算符是幺正算符，计算精度是 $\mathcal{O}(\delta t)^3$，使用这样的劈裂算符，波函数演化为

$$\psi(t+\delta t) = e^{-i(H_0+H_I)\delta t}\psi(t) \approx e^{-\frac{iH_I\delta t}{2}} e^{-iH_0\delta t} e^{-\frac{iH_I\delta t}{2}}\psi(t) \quad (2.7)$$

由于表征 $\boldsymbol{H}_0$ 和 $\boldsymbol{H}_I$ 的矩阵的非对角性，指数项对含时波函数的作用不能直接计算。因此，我们采用近似的方法去处理指数项，这种近似后的算符依然是幺正的，计算精度（δt 的阶数）与劈裂算符法一致。在众多方法中也许 Crank-Nicholson 形式[33]是最简单的，则

$$e^{-iH_0\delta t} \approx [1+iH_0\delta t/2]^{-1}[1-iH_0\delta t/2] + \mathcal{O}(\delta t)^3 \quad (2.8)$$

该方法要求时间上每步都要快速求解一组稀疏线性方程组。

根据含时波函数可以由式(2.1)计算出含时偶极矩。从实际计算过程来看，由于远离离子核的电子的行为对矩阵元的贡献很大，从含时波函数直接计算获得偶极矩是非常困难的。这意味着波函数在边界附近传播的小误差会被放大至偶极矩中。最好用 Ehrenfest 定理来计算电子的加速度：

$$a(t) = \frac{d^2}{dt^2}\langle z\rangle = -\langle[H,[H,z]]\rangle \quad (2.9)$$

式中：H 是包括激光作用在内的全哈密顿量。偶极强度与加速度 $\widetilde{\mathcal{A}}(\omega)$ 的傅里叶变换相关：

$$\widetilde{\mathcal{D}}(\omega) = \widetilde{\mathcal{A}}(\omega)/\omega^2 \quad (2.10)$$

我们直观地预计加速度将由离子核心附近区域的影响主导，在这些区域，电子受到的力比较强。因此，可以在计算中赋予离子核附近区域更高的权重，这样做会使计算更简便。单独计算特定激光参数下产生的高次谐波光谱几乎不可能收敛，这是由两个原因决定的。第一个是物理因素，单个谐波来自数条辐射相同光子能量的量子路径，通过它们的相干叠加可以计算这个谐波的光谱。这些路径的贡献随着激光强度的变化而迅速变化，意味着激光参数或计算细节的微小变化可能导致单个谐波的计算结果发生巨大变化。不过这种收敛几乎没有必要。关键是谐波

振幅和相位关于光强呈高度非线性变化趋势,这些趋势通过适当的方法可以收敛。

高次谐波计算难以收敛的另一个原因是数值计算,源于离子波包在网格边界上的反射。对这些反射施加适当的阻尼对于计算频谱的高能量截止等特性是至关重要的。由于构成波包的能量频谱很宽,不可能为网格设计最佳吸收边界,因此采用分布在几百个网格点的非常柔性的($\cos^{1/8}$)掩模函数进行处理[34]。

2.2.2 强场近似下求解含时薛定谔方程

强场近似提供了一种简单的方法计算含时偶极矩,其成立的条件是:高激光强度和长波长。在这样的条件下,有质动力势 U_p 远大于电离势[31]。为获得偶极矩的表达式,Lewenstein 等采用了 3 种基本近似,与半经典模型十分神似:①只考虑基态电子对强场过程的贡献,忽略其他束缚态电子的贡献;②基态电子的耗尽可以忽略(在考虑电离时必须单独将其加入);③处于连续态的电子可视为自由粒子[31]。

对于线性偏振驱动场 $E_1(t) = f(t)\sin(\omega_1 t + \phi)$,$f(t)$ 为含时包络,ω_1 为载波频率,ϕ 为载波包络相位,可以获得如下式所示含时偶极矩(原子单位制):

$$d(t) = 2\mathrm{Re}\left\{ i \int_{-\infty}^{t} dt' \left(\frac{\pi}{\epsilon + i(t-t')/2} \right)^{3/2} \times d^*[p_{st}(t',t) + A(t)] \right.$$
$$\left. d[p_{st}(t',t) + A(t)] \times \exp[-iS_{st}(t',t)] E_1(t') \right\} \quad (2.11)$$

式中:ϵ 为正则化常数,为小正数;$A(t)$ 为与电场 $E_1(t)$ 相关的矢势;$d(p)$ 为自由场偶极跃迁矩阵元。

对于类氢原子,$d(p)$ 表示为[31]

$$d(p) = i \frac{2^{7/2}(2I_p)^{5/4}}{\pi} \frac{p}{(p^2 + 2I_p)^3} \quad (2.12)$$

式中:I_p 为电离势。

动量的稳态值 $p_{st}(t',t)$ 和沿轨道的作用量积分 $S_{st}(t',t)$ 分别为

$$p_{st}(t',t) = \frac{1}{t'-t} \int_{t'}^{t} A(t'') dt'' \quad (2.13)$$

$$S_{st}(t',t) = (t-t')(I_p - p_{st}^2/2) + \frac{1}{2} \int_{t'}^{t} A^2(t'') dt'' \quad (2.14)$$

Lewenstein 等首次提出[31],电子存在若干路径在 t' 时刻隧穿电离,t 时刻返回原子核,且返回动能为 $(p_{st}(t',t) + A(t))^2/2$,$d(t)$ 是所有可能的量子路径的求和。对于返回能量低于经典最大值 $3.17U_p$ 的情况,强场近似模型中稳态作用量的量子路径与半经典模型中的返回电子轨道相似[23,25,35,36]。在大部分光强下,传播时间 τ 小于一个光周期的两条量子路径主导了偶极响应。文献[37]对强场近似

法和上一节提到的 SAE-TDSE 法计算单原子响应的过程进行了详细的对比。关于使用强场近似计算阿秒脉冲特性的讨论详见文献[26]。

2.2.3 含时电离率

高次谐波和阿秒脉冲的产生是电离驱动的过程,其第一步是电子从基态进入连续态-电离,因此不能完全忽略电离的影响。特别是在宏观层面上,由于介质中自由电子的产生会导致折射率的时空变化,从而影响激光脉冲的传输以及阿秒脉冲的相位匹配[38-39]。

然而,在单个原子层面上,电离作用的影响并不明显。这是由于在阿秒脉冲产生所需要的激光强度下,电子的电离率在多个光周期之后才会显著上升。电离可能导致阿秒脉冲串的起始部分与尾部的振幅不同。

宏观计算通常需要含时电离率 $p_{\text{ion}}(t)$ 或强度相关电离速率 $\gamma(t)$,两者之间关系为

$$p_{\text{ion}}(t) = 1 - e^{-\int_{-\infty}^{t} \gamma(t') dt'} \tag{2.15}$$

至少有两种不同的方法可以计算电离率和电离速率。在 SAE-TDSE 的数值解中,通过投影到没有激光场时的基态可以直接获取含时电离率,$p_{\text{ion}}(t) = 1 - |\langle \psi(t) | \psi_0 \rangle|^2$。然而,只有当振荡激光电场振幅为零(每个光周期两次)时,这一运算量才有意义。我们通常计算空间一个球形区域(半径一般为 12~15 原子单位[38])之外的波函数来计算含时电离率。电离速率也可通过隧穿近似计算,如 Ammosov、Delone 和 Krainov 提出的 ADK 模型[40]。利用 ADK 模型,人们可以计算电离速率关于周期平均光强的函数关系,或关于瞬时光强的函数关系。在高功率下 ADK 模型会高估电离率,因此应加以修正[41]。

2.3 宏观响应

计算实验中产生的阿秒极紫外脉冲的时间曲线需要知道形成于宏观介质中的极紫外辐射场的时空分布,这需要耦合求解麦克斯韦方程和含时薛定谔方程,从而能够得到激光和极紫外电场在介质中传输的演化。这是一项相当艰巨的任务,下面进行更详细地讨论。然而,只需考虑简单的相位匹配条件就可以深刻理解宏观响应。

由非线性介质中所有原子辐射的相干求和得到极紫外电场,向前传播的电场大部分会相长干涉。在非线性介质内电场由 z_1 点传播到 z_2 点($z_1 < z_2$),相长干涉意味着在 z_2 点和 z_1 点的相位一致。一般情况下,相位匹配是指新生成场的相位前沿

与传输场的相位前沿匹配,其数学表达式为

$$\boldsymbol{k}_{\text{source}} = \boldsymbol{k}_\omega \quad \text{或} \quad \Delta\boldsymbol{k}_\omega = \boldsymbol{k}_\omega - \boldsymbol{k}_{\text{source}} = 0 \tag{2.16}$$

式中:$\boldsymbol{k}_\omega$ 为角频率为 ω 的传播场的波矢;$\boldsymbol{k}_{\text{source}}$ 为新生成场的波矢,由源项(非线性极化场)的相位变化决定,$\boldsymbol{k}_{\text{source}} = \nabla\phi_{\text{source}}(r,z)$;$\Delta\boldsymbol{k}_\omega$ 为相位失配量。

仅有一个谐波相位匹配是无法产生阿秒脉冲的,阿秒脉冲频谱内所有的谐波成分都必须相位匹配并锁定相位。下面将讨论阿秒脉冲相位匹配的重大要素。

1. 不考虑电离和色散情况下的相位匹配

在一定的实验条件下,可以在讨论相位匹配时不考虑电离的效应:激光强度低于饱和光强,原子密度较低(几十托),介质长度小于电离导致的相位失配长度。对 $\phi_{\text{source}}(r,z)$ 贡献最大的两个量分别是由聚焦激光光束引起的几何相位变化 $\phi_{\text{focus}}(r,z)$,以及强度依赖的内禀偶极相位 $\phi_{\text{dip}}(r,z)$,下面进行详细讨论[23,42-44]。在这种情况下可以将相位匹配要求写为(使用圆柱坐标系)

$$\boldsymbol{k}_{\text{dip}}(r,z) + \frac{\omega}{\omega_1}(\boldsymbol{k}_{\text{focus}}(r,z) + \boldsymbol{k}_1) = \boldsymbol{k}_\omega \tag{2.17}$$

式中:ω_1 和 $\boldsymbol{k}_1$ 分别为激光中心频率和波矢。Balcou 等提出相位失配 $\Delta k_\omega(r,z)$ 可以近似为[44]

$$\Delta k_\omega(r,z) = \frac{\omega}{c} - \left| \boldsymbol{k}_{\text{dip}}(r,z) + \frac{\omega}{\omega_1}(\boldsymbol{k}_{\text{focus}}(r,z) + \boldsymbol{k}_1) \right| \tag{2.18}$$

这就要求传播到该位置的极紫外光波矢(ω/c)长度等于新生成的极紫外光波矢(受到了偶极相位和激光聚焦相位的影响)长度。式(2.18)还假设极紫外场主要向前传输并忽略了线性色散。

对于高斯光束,几何相位的变化表示为

$$\phi_{\text{focus}}(r,z) = -\arctan\left(\frac{2z}{b}\right) + \frac{2k_1 r^2 z}{b^2 + 4z^2} \tag{2.19}$$

式中:b 为光束的共焦参数。在轴线上($r=0$)相位从 $\pi/2$ 到 $-\pi/2$ 单调递减,对光场波矢的贡献为负值。

内禀相位 $\phi_{\text{dip}}(r,z)$ 依赖于激光光场的空间变化,根据强场近似和半经典模型下的量子路径描述就能理解这一点[11,23,42]。内禀相位是电子波包从释放时间 t 到返回时间 t' 之间在激光场中的加速过程中累积的相位,其积分表达式为

$$\phi(t',t) = -\int_{t'}^{t} S(t'') \, dt'' \tag{2.20}$$

式中:$S(t'') = U_{\text{kin}}(t'') - U_{\text{pot}}(t'')$ 是经典作用量,其值是动能与势能之差。

当激光是长脉冲的时候,$U_p \propto I/\omega_1^2$,比例常数 α 取决于电子处于连续态的时间。对于给定的电子轨道 j,相位可表示为 $-\alpha_j U_p/\omega_1$(原子单位制)。相位系数随着电子在连续态时间的增加而单调递增。图 2.3(a) 所示为根据方程式(2.15)~

式(2.16)中单色场计算[31]的两条最短电子轨迹中 α_j 与返回能量的关系曲线图。

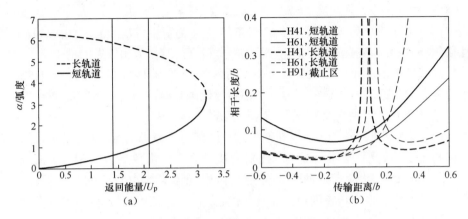

图 2.3　(见彩图)量子路径对相干长度的贡献

(a)相位系数 α 与电子返回能量的函数关系(单位为 U_p/ω_1);
(b)氖气在 $6.6×10^{14} W/cm^2$ 峰值功率密度激下产生的 41 次和 61 次谐波中短量子路径(实线)和长量子路径(虚线)下轴线相位匹配的相干长度。长度单位为共焦参数 b。

图 2.3(a)显示,对应于平台区的每个极紫外能量值,对偶极矩贡献不同的量子路径具有不同的强度依赖相位,每条轨道的相位系数随极紫外能量的变化而变化。在平台区的一段能量范围内,(短轨道)α_1 偏小,(长轨道)α_2 偏大,而在接近于截止区的能量范围内,相位系数值趋同。

由于聚焦光束在空间的变化,强度依赖相位会影响相位匹配。因为两条量子路径的相位系数 α 不同,它们的相位匹配条件自然也不相同[10,46]。而且 α 随光子能量变化,不同的谐波将经历稍有不同的相匹配条件[25,26,29]。以式(2.18)为例,设相位路径为 j,谐波频率为 ω,讨论仅沿传输路线轴线方向的相位匹配条件:

$$\Delta k_\omega(z) = \alpha_j \frac{d(U_p/\omega_1)}{dz} + \frac{\omega}{\omega_1} \frac{2}{b(1+(2z/b)^2)} \quad (2.21)$$

式中:第二项(来源于激光聚焦光束)恒为正值,要在轴线上实现完美的相位匹配,就必须将非线性介质置于激光焦点($z=0$)的后面,此处激光功率密度随 z 的增大而减小,因此 dU_p/dz 的值为负。

图 2.3(b)所示为氖气在峰值功率密度 $6.6×10^{14} W/cm^2$ 的 800nm 激光激发下产生谐波。分别考察 41 次和 61 次谐波的长、短量子路径的轴上相位匹配。定义相干长度为 $L_{coh} = 2\pi/\Delta k_\omega$,较长的相干长度(相位失配较小)意味着较好的相位匹配。从图 2.3(b)中可以得出以下几个有趣的结论:①如果介质的位置在 $z=0$ 附近,长路径的相位匹配优于短路径的相位匹配。而如果介质的位置在 $z=0.5b$ 附近,短路径的相位匹配更好。因此相位匹配可以分离量子路径的贡献,从而可以对

单原子效应产生的脉冲串(每半个周期包含两个脉冲)进行整形(图2.1),这一方法是由 Antoine 等首先提出的[10]。②同时实现宽光谱的多条短轨道的相位匹配比长轨道容易(宽谱是得到阿秒脉冲的条件)。尽管单条长轨道的相干长度可以很长,但是相干长度在介质中快速变化,且随谐波阶次的变化很快。而短轨道谐波对于介质位置和谐波次数的敏感度要低得多。这与实验结果完全一致,实验中,很容易探测到短轨道产生的阿秒脉冲串,而分离长轨道谐波则困难得多,使得长轨道产生的阿秒脉冲串很少被观测到[1,25,47,48]。③如果将介质放在激光聚焦中心之后的位置,那么通常用于产生单个阿秒脉冲的截止区域的谐波也可以在轴线上实现良好的相位匹配。

式(2.18)考虑了激光强度和相位在径向的改变,因此可以更普遍地应用于轴上和轴外的相位匹配研究,细节可参考 Balcou 等的开创性工作[44]或 Chipperfield 等最近的分析研究[49]。这种分析研究得出一项广为人知的结论:由于相位匹配,两种不同量子路径的贡献在空间上是分离的,短路径产生近乎准直的极紫外光束,而长路径产生的是环状的极紫外光束。因此在远场采用空间滤波就可以分离两种量子路径的贡献[1,11,46,48]。这样空间滤波代表了另外一种宏观的时域选通,能实现每半个周期一个阿秒脉冲(短轨道)[1,38]。

2. 考虑色散和电离的相位匹配

产生高光子能量的阿秒脉冲需要更高的激光光强,这种情况下不能忽略色散效应,尤其是自由电子在非线性介质中导致的色散[50-54]。此外,在较长的介质,如气室或波导中,也不应忽视中性原子的色散和吸收[29,52,55-58]。

一阶情况下,可以将色散效应加入相位失配方程式(2.21),则

$$\Delta k_\omega(z) = \frac{\omega}{c}\Delta n_{at}(\omega) + \frac{\omega}{c}\Delta n_{el}(\omega) + \alpha_j \frac{d(U_p/\omega_1)}{dz} + \frac{\omega}{\omega_1}\frac{2}{b(1+(2z/b)^2)}$$

(2.22)

折射率差为 $\Delta n(\omega) = n(\omega) - n(\omega_1)$,中性原子对其的贡献为负,自由电子对其的贡献为正。

我们甚至可以在时域思考相位匹配方程,尤其是当色散项的贡献超过内禀偶极相位和激光的聚焦相位的时候(比如光子能量较高和产生介质较长的情况)。由于 $\Delta n_{at}(\omega)$ 与 $1-P_{ion}(t)$ 成正比,$\Delta n_{el}(\omega)$ 与 $P_{ion}(t)$ 成正比,在单个激光脉冲的包络之内原子(电子)密度随时间减少(增加)。式(2.22)表明,给定相位匹配结构和光子能量范围,在特定的时刻电离率会达到最优,此时相位匹配最优。根据这种方式,有诸多科研团队以相位匹配作为时间选通,探索了缩短极紫外脉冲宽度的方法[59-61]。

毛细管近似为一维介质,Murnane 和 Kapteyn 的研究团队使用一维的相位匹配模型,对毛细管内产生极紫外辐射进行了细致的研究。在毛细管中,式(2.22)中

的相位失配多了一项。有关这种架构下相位匹配和准相位匹配的综述详见文献[61]。

尽管式(2.22)中的绝热相位匹配条件十分有用,然而在宏观离化介质中,激光场的传输和相干极紫外辐射的产生是时间和空间上的高动态过程。介质中时空分布的自由电子会对激光脉冲在时空上进行整形,使得在轴线上激光脉宽缩短,峰值时间提前,而在轴外拖尾更长,如文献[38-39]。经此变化的激光脉冲通过相位匹配和远场空间滤波可以产生孤立阿秒脉冲,即使是初始脉宽长达10fs的激光脉冲也行[2,62]。在2.3.1节中将讨论研究这些大尺度极端非线性动力学条件及由此产生极紫外辐射的理论方法。

2.3.1 传播方程的数值解

根据时域麦克斯韦方程(国际单位制):

$$\nabla^2 E(t) - \frac{1}{c^2}\frac{\partial^2}{\partial t^2}E(t) = \frac{1}{\epsilon_0 c^2}\frac{\partial^2}{\partial t^2}P(t) \tag{2.23}$$

式中:$E(t)$为含时电场;$P(t)$为含时极化场(包括驱动场和生成场所有源项),$E(t)$和$P(t)$为柱坐标系函数。

麦克斯韦方程(纵向和横向均为二阶)的求解要求在传播方向上的步长足够小,以便获得足够精度能同时考虑前向和后向传播的波[63]。然而,在阿秒脉冲和高次谐波的产生区域,激光和极紫外辐射在前向高度相位匹配,所以一般可以忽略后向传输的光。这通常是通过坐标系转换来实现的,新坐标系以脉冲群速 v_g 移动,$z' = z$,$t' = t - z/v_g$,并应用慢变旋转波近似(SEWA),假设激光和极紫外光在传播方向上变化缓慢(与波长相比)[64]。不同于导致关于 z' 的一阶传播方程的慢变包络近似,SEWA 也适用于脉宽为单个光周期的光脉冲。最终通过关于 t' 的傅里叶变换获得频域的传播方程:

$$\nabla_\perp^2 \widetilde{E}(\omega) + \frac{2i\omega}{v_g}\frac{\partial \widetilde{E}(\omega)}{\partial z'} + \left[\frac{\omega^2}{c^2} - \frac{\omega^2}{v_g^2}\right]\widetilde{E}(\omega) = -\frac{\omega^2}{\epsilon_0 c^2}\widetilde{P}(\omega) \tag{2.24}$$

式中:右侧的源项表示介质对电场的响应,包括线性和非线性。非线性项包括偶极辐射导致的极紫外产生和电离对光场的非线性效应,而线性项表示激光和极紫外辐射的吸收和色散。

下面将以两种方法求解式(2.24),一种方法是2.2.1节介绍的SAE-TDSE,另一种方法是2.2.2节介绍的强场近似(SFA)。

1. SAE-TDSE 法计算源项

SAE-TDSE 法能够准确地描述原子的响应,因此适用于需要考虑原子结构的情形,如电离阈值附近的极紫外辐射[65]或(库珀极小值)(Cooper Minimum)对谐波光谱结构的影响[66,67],对于研究与原子结构相关的作用至关重要,可以运用SAE-TDSE法表述这些原子响应。而诸如超快瞬态吸收等需要以动力学方式表述吸收过程的研究[7,68,69],更是必须借助 SAE-TDSE。

直接求解 SAE-TDSE,含时偶极矩会包含原子对驱动电场的线性和非线性响应。如果驱动电场包括极紫外辐射,偶极矩也将包括导致极紫外辐射吸收和色散的项。研究双色场(红外+极紫外)作用下谐波或阿秒脉冲的产生时,极紫外辐射在一开始就被包含在驱动场中;对于单色光产生高次谐波的情形,极紫外辐射逐渐产生。

采用 Crank-Nicholson 方案,在电离非线性介质中以空间推进法求解式(2.24)。从驱动场 $E(r,t)$ 入手,其在空间为高斯光束,在时域上为有限宽度的脉冲。在传播方向上的每个平面 z 中,以 $E(r,t)$ 作为驱动场,通过求解含时薛定谔方程在时域内计算径向 r 上每一点的非线性原子响应。再利用原子响应计算波动方程中每个频率成分的源项,以此为基础向下一个平面 z 传播。随后通过 $\widetilde{E}(r,\omega)$ 的反傅里叶变换计算新的驱动场 $E(r,t)$,依次类推。注意,$\widetilde{E}(r,\omega)$ 包含所有我们感兴趣的频率成分,包括激光和极紫外光[68]。

式(2.24)中的源项可以分解为以下两项之和:

$$\widetilde{P}(\omega) = \widetilde{P}_{\text{dip}}(\omega) + \widetilde{P}_{\text{ion}}(\omega) \tag{2.25}$$

式中:第一项 $\widetilde{P}_{\text{dip}}(\omega)$ 由式(2.9)中的加速度和中性原子密度 $N_a(t)$ 的傅里叶变换给出,即

$$\widetilde{P}_{\text{dip}}(\omega) = \widetilde{FT}[N_a(t)a(t)W(t)]/\omega^2 \tag{2.26}$$

窗口函数 $W(t)$ 将源项在时间轴末端归零,这相当于限制了极紫外辐射的时间宽度,在频率域看,这限制了极紫外光谱中吸收谱线的最小光谱宽度,详情见文献[68]。第二项 $\widetilde{P}_{\text{ion}}(\omega)$ 来源于介质的电离,通过电流密度计算,$J(t) = \dfrac{\partial P_{\text{ion}}(t)}{\partial t}$,因此 $-\dfrac{\omega^2}{\epsilon_0 c^2}\widetilde{P}_{\text{ion}}(\omega) = \widetilde{FT}\left[\dfrac{1}{\epsilon_0 c^2}\dfrac{\partial J(t)}{\partial t}\right]$[73],则

$$\frac{\partial J(t)}{\partial t} = \frac{e^2 N_e(t)}{m_e} E_1(t) \tag{2.27}$$

式中:$N_e(t) = [1-[1-p_{\text{ion}}(t)]^2]N_a(t)$ 是拥有两个 $m=0$ 电子的原子中的含时电子密度;$p_{\text{ion}}(t)$ 是根据单电子波包的空间分布计算的单电子电离率(见 2.2.3 节)。$\widetilde{P}_{\text{ion}}(\omega)$ 引起折射率的时间和空间变化,从而导致离焦和自相位调制,进一步

导致谐波传播相对于驱动场的相位失配。正如前面所讨论的,这一项对于激光电场在时空中(包括在非线性介质中传播)的变化至关重要,尤其是在激光强度较强、原子密度较高,或者是驱动脉冲很短的情况下。

我们发现,如果在考虑驱动激光频率的周边频率时包括 $\widetilde{P}_{\mathrm{dip}}(\omega)$,就无法数值稳定。在 $0 \sim 2\omega_1$ 之间,通常用 $\epsilon_0 \widetilde{\chi}(\omega) \widetilde{E}(\omega)$ 代替 SAE-TDSE 响应。

图 2.4 显示了气压 45Torr(1Torr = 133.3Pa),1mm 长氩气中一个阿秒脉冲串的时间波形的变化,计算的阿秒脉冲由 11~17 次谐波组成,它们初始相位一致,振幅相同。同时存在一个峰值强度 10^{13} W/cm² 的红外光场,但强度太弱,无法单独产生谐波。图 2.4(a)显示了不同的谐波是如何以不同的速率被吸收的,15~17 次谐波在介质末端已基本耗尽。图 2.4(b)显示了阿秒脉冲串的时域变化,从每半个周期一个规则的阿秒脉冲到每半个周期两个阿秒脉冲。

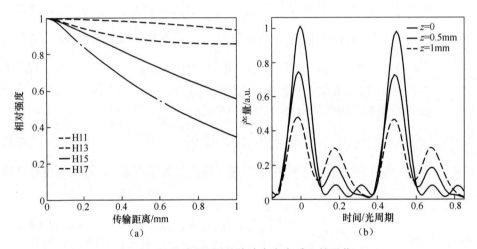

图 2.4 (见彩图)阿秒脉冲串在介质上的吸收

(a) 在 1mm 长、密度 1.5×10^{18} cm^{-3} 的氩气中,11~17 次谐波强度与传播距离的函数关系;

(b) 阿秒脉冲串在气体喷流起始端、中间和末端位置的时域波形。

2. 强场近似计算源项

在利用强场近似计算传播方程的非线性源项时,必须将极化场分离为线性和非线性分量,$\widetilde{P}(\omega) = \epsilon_0 \widetilde{\chi}(\omega) \widetilde{E}(\omega) + \widetilde{P}_{\mathrm{NL}}(\omega)$,其中线性磁化率 $\widetilde{\chi}(\omega)$ 包括线性色散和吸收。这是由于在 SFA 中计算的偶极矩只能正确描述非线性响应,而线性响应的系数(色散和吸收)需要查表获得。为保持一致,还必须分离激光 $\widetilde{E}_1(\omega)$ 和极紫外场 $\widetilde{E}_h(\omega)$ 的传播方程,如此极紫外场就不会被纳入驱动场(从而允许通过

SFA-TDSE 法产生更多的极紫外辐射)。这就得出两个传播方程(用 z 替换 z'):

$$\nabla_\perp^2 \widetilde{E}_l(\omega) + \frac{2i\omega}{c}\frac{\partial \widetilde{E}_l(\omega)}{\partial z} = -\frac{\omega^2}{\epsilon_0 c^2}\widetilde{P}_{\text{ion}}(\omega) \qquad (2.28)$$

$$\nabla_\perp^2 \widetilde{E}_h(\omega) + \frac{2i\omega}{c}\frac{\partial \widetilde{E}_h(\omega)}{\partial z} + \widetilde{f}_{\text{lin}}(\omega)\widetilde{E}_h(\omega) = -\frac{\omega^2}{\varepsilon_0 c^2}\widetilde{P}_{\text{dip}}(\omega) \qquad (2.29)$$

函数 $\widetilde{f}_{\text{lin}}(\omega)$ 包含线性响应:

$$\widetilde{f}_{\text{lin}}(\omega) = i\frac{\omega}{c}\widetilde{\alpha}(\omega) + \frac{\widetilde{n}^2(\omega)\omega^2}{c^2} - \frac{\omega^2}{v_g^2} \qquad (2.30)$$

式中:$\widetilde{\alpha}(\omega)$ 和 $\widetilde{n}(\omega)$ 分别为吸收系数和折射率[74-76],这两者都与中性原子密度成正比。

极紫外场的源项 $\widetilde{P}_{\text{dip}}(\omega)$ 的计算与 SAE-TDSE 的情况类似:

$$\widetilde{P}_{\text{dip}}(\omega) = \widehat{FT}[N_a(t)d(t)W(t)] \qquad (2.31)$$

式中:$d(t)$ 为用 SFA 的方法计算的偶极矩。驱动场源项 $\widetilde{P}_{\text{ion}}(\omega)$ 由式(2.27)计算,根据强度相关的电离速率来计算电子密度。

已有多个研究小组运用一种基于 SFA 的 TDSE-MWE 成功复现了阿秒脉冲产生实验中多种不同类型的实验结果,参见文献[42,54,62,77-81]。SFA-MWE 计算可以为许多阿秒脉冲产生实验提供完美的定性理解,在某些情况下,也可进行定量比较。然而它不能应用于亚周期或多频率吸收很重要[69]的情形,也不能应用于极紫外辐射频率范围接近阈值的情况[29,65]。基于 SFA-TDSE 的计算是否能应用于中红外激光激励下的阿秒脉冲产生同样令人存疑。基于 SAE-TDSE 的计算发现,在中红外激光驱动下,长于一个光周期的量子路径对偶极矩有显著的贡献,而 SFA 计算无法复现这一情况[24]。在这种情况下必须使用基于 SAE-TDSE 的麦克斯韦方程计算阿秒脉冲的产生和吸收过程。

2.4 小结和展望

本章阐述了如何在微观(量子层面)和宏观层面上对原子气体中的阿秒脉冲产生进行计算。TDSE-MWE 的耦合解已在大量的理论-实验对照中得到验证,足以根据不同的驱动场、不同的实验构型以及不同复杂程度的原子响应模型来表述阿秒脉冲产生的多种场景。基于单电子近似形式的丰富扩展可以让我们充分理解阿秒瞬态吸收并对其进行模拟,最新进展见文献[68,82]。

阿秒物理理论的挑战性问题在于在单离子发射水平和宏观层面上都需要超越原子系统,甚至需要超越单电子近似。许多科研小组正在研究这一问题。通过单电子近似耦合麦克斯韦方程解和基于网格的含时薛定谔方程解[83]或是定量重散射理论含时薛定谔方程解[84],可以对分子气体产生的宏观谐波信号进行计算。最近有几个科研小组试图在包含一个以上有效电子的系统中计算谐波产生,计入电子相关的影响[85-89]。多电子系统或是诸如晶体、纳米结构等高密度系统中高次谐波产生的宏观效应还有待探索。在现有计算能力下,这些效应的量子响应和宏观响应只能用模型来表述。

参考文献

[1] P. M. Paul, E. S. Toma, P. Breger, G. Mullot, F. Augé, P. Balcou, H. G. Muller, P. Agostini, Science **292**, 1689 (2001)

[2] M. Hentschel, R. Kienberger, C. Spielmann, G. A. Reider, N. Milosevic, T. Brabec, P. Corkum, U. Heinzmann, M. Drescher, F. Krausz, Nature **414**, 509 (2001)

[3] R. Kienberger, E. Goulielmakis, M. Uiberacker, A. Baltuska, V. Yakovlev, F. Bammer, A. Scrinzi, T. Westerwalbesloh, U. Kleineberg, U. Heinzmann, M. Drescher, F. Krausz, Nature **427**, 817 (2004)

[4] T. Remetter, P. Johnsson, J. Mauritsson, K. Varjú, F. L. Y. Ni, E. Gustafsson, M. Kling, J. Khan, R. López-Martens, K. J. Schafer, M. J. J. Vrakking, A. L'Huillier, Nat. Phys. **2**, 323 (2006)

[5] M. Uiberacker, T. Uphues, M. Schultze, A. J. Verhoef, V. Yakovlev, M. F. Kling, J. Rauschenberger, N. M. Kabachnik, H. Schroder, M. Lezius, K. L. Kompa, H. G. Muller, M. J. J. Vrakking, S. Hendel, U. Kleineberg, U. Heinzmann, M. D. F. Krausz, Nature **446**, 627 (2007)

[6] J. Mauritsson, P. Johnsson, E. Gustafsson, M. Swoboda, T. Ruchon, A. L'Huillier, K. J. Schafer, Phys. Rev. Lett. **100**, 073003 (2008)

[7] E. Goulielmakis, Z. H. Loh, A. A. Wirth, R. Santra, N. Rohringer, V. Yakovlev, S. Zherebtsov, T. Pfeifer, A. Azzeer, M. Kling, S. R. Leone, F. Krausz, Nature **466**, 739 (2010)

[8] A. McPherson, G. Gibson, H. Jara, U. Johann, T. S. Luk, I. A. McIntyre, K. Boyer, C. K. Rhodes, J. Opt. Soc. Am. B **4**, 595 (1987)

[9] M. Ferray, A. L'Huillier, X. F. Li, L. A. Lomreé, G. Mainfray, C. Manus, J. Phys. B **21**, L31 (1988)

[10] P. Antoine, A. L'Huillier, M. Lewenstein, Phys. Rev. Lett. **77**, 1234 (1996)

[11] M. B. Gaarde, F. Salin, E. Constant, P. Balcou, K. J. Schafer, K. C. Kulander, A. L'Huillier, Phys. Rev. A **59**, 1367 (1999)

[12] E. Seres, J. Seres, F. Krausz, C. Spielmann, Phys. Rev. Lett. **92**, 163002 (2004)

[13] P. Agostini, L. F. DiMauro, Rep. Prog. Phys. **67**, 813 (2004)

[14] P. B. Corkum, F. Krausz, Nat. Phys. **3**, 381 (2007)

[15] K. J. Schafer, B. Yang, L. F. DiMauro, K. C. Kulander, Phys. Rev. Lett. **70**, 1599 (1993)

[16] P. B. Corkum, Phys. Rev. Lett. 71, 1994 (1993)

[17] S. Harris, J. J. Macklin, T. W. Hänsch, Opt. Commun. **100**, 487 (1993)

[18] G. Farkas, C. Tóth, Phys. Lett. A **168**, 447 (1992)

[19] I. P. Christov, M. M. Murnane, H. C. Kapteyn, Phys. Rev. Lett. **78**, 1251 (1997)

[20] M. Drescher, M. Hentschel, R. Kienberger, G. Tempea, C. Spielmann, G. A. Reider, P. B. Corkum, F. Krausz, Science **291**, 1923 (2001)

[21] J. Seres, E. Seres, A. J. Verhoef, G. Tempea, C. Streli, P. Wobrauschek, V. Yakovlev, A. Scrinzi, C. Spielmann, F. Krausz, Nature **433**, 596 (2005)

[22] J. L. Krause, K. J. Schafer, K. C. Kulander, Phys. Rev. Lett. **68**, 3535 (1992)

[23] M. Lewenstein, P. Salières, A. L'Huillier, Phys. Rev. A **52**, 4747 (1995)

[24] J. Tate, T. Auguste, H. G. Muller, P. Salières, P. Agostini, L. F. DiMauro, Phys. Rev. Lett. **98**, 013901 (2007)

[25] Y. Mairesse, A. de Bohan, L. J. Frasinski, H. Merdjo, L. C. Dinu, P. Monticourt, P. Breger, M. Kovačev, R. Taïeb, B. Carré, H. G. Muller, P. Agostini, P. Salières, Science **302**, 1540 (2003)

[26] K. Varjú, Y. Mairesse, B. Carré, M. B. Gaarde, P. Johnsson, S. Kazamias, R. Lopez-Martens, J. Mauritsson, K. J. Schafer, P. Balcou, A. L'Huillier, P. Salières, J. Mod. Opt. **52**, 379 (2005)

[27] R. López-Martens, K. Varjú, P. Johnsson, J. Mauritsson, Y. Mairesse, P. Salières, M. B. Gaarde, K. J. Schafer, A. Persson, S. Svanberg, C. G. Wahlström, A. L'Huillier, Phys. Rev. Lett. **94**, 033001 (2005)

[28] D. H. Ko, K. T. Kim, J. Park, J. H. Lee, C. H. Nam, New J. Phys. **12**, 063008 (2010)

[29] T. Ruchon, C. P. Hauri, K. Varjú, E. Mansten, M. Swoboda, R. López-Martens, A. L'Huillier, New J. Phys. **10**, 025027 (2008)

[30] K. J. Schafer, in *Strong Field Laser Physics*, ed. by T. Brabec (Springer, New York, 2008), p. 111

[31] M. Lewenstein, P. Balcou, M. Y. Ivanov, A. L'Huillier, P. B. Corkum, Phys. Rev. A **49**, 2117 (1994)

[32] K. C. Kulander, T. N. Rescigno, Comput. Phys. Commun. **63**, 523 (1991)

[33] J. L. Krause, K. J. Schafer, J. Phys. Chem. A **103**, 10118 (1999)

[34] J. L. Krause, K. J. Schafer, K. C. Kulander, Phys. Rev. A **45**, 4998 (1992)

[35] P. Salières, B. Carré, L. L. Déroff, F. Grasbon, G. G. Paulus, H. Walther, R. Kopold, W. Becker, D. B. Milošević, A. Sanpera, M. Lewenstein, Science **292**, 902 (2001)

[36] N. Dudovich, O. Smirnova, J. Levesque, Y. Mairesse, M. Y. Ivanov, D. M. Villeneuve, P. B. Corkum, Nat. Phys. **2**, 781 (2006)

[37] M. B. Gaarde, K. J. Schafer, Phys. Rev. A **65**, 031406(R) (2002)

[38] M. B. Gaarde, J. L. Tate, K. J. Schafer, J. Phys. B **41**, 132001 (2008)

[39] V. Tosa, K. Kim, C. Nam, Phys. Rev. A **79**, 043828 (2009)

[40] M. V. Ammosov, N. B. Delone, V. P. Krainov, Sov. Phys. JETP **64**, 1191 (1986)

[41] F. A. Ilkov, J. E. Decker, S. L. Chin, J. Phys. B **25**, 4005 (1992)

[42] P. Salières, A. L' Huillier, M. Lewenstein, Phys. Rev. Lett. **74**, 3776 (1995)

[43] A. L' Huillier, T. Auguste, P. Balcou, B. Carré, P. Monot, P. Salières, C. Altucci, M. B. Gaarde, J. Larsson, E. Mevel, T. Starczewski, S. Sveanberg, C. G. Wahlström, R. Zerne, K. S. Budil, T. Ditmire, M. D. Perry, J. Nonlinear Opt. Phys. Mater. **4**, 647 (1995)

[44] P. Balcou, P. Salières, A. L' Huillier, M. Lewenstein, Phys. Rev. A **55**, 3204 (1997)

[45] P. W. Milonni, J. H. Eberly, *Lasers* (Wiley, New York, 1988)

[46] M. Bellini, C. Lyngå, A. Tozzi, M. B. Gaarde, T. W. Hänsch, A. L' Huillier, C. G. Wahlström, Phys. Rev. Lett. **81**, 297 (1998)

[47] G. Sansone, E. Benedetti, J. P. Caumes, S. Stagira, C. Vozzi, S. D. Silvestri, M. Nisoli, Phys. Rev. A **73**, 053408 (2006)

[48] A. Zair, M. Holler, A. Guandalini, F. Schapper, J. Biegert, L. Gallmann, U. Keller, A. S. Wyatt, A. Monmayrant, I. A. Walmsley, E. Cormier, T. Auguste, J. P. Caumes, P. Salieres, Phys. Rev. Lett. **100**, 143902 (2008)

[49] L. Chipperfield, P. Knight, J. Tisch, J. Marangos, Opt. Commun. **264**, 494 (2006)

[50] G. Tempea, M. Geissler, M. Schnürer, T. Brabec, Phys. Rev. Lett. **84**, 4329 (2000)

[51] M. Geissler, G. Tempea, T. Brabec, Phys. Rev. A **62**, 033817 (2000)

[52] E. A. Gibson, A. Paul, N. Wagner, R. Tobey, D. Gaudiosi, S. Backus, I. P. Christov, A. Aquila, E. M. Gullikson, D. T. Attwood, M. M. Murnane, H. C. Kapteyn, Science **302**, 95 (2003)

[53] E. Seres, J. Seres, C. Spielmann, Appl. Phys. Lett. **89**, 181919 (2006)

[54] V. S. Yakovlev, M. Ivanov, F. Krausz, Opt. Express **15**, 15351 (2007)

[55] I. Christov, H. Kapteyn, M. Murnane, Opt. Express 7, 362 (2000)

[56] A. Paul, R. A. Bartels, R. Tobey, H. Green, S. Weiman, I. P. Christov, M. M. Murnane, H. C. Kapteyn, S. Backus, Nature **421**, 51 (2003)

[57] E. Constant, D. Garzella, P. Breger, E. Mével, C. Dorrer, C. L. Blanc, F. Salin, P. Agostini, Phys. Rev. Lett. **82**, 1668 (1999)

[58] J. F. Hergott, M. Kovacev, H. Merdji, C. Hubert, Y. Mairesse, E. Jean, P. Breger, P. Agostini, B. Carré, P. Salières, Phys. Rev. A **66**, 021801 (2002)

[59] A. S. Sandhu, E. E. Gagnon, A. Paul, I. Thomann, A. Lytle, T. Keep, M. M. Murnane, H. C. Kapteyn, I. P. Christov, Phys. Rev. A **74**, 061803 (2006)

[60] M. J. Abel, T. Pfeifer, P. M. Nagel, W. Boutu, M. J. Bell, C. P. Steiner, D. M. Neumark, S. R. Leone, Chem. Phys. **366**, 9 (2009)

[61] T. Popmintchev, M. C. Chang, P. Arpin, M. M. Murnane, H. C. Kapteyn, Nat. Photonics **4**, 822 (2010)

[62] M. B. Gaarde, K. J. Schafer, Opt. Lett. **31**, 3188 (2006)

[63] E. Lorin, S. Chelkowski, A. D. Bandrauk, Comput. Phys. Commun. **177**, 908 (2007)

[64] T. Brabec, F. Krausz, Rev. Mod. Phys. **72**, 545 (2000)

[65] D. C. Yost, T. R. Schibli, J. Ye, J. L. Tate, J. Hostetter, M. B. Gaarde, K. J. Schafer, Nat. Phys. **5**, 815 (2009)

[66] H. J. Wörner, H. Niikura, J. B. Bertrand, P. B. Corkum, D. M. Villeneuve, Phys. Rev. Lett. **102**, 103901 (2009)

[67] J. P. Farrell, L. S. Spector, B. K. McFarland, P. H. Bucksbaum, M. Gühr, M. B. Gaarde, K. J. Schafer, Phys. Rev. A **83**, 023420 (2011)

[68] M. B. Gaarde, C. Buth, J. L. Tate, K. J. Schafer, Phys. Rev. A **83**, 013419 (2011)

[69] M. Holler, F. Schapper, L. Gallmann, U. Keller, Phys. Rev. Lett. **106**, 123601 (2011)

[70] K. J. Schafer, M. B. Gaarde, A. Heinrich, J. Biegert, U. Keller, Phys. Rev. Lett. **92**, 023003 (2004)

[71] J. Biegert, A. Heinrich, C. P. Hauri, W. Kornelis, P. Schlup, M. Anscombe, K. J. Schafer, M. B. Gaarde, U. Keller, Laser Phys. **15**, 899 (2005)

[72] G. Gademann, F. Kelkensberg, W. K. Siu, P. Johnsson, K. J. Schafer, M. B. Gaarde, M. J. J. Vrakking, New J. Phys. **13**, 033002 (2011)

[73] S. C. Rae, K. Burnett, Phys. Rev. A **46**, 1084 (1992)

[74] A. L'Huillier, X. F. Li, L. A. Lompré, J. Opt. Soc. Am. B, Opt. Phys. **7**, 527 (1990)

[75] B. Henke, E. Gullikson, J. Davis, At. Data Nucl. Data Tables **54**, 181 (1993)

[76] C. T. Chantler, J. Phys. Chem. Ref. Data **24**, 71-643 (1995)

[77] E. Priori, G. Cerullo, M. Nisoli, S. Stagira, S. D. Silvestri, P. Villoresi, L. Poletto, P. Ceccherini, C. Altucci, R. Bruzzese, C. de Lisio, Phys. Rev. A **61**, 063801 (2000)

[78] C. Altucci, V. Tosa, R. Velotta, Phys. Rev. A **75**, 061401R (2007)

[79] J. Seres, V. S. Yakovlev, E. Seres, C. Streli, P. Wobrauschek, C. Spielmann, F. Krausz, Nat. Phys. **3**, 878 (2007)

[80] Z. Chang, Phys. Rev. A **76**, 051403R (2007)

[81] S. Gilbertson, S. D. Khan, Y. Wu, M. Chini, Z. Chang, Phys. Rev. Lett. **105**, 093902 (2010)

[82] S. Chen, K. J. Schafer, M. B. Gaarde, Opt. Lett. **37**, 2211 (2012)

[83] E. Lorin, S. Chelkowski, A. D. Bandrauk, New J. Phys. **10**, 025033 (2008)

[84] C. Jin, A. H. Le, C. D. Lin, Phys. Rev. A **83**, 023411 (2011)

[85] D. A. Telnov, S. I. Chu, Phys. Rev. A **80**, 043412 (2009)

[86] J. M. N. Djiokap, A. F. Starace, Phys. Rev. A **84**, 013404 (2011)

[87] A. D. Shiner, B. E. Schmidt, C. Trallero-Herrero, H. J. Woerner, S. Patchkovskii, P. B. Corkum, J. C. Kieffer, F. Legare, D. M. Villeneuve, Nat. Phys. **7**, 464 (2011)

[88] E. P. Fowe, A. D. Bandrauk, Phys. Rev. A **84**, 035402 (2011)

[89] D. S. Tchitchekova, H. Lu, S. Chelkowski, A. D. Bandrauk, J. Phys. B **44**, 065601 (2011)

第3章
高强激光产生孤立阿秒脉冲

J. A. Pérez-Hernández, L. Roso

摘要 阿秒脉冲是由强激光与原子、离子和分子相互作用而激发的谐波光谱中的高频部分傅里叶合成产生的。因此其特性(中心波长、脉宽和色散)取决于相邻高次谐波之间光谱相位和振幅之间的特定关系。本章将探讨当激光强度高于饱和光强时产生的高次谐波的特性,在传统理论中,由于原子被快速电离,谐波强度会衰减。然而,在激光脉冲的能量足够高,且与单个原子的相互作用进入非绝热区域之后,谐波的强度会变强。我们的研究结合经典分析和基于三维含时薛定谔方程数值积分的全量子模型,研究结果表明强度远高于饱和阈值的非绝热脉冲为极紫外相干光(高次谐波)的产生开辟了新路径,因此这是一种潜在的获得强孤立阿秒脉冲的方法。

3.1 介绍

目前有关阿秒脉冲串产生的研究已较为常见,然而获取孤立阿秒脉冲仍是一项相当具有挑战性的任务,任务难度在于对一系列参数的控制,有些参数很不容易设置。本章将介绍一种试验性方法,用于提高合成高强度孤立阿秒脉冲的可能性,这是常规方法所不能实现的。对于在不同激光脉冲的快速启动作用下电子的动力学行为,我们将通过多种方法进行表述。一方面,经典分析表明,特殊条件下,在不到一个光学周期内,电子就能在激光启动过程中通过一种新轨道发生有效复合,这

J. A. Pérez-Hernández · L. Roso
Centro de Láseres Pulsados CLPU, 37008 Salamanca, Spain
e-mail: roso@usal.es

J. A. Pérez-Hernández
e-mail: joseap@usal.es

些轨道不同于常规的"长轨道"和"短轨道",称为非绝热启动(non adiabatic turn-on,NAT)轨道。另一方面,基于三维含时薛定谔方程(3D TDSE)精确积分的单原子数值仿真证明,当激光强度超出饱和极限两个量级时,谐波产量"反常"增长的原因就在于上述新轨道的存在。而在脉冲启动过程较平缓的激光脉冲作用下获得的实验结果,使得人们普遍认为,由于势垒抑制效应,谐波产生效率会逐渐退化。

此外,在高功率激光作用下,中性原子在驱动激光脉冲前沿就完全耗尽。高强度激光作用下谐波产量的增长伴随着基态原子的快速衰减,这为合成高强度、短脉宽的孤立阿秒脉冲提供了可能性。

3.2 通过高次谐波产生阿秒脉冲

20世纪90年代初,Farkas和Tóth在一项开创性的理论工作中提出了将气体中的多个谐波合成为阿秒脉冲的可能性[1],他们指出:"……所描述的思想和技术似乎可以在所有产生高次谐波的非线性过程中实现……"

这些预测已逐渐被随后进行的大量实验所证实[2-7]。目前,高次谐波产生(HHG)成为生成阿秒脉冲最合适的方式。本章将着重讨论作为阿秒脉冲源的高次谐波产生的研究。

McPherson[8]和Ferray[9]于20世纪80年代观测到高次谐波产生过程,将大功率红外激光聚焦进入稀有气体,产生奇次谐波梳状谱,在相当大的频谱范围内谱线幅值大致相等,被称为"平台区",后面紧跟着一个幅值迅速减小的"截止区"。这些研究结果证明高次谐波产生显然是一个非微扰的非线性过程。

3.2.1 轨道分析

根据三步模型[10-11],通过研究电子在激光场中被电离之后的轨迹可以准确理解高次谐波产生过程。假定电子为离子坐标中的经典自由粒子,初始速度为零。被释放的电子受洛伦兹力驱动。激光电场将电子驱离。其后激光电场反向,电子返回,复合到初始基态。在这一过程中电子获得的过剩的动能以辐射的形式释放。电子对于核心的偏移可以由牛顿-洛伦兹方程计算:

$$\frac{d^2 r(t)}{dt^2} = -\boldsymbol{E}(t) \tag{3.1}$$

式中:$\boldsymbol{E}(t)$为驱动激光脉冲(假定为偶极近似),原子单位制($q_e = m_e = \hbar = 1$)。

计算中考虑偏振方向平行于z轴,沿x方向传播的线偏振激光。综合上述条件,式(3.1)改写为标量方程$\boldsymbol{E}(t) \to E(t)$,$d^2 r(t)/dt^2 \to d^2 z(t)/dt^2$。

当外场包络的强度为常数时,再散射动能与电离时间的函数关系(灰色圆点)及其与复合时间的函数关系(黑色三角形)如图3.1(a)所示,能量最高的轨道对应于在外场最大值附近电离的电子,电子约在3/4周期后与核碰撞复合。这种轨道最初由Schafer[10]和Corkum[11]等提出,用来解释平台区的截止定律,下面将这种轨道称为Schafer-Corkum(SC)轨道。图3.1中将最开始的两套SC轨道系列标记为SC-long和SC-short。图3.1(b)所示为NAT脉冲理论分析下的同一轨道。分析过程中使用的激光脉冲半高全宽为1.5个光周期,其解析表达式为

$$E(t) = E_0 \sin^2\left(\frac{\omega t}{6}\right)\sin(\omega t + \phi) \tag{3.2}$$

式中:E_0为激光振幅;ϕ为载波包络相位(carrier-envelope phase,CEP)。下面除非另有说明,都是$\phi=0$。

观察图3.1(b),很容易辨别两种不同类型的轨道。第一种轨道来源于在激光启动最后阶段电离的电子,轨道特性类似于SC,即最高能量的复合对应于外场最大值附近电离的电子。第二种轨道标记为NAT,对应于激光作用初始阶段电离的电子,与第一种轨道趋势相反:最高再散射能量来源于在第一个光场最大值之前约1/4周期处电离的电子。这些轨道的出现与激光脉冲的快速启动相关。

对于启动过程平缓的激光脉冲,当达到饱和强度时,谐波产量就会降低[12-13],这与SC轨道产生的辐射效率衰减有关。这种衰变是由于电子处于连续态时,基态电子的快速电离造成的。因此在再散射瞬间,基态实际上是空的,偶极振幅相对较小。这就导致SC轨道下的高次谐波产生效率大大降低。下面将证明NAT轨道特别能够对抗饱和效应,其在超高强度激光作用下的谐波产生中起到基础作用[15]。

3.2.2 谐波产量:凹陷结构

下面将定量分析NAT轨道对谐波产量的影响。不同轨道对谐波光谱的贡献可以通过偶极复振幅进行评估(假设跃迁矩阵元为常数):

$$|d(t)| \propto |a_0^*(t)||a_v(t)| \tag{3.3}$$

式中:$a_0(t)$为基态概率振幅;$a_v(t)$为t时刻再散射、速度为v的自由电子态的概率振幅。

这些数值是通过三维含时薛定谔方程的精确数值积分计算获取的;$|a_0(t)|$为波函数在基态的投影;$|a_v(t)|$通过计算电离时间t_0附近的一个小窗口的基态损耗得到;t_0为t时刻再散射的轨道的初始时间,即

$$|a_v|^2 \approx \frac{d}{dt}|a_0|^2_{t_0}\Delta t \tag{3.4}$$

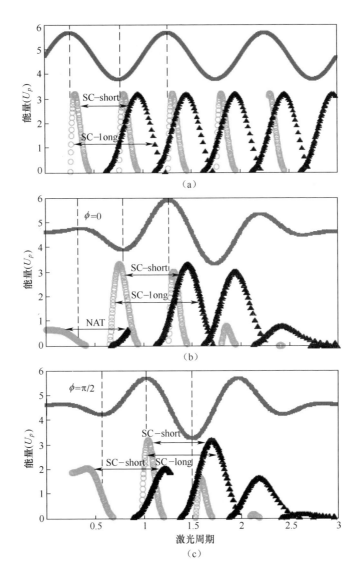

图 3.1 在 3 种不同激光脉冲驱动下,再散射(第一次再散射)能量与电离时间(灰色圆点)及
复合时间的函数关系(黑色三角形)

(a)激光光场为恒定包络;(b) $\phi=0$;(c) $\phi=\pi/2$。(b)和(c)使用式(3.2)描述的 NAT 脉冲,
激光场如图中实线所示。$\phi=0$ 时,在光场作用下出现一系列新轨道,标记为 NAT。

式中:Δt 为短时间间隔,它的取值对于不同轨道之间的比对并不重要,所以这里保持其值不变。

对于特定的轨道,电离时间和复合时间(t_0 和 t)根据如图 3.1 所示的经典分析提取,这样每一组(t_0,t)就可以和明确的 NAT 或 SC 轨道联系起来。下面比较能量为 W_0 的谐波的产量和驱动激光光强之间的关系。

根据图 3.1,我们可以得到每个激光强度下特定轨道(复合动能为 W_0-I_p)的电离时间 t_0 和复合时间 t。假设 $W_0=73\text{eV}$,这是氢原子在饱和阈值强度下谐波光谱的截止能量(图 3.3(a))。不同激光强度(能量为 W_0)下估算的谐波效率如图 3.2 所示,激光为图 3.1(b)中的短脉冲形式。图 3.2 中的 SC 曲线显示了其随光场振幅的增大而减小的趋势,这是 SC 轨道产生的谐波的特点。下面根据式(3.3)中的偶极振幅来分析这种变化的根本原因。

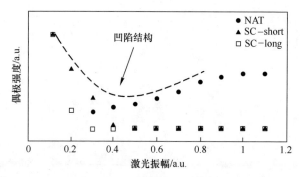

图 3.2　能量 $W_0=73\text{eV}$(图 3.3(a))下不同轨道对谐波产量的贡献,
轨道曲线见图 3.1(b)。NAT 轨道的贡献以黑色圆圈表示,长 SC 轨道以空心方块表示,
短 SC 轨道以黑色三角形表示。灰色虚线表示由此导致的总体辐射
($|a_0(t)|$ 和 $|a_g|$ 两者贡献之和)。激光振幅 E_0 以原子单位制表示,对应于 $3.5\times10^{16}\text{W/cm}^2$。

在高于饱和强度的激光作用下基态快速电离,导致 $|a_0|$ 减小,因此 SC 轨道产生谐波的效率随之减小[15]。此外,基态损耗增加也使得连续态电子数量增多,即 $|a_0|$ 减小时,$|a_g|$ 增大。然而两个振幅的乘积是降低的,因此偶极跃迁的效率下滑[15]。

对于 NAT 轨道,情况是相反的:由于其源于激光启动的初始部分,电离是适度的,即使光场幅值高于饱和度一个量级(激光强度高于饱和度两个量级)也是如此。因此再散射时基态电子布居数相当多,概率振幅不会下降至 0。偶极振幅随激光场逐渐增加。SC 轨道和 NAT 轨道的共同作用下,谐波产量随激光振幅变化的形式表现为如图 3.2 所示的凹陷结构:首先其强度随着 SC 轨道效应的退化而减小,而后由于 NAT 轨道对偶极光谱的贡献,强度增大。在超强场(高于原子单位制下值为 1 的光强,即 $3.5\times10^{16}\text{W/cm}^2$)作用下 NAT 轨道最终退化。在这种高强度激光作用下,偶极近似被破坏而导致衰减,与磁场相互作用会导致电子的轨道飘离离子核[14]。

3.2.3 谐波光谱与阿秒脉冲

图3.3(a)所示为激光强度到达饱和阈值($I \leq 3.51 \times 10^{14} \text{W/cm}^2$)、饱和($I \approx 5.6 \times 10^{15} \text{W/cm}^2$)和深度饱和($I = 3.5 \times 10^{16} \text{W/cm}^2$)时产生的光谱,数据根据氢原子三维含时薛定谔方程的精确积分提取。激光强度低于饱和阈值时,谐波产量随激光强度增加,谐波平台相应延伸至截止线$I_p + 3.17U_p$。激光强度高于饱和阈值时,谐波产量逐渐减小,直至达到对应于图3.2中谷底位置的最小值。根据仿真结果,在更高的激光强度下,由于NAT轨道对辐射光谱的贡献,谐波产量会相应增加。如图3.3(a)所示,当激光强度分别为饱和阈值(浅灰实线)和达到深饱和程度时(黑实线),谐波产量大致相当,因为它们对应于图3.2中凹陷的相反两侧。文献[15]清楚地表明,谐波效率会发生出人意料的增长,而人们普遍认为在高强度激光作用下谐波效率会退化。稍后会进一步看到这一方法在高强度激光作用下产生阿秒脉冲所发挥的重要作用。

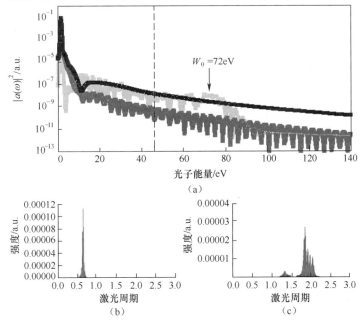

图3.3 (a)激光脉冲如式(3.2)所述($\phi = 0$)时,由氢原子三维含时薛定谔方程精确计算获取的单原子光谱。浅灰色实线表示激光强度为饱和阈值时($I = 3.51 \times 10^{14} \text{W/cm}^2$)的谐波,深灰色实线表示激光强度达到饱和时($I = 5.6 \times 10^{15} \text{W/cm}^2$)的谐波,黑色实线表示激光强度深度饱和时($I = 3.5 \times 10^{16} \text{W/cm}^2$)的谐波。$W_0$为饱和阈值强度下氢原子谐波光谱的截止能量。
(b)深饱和机制下谐波光谱产生的孤立阿秒脉冲,对应于图(a)中的黑色谱线。
(c)饱和阈值下产生的谐波光谱经过滤波后获得亚飞秒脉冲,对应于图(a)中的浅灰谱线。
上述两种情况都是移除31阶次以下谐波,31次谐波(垂直虚线)光子能量为46eV。

图3.3(a)中深饱和情况下的谱线(黑色实线)揭示了一个重要细节,在谐波平台区没有调制现象。对于给定的能量,只有一条NAT轨道,因此再散射产生高频辐射的事件只发生一次。图3.3(b)所示的孤立阿秒脉冲(半高全宽约为50as)是深度饱和机制下产生的,通过移除31阶次以下的谐波获得阿秒脉冲,31次谐波对应光子能量46eV(基频激光800nm)。图3.3(c)为饱和阈值下产生的亚飞秒脉冲,尽管选用相同的滤波窗口(移除31阶次以下的谐波),相对于深饱和机制,其脉冲噪声更大,脉宽更宽。此外,图3.3(b)中的阿秒脉冲相比于图3.3(c)中的脉冲,强度几乎高出一个数量级。这也是其相比于阿秒脉冲常规获取方式的一项潜在优势。在常规方式中,会筛选接近于截止区的谐波,这一部分谐波效率明显偏低,因此通过这一区域滤波获取的阿秒脉冲强度也相应较低。深饱和机制下获取的谐波光谱全貌如图3.5(a)所示(浅灰虚线)。谐波平台的延伸并不遵守截止区定律,这说明了对谐波贡献最大的轨道类型有别于SC轨道。由于没有清晰的截止谱线,可以通过NAT轨道的最大再散射能量来估算平台的延展量,近似为$I_p + 0.5U_p$,下面将通过小波变换分析来进行精确计算。

为了在全量子背景下分析NAT轨道在谐波发射中的作用,我们对3D TDSE精确积分获取的偶极加速度进行时频分析。小波分析提供了特定波长辐射的时间和效率信息[16]。图3.4所示为3种强度激光(图3.3(a))作用下的小波分析结果,对应于图3.1(b)中所示的NAT脉冲。我们还标出了由图3.1(b)中的经典轨道计算出的再散射能量。观察图3.4中的3种波形,很容易看出,在饱和阈值的情况下(见图3.4(a))高次谐波的主要贡献来源于SC短轨道和长轨道。当强度增加超过饱和极限时,长短SC轨道的谐波辐射产生效率就会降低(见图3.4(b))。注意,在这样的激光强度下,NAT轨道变得十分重要。图3.4(c)所示为深饱和强度作用情况,原子在驱动脉冲初始半个周期之后就基本被耗尽,所以只存在NAT轨道。因此在深饱和机制下,SC短轨道和长轨道不参与谐波产生。根据上述结果,在深度饱和机制中,只有NAT轨道对谐波辐射有贡献。这就是图3.3(a)中深饱和情况下谐波光谱没有调制的原因,因而从深饱和谱中获得的阿秒脉冲噪声更小,脉宽更窄。

NAT脉冲与物质的相互作用在很大程度上取决于载波包络相位(CEP),即式(3.2)中的ϕ。图3.1(c)中的驱动激光脉冲表述形式同式(3.2),但$\phi = \pi/2$。这种情况下与谐波产生唯一相关的轨道为SC轨道,由于高光强,原子空了(被电离),SC轨道产生谐波效率很低。对于NAT轨道来说,电子在连续态时间太短,无法获取足够的能量产生高次谐波。3D TDSE计算证实了这一结论,当强度增加到饱和值以上时,谐波产量显著下降。与CEP的强关联使得这种技术的实验实现很难。

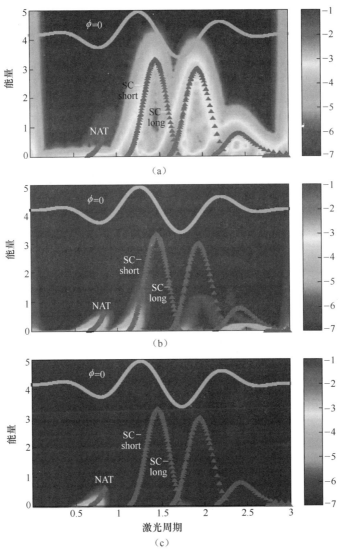

图 3.4 （见彩图）根据 3D TDSE 数值解提取的偶极加速度进行小波变换分析
棕色三角形显示出了电子复合时间和经典再散射能量间的关系，激光脉冲为式(3.2)表述形式，$\phi=0$，激光强度为图 3.3 中所示的 3 种情况：(a)$E_0=0.1$ 原子单位；(b)$E_0=0.4$ 原子单位；(c)$E_0=1.0$ 原子单位。驱动激光脉冲如灰实线所示。注意，在所有情况下，彩色标尺上表示效率的单位刻度是相同的。

3.3 电离选通

根据我们的理论解释，强场下谐波产量的增加是由于脉冲启动的非绝热特性。

对于不同形状和不同宽度的脉冲,只要其启动阶段的结构类似,就都能在最初和气体相互作用的时候将基态的原子全部电离,从而产生类似的高次谐波光谱。为证明这一点,我们使用了 3D TDSE 计算另外一种形状的脉冲。如图 3.5(a) 所示,这种脉冲启动阶段和式(3.2)相同,但之后两个周期振幅不变。

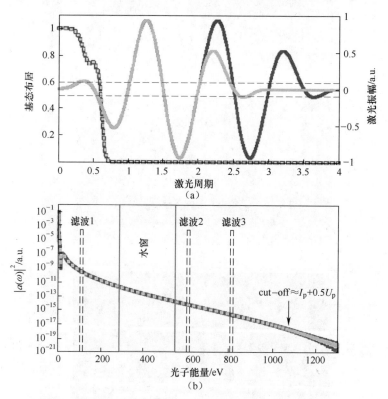

图 3.5 （见彩图）(a)具有相同启动过程而长度不同的 NAT 型驱动激光脉冲。灰色实线表示式(3.2)中的激光,$\phi=0$。蓝色实线表示与式(3.2)中的激光启动相同的激光脉冲,$\phi=0$,其后两个周期振幅不变。灰色虚线表示灰色激光脉冲对应的基态布居数,蓝色虚线表示蓝色激光脉冲对应的基态布居数。水平虚线表示氢原子势垒抑制的估算值。(b)由图(a)中的激光脉冲驱动产生的谐波光谱。灰色虚线表示图(a)中灰色激光驱动产生的光谱,蓝色实线表示图(a)中蓝色激光驱动产生的光谱。虚线矩形代表沿平台区的 3 种滤波,每个滤波窗口都为 15eV。

如图 3.5 所示,深饱和机制中,长脉冲产生的光谱以蓝色实线表示,短脉冲产生的光谱以浅灰色曲线表示,两者相互重叠。基态损耗的曲线十分相似(基本重合),快速损耗发生在脉冲启动过程中光强达到势垒抑制强度(图 3.5(a)中的水平虚线)的时候。因此可以确定只要启动方式一致,脉冲实际形状无关紧要。这就是产生孤立阿秒脉冲的电离选通方式的基础,详见文献[17-20]。

通过图3.5(b)中3种不同滤波方式,分别合成的阿秒脉冲如图3.6所示。3种滤波方式的滤波宽度相同,均为15eV。由图3.6可以看出,两个光谱在同一滤波方式下获得的阿秒脉冲强度相等,且所有阿秒脉冲的宽度都是相同的(约50as),而不同滤波方式获得的阿秒脉冲强度截然不同。在800次谐波处由3号滤波器合成的阿秒脉冲的幅度[图3.6(e)和(f)],比在100次谐波处由1号滤波器合成的阿秒脉冲的幅度[见图3.6(a)和(b)]小6个量级。这是NAT型脉冲的另一个优势,平台区开始部分的谐波效率较高,因此在这一区域合成的阿秒脉冲强度也相应较高。

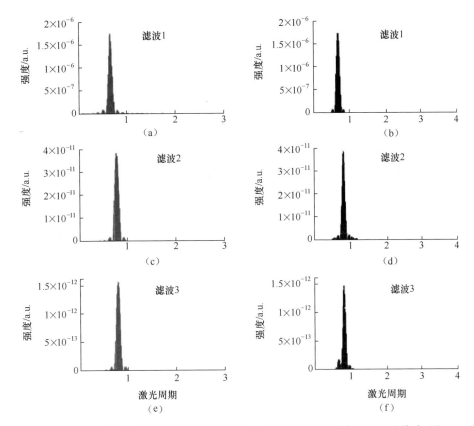

图3.6 图(a)、(c)和(e)中灰色图形表示由图3.5(b)中灰色光谱合成的阿秒脉冲,图(b)、(d)和(f)中黑色图形表示由图3.5(b)中蓝色光谱合成的阿秒脉冲。(a)和(b)中的阿秒脉冲通过图3.5(b)中的1号滤波合成,提取100次谐波。(c)和(d)中的阿秒脉冲通过图3.5(b)中的2号滤波合成,提取600次谐波。(e)和(f)中的阿秒脉冲通过图3.5(b)中的3号滤波合成,提取800次谐波。每个阿秒脉冲宽度约为50as。

最后需要指出的是,这些结果都对应于单个原子,并不考虑宏观响应。想通过

TDSE 的相关参数来考虑传播效应在目前来说是不可能实现的。目前,从计算能力上来说可行的只有基于近似模型(如强场近似)的传播程序。但是 3D TDSE 的检验结果表明,在深饱和机制下,通过强场近似模型表述高次谐波产生过程的精度不够。

3.4 小结

以 NAT 脉冲获取孤立阿秒脉冲的方式,使得超高强度激光下的谐波产生相比于隧穿机制具有潜在优势。本章对超强激光脉冲启动过程的物理问题进行了详细研究。研究表明驱动激光脉冲启动阶段存在新型轨道,尽管这些轨道的再散射能量远低于传统的 SC 短轨道和长轨道,但这种新型轨道在超高激光强度下作用重大。我们还发现在高于饱和强度下 NAT 脉冲产生的谐波光谱呈现出奇异的特征,如出人意料的高效率和无调制的平台区。通过经典和量子的分析,得出以下结论:NAT 轨道是导致超高激光强度下谐波效率增长的原因,相位锁定的无结构光谱是脉冲前半周期原子耗尽所导致的。这为任意脉宽的输入脉冲合成阿秒脉冲提供了理想条件。我们通过数值计算得到脉宽约为 50as 的孤立极紫外脉冲。这一技术付诸实验的最大困难在于要控制高强度少周期激光脉冲的 CEP。因此我们关注于非绝热启动的高强激光脉冲的 CEP 控制,而不强调脉冲形状和脉冲长度。使用 NAT 驱动脉冲作为阿秒脉冲源不仅能获取窄脉宽的脉冲,而且获取的阿秒脉冲强度很高,因为可以避免超高激光强度下谐波效率的退化。尽管目前实验难度依然很大,我们仍然认为值得开展这一方向的研究。

参考文献

[1] Gy. Farkas, Cs. Toth, Phys. Lett. A **168**, 447-450 (1992)

[2] P. M. Paul, E. S. Toma, P. Breger, G. Mullot, F. Augé, Ph. Balcou, H. G. Muller, P. Agostini, Science **292**, 1689 (2001)

[3] M. Hentschel, R. Kienberger, Ch. Spielmann, G. A. Reider, N. Milosevic, T. Brabec, P. Corkum, U. Heinzmann, M. Drescher, F. Kraus, Nature **414**, 509 (2001)

[4] M. Drescher, M. Hentschel, R. Kienberger, M. Uiberacker, V. Yakovlev, A. Scrinzi, Th. Westerwalbesloh, U. Kleineberg, U. Heinzmann, F. Krausz, Nature **419**, 803 (2002)

[5] Y. Mairesse, A. de Bohan, L. J. Frasinski, H. Merdji, L. C. Dinu, P. Monchicourt, P. Breger, M. Kovacev, R. Taïeb, B. Carré, H. G. Muller, P. Agostini, P. Salières, Science **302**, 1540–1543 (2003)

[6] P. Tzallas, D. Charalambidis, N. A. Papadogiannis, K. Witte, G. D. Tsakiris, Nature **426**, 267–271 (2003)

[7] E. Goulielmakis, V. S. Yakovlev, A. L. Cavalieri, M. Uiberacker, V. Pervak, A. Apolonski, R. Kienberger, U. Kleineberg, F. Krausz, Science **10**, 769–775 (2007)

[8] A. McPherson, G. Gibson, H. Jara, U. Johann, T. S. Luk, I. A. McIntyre, K. Boyer, C. K. Rhode, J. Opt. Soc. Am. B **21**, 595–601 (1987)

[9] M. Ferray, A. L' Huillier, X. F. Li, L. A. Lompre, G. Mainfray, C. Manus, J. Phys. B, At. Mol. Opt. Phys. **21**, L31–L35 (1998)

[10] K. Schafer, B. Yang, L. F. DiMauro, K. C. Kulander, Phys. Rev. Lett. **70**, 1599–1602 (1993)

[11] P. B. Corkum, Phys. Rev. Lett. **71**, 1994–1997 (1993)

[12] P. Moreno, L. Plaja, V. Malyshev, L. Roso, Phys. Rev. A **51**, 4746–4753 (1995)

[13] V. V. Strelkov, A. F. Sterjantov, N. Y. Shubin, V. T. Platonenko, J. Phys. B, At. Mol. Opt. Phys. **39**, 577–589 (2006)

[14] J. Vazquez de Aldana, L. Roso, Opt. Express **5**, 144–148 (1999)

[15] J. A. Pérez-Hernández, L. Roso, A. Zaïr, L. Plaja, Opt. Express **19**, 19430–19439 (2011)

[16] J. A. Pérez-Hernández, J. Ramos, L. Roso, L. Plaja, Laser Phys. **20**, 1044–1050 (2010)

[17] K. T. Kim, C. M. Kim, M. G. Baik, G. Umesh, C. H. Nam, Phys. Rev. A **69**, 051805(R) (2004)

[18] T. Sekikawa, A. Kosuge, T. Kanai, S. Watanabe, Nature **432**, 605–608 (2004)

[19] M. Schnürer, Ch. Spielmann, P. Wobrauschek, C. Streli, N. H. Burnett, C. Kan, K. Ferencz, R. Koppitsch, Z. Cheng, T. Brabec, F. Krausz, Phys. Rev. Lett. **80**, 3236–3239 (1998)

[20] F. Ferrari, F. Calegari, M. Lucchini, C. Vozzi, S. Stagira, G. Sansone, M. Nisoli, Nat. Photonics **4**, 875–879 (2010)

第4章
孤立阿秒脉冲产生

Eiji J. Takahashi, Pengfei Lan, Katsumi Midorikawa

摘要 本章对有关孤立阿秒脉冲产生的实验及其基本物理原理进行了回顾,主要讨论了产生孤立阿秒脉冲的各种方法,如采用相位稳定的少周期激光脉冲、偏振选通、双色选通以及其他一些方法的应用前景。此外还讨论了孤立阿秒脉冲能量的提升。

4.1 介绍

高次谐波产生(HHG)已公认为生成超快(小于1fs)相干光源的最佳方法之一,覆盖波段从极紫外(extreme ultraviolet, XUV)到软X射线。目前由高次谐波产生的孤立阿秒脉冲(isolated attosecond pulse, IAP)最短为80as[1]①,波长位于软X射线区域。阿秒科学是近几年诞生的一项新兴研究领域[2]。孤立阿秒脉冲引领了新型应用的发展,使我们能够跟踪原子、分子和固体内部电子的运动,有望揭示电子与光子相互作用的新特征。

本章讨论了近年来生成孤立阿秒脉冲的各种方法。利用高次谐波生成孤立阿秒脉冲的方式包括以相位稳定的少周期激光脉冲作为驱动[3-6],偏振选通(polari-

---

E. J. Takahashi · P. Lan · K. Midorikawa

Extreme Photonics Research Group, RIKEN Center for Advanced Photonics(RAP),

2-1 Hirosawa, Wako, Saitama 351-0198, Japan

e-mail: kmidori@riken.jp

E. J. Takahashi

e-mail: ejtak@riken.jp

P. Lan

e-mail: pengfeilan@riken.jp

① 译者注:原文成文的时候,最短阿秒脉冲宽度是80as;目前最短的结果是43as,使用的是中红外激光。
  (Gaumnitz, Thomas, et al. "Streaking of 43-attosecond soft-X-ray pulses generated by a passively CEP-stable mid-infrared driver." Optics express 25.22 (2017): 27506-27518.)

zation gating，PG)[7]、双色场[8-9]、双光学选通[10]等[11-14]。为了更好地利用孤立阿秒脉冲，必须根据其应用情况和实验室激光系统特性等因素，选择最佳生成方法。可以以本章为指导，来决定选择何种方法产生孤立阿秒脉冲。下面简要说明产生IAP的驱动光场的基本条件。

4.2 阿秒脉冲驱动光场的基本条件

半经典三步模型[15]清楚解释了高次谐波的产生过程。根据这一模型，在第一步中一个强烈的非共振电场会使原子电势倾斜，压低约束势垒。束缚电子从库仑势场隧穿，进入连续态，速度为零。自由电子在振荡激光场中加速，以经典轨道运动。当光场方向改变时，电子返回与母离子复合，释放高能光子。最大光子(截止)能量取决于复合电子的最大能量。谐波截止能量为 $E_{HHG} = I_p + 3.17 U_p$，I_p 为原子电离势，U_p 为有质动力势。这一过程在每半个光周期内发生一次。因此当使用多周期光场驱动高次谐波产生时，谐波的时域波形就是脉冲串。为了产生孤立阿秒脉冲，必须将驱动光场限制为几个光周期。

采用高强度少周期激光脉冲($\tau_0 < 5\text{fs}$)可以直接有效地将高次谐波产生局限在一个激光周期内。图4.1显示了少周期激光驱动下($\tau_0 = 5\text{fs}$)高次谐波产生的

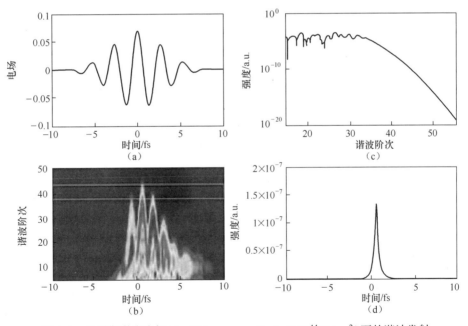

图 4.1 少周期激光光场($\lambda = 800\text{nm}$，$\tau_0 = 5\text{fs}$，$1.5 \times 10^{14} \text{W/cm}^2$)下的谐波发射
(a)5fs脉冲的电场波形；(b)高次谐波产生的时间演化；
(c)谐波光谱；(d)截止谐波成分37~45次谐波)的时域强度示意图。

一些特征。利用非绝热强场近似单原子响应计算高次谐波光谱[16]。当泵浦脉冲具有少周期电场,高次谐波的最高光子能量(近截止能量区域)被限制在电场中心峰值的一半周期内(图4.1(b))。图4.1(c)表示在截止区获得的连续谐波光谱。通过提取高次谐波光束的截止成分,可能获取脉宽为阿秒量级的孤立光脉冲(图4.1(d))。

这里要注意绝对相位(即所谓的载波包络相位,CEP 或 ϕ_{CE})以及泵浦电场的脉冲宽度。电场通常表述为

$$E(t) = E_0 \exp\left[-2\ln 2\left(\frac{t}{\tau_0}\right)^2\right]\cos(\omega_0 t + \phi_{CE})$$

如果 ϕ_{CE} 逐个脉冲发生改变,电场结构也会随着 ϕ_{CE} 改变。这种效应会导致多脉冲高次谐波产生,也就是阿秒脉冲串。因此必须精确稳定和控制 CEP。从理论上来看,生成孤立阿秒脉冲必须满足以下条件:①将高次谐波产生局限在一个激光周期内;②稳定 CEP。

4.3 载波包络相位稳定的少周期激光场

孤立阿秒脉冲的首次产生就是通过 CEP 稳定的少周期激光系统实现的[4]。将 CEP 稳定的激光脉冲松聚焦在 2mm 长的氖气靶上,最终获得孤立阿秒脉冲。激光中心波长 750nm,脉宽 5fs,脉冲能量 0.5mJ。CEP 抖动小于 50mrad(rms),放大激光脉冲能量稳定度 < 1% rms。Baltuška 等发现高次谐波的截止能量成分(> 120eV)受到 CEP 的强烈影响。随着 CEP 的变化,截止区辐射的连续光谱分布逐渐转变为离散的谐波峰,最大调制深度出现在 $\pm\pi/2$ 处,这一现象证明了利用少周期激光产生孤立阿秒脉冲的可能性。

随着超快激光技术的发展,这种直接产生孤立阿秒脉冲的方法也在不断取得进步。Goulielmakis 等最近报道了脉宽小于 100as,脉冲能量 0.5nJ 的孤立阿秒脉冲[1]。他们使用相位控制的亚 1.5 光周期(3.3fs),中心波长 720nm 的激光脉冲,在氖气喷流中实现了光子能量达到 110eV 的极紫外谐波。采用钼/硅多层膜反射镜对软 X 射线超连续谱进行滤波,滤波中心为 75eV,带宽(半高全宽)30eV。采用 300nm 厚度的锆箔抑制二阶反射峰,消除低能 XUV 光子。同时,锆箔在 70~100eV 范围内引入的负群延迟色散(GDD)被用来精细调节阿秒脉冲的频率啁啾。他们使用近红外辐射场照射被 XUV 脉冲电离的氖原子,实现了原子瞬态记录(ATR)技术,以测量 XUV 超连续谱的时域波形。图 4.2(a)所示为重建的 XUV 脉冲的时域强度波形和相位。脉冲宽度为 (80 ± 5)as,接近 75as 的转换极限,具有 $(1.5\pm 0.2)\times 10^3 as^2$ 的正啁啾。这是目前测量得到的最短脉冲。高次谐波产生孤立阿秒脉冲的

脉宽不仅受泵浦激光脉宽限制,也受制于 XUV 多层膜反射镜的带宽。

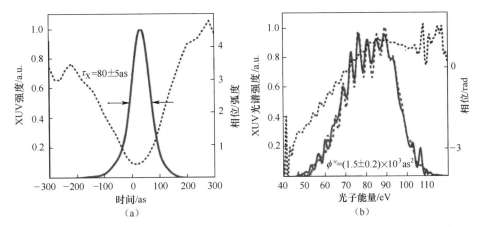

图 4.2 (a)重建的 XUV 脉冲的时域强度波形和相位(箭头所指为 XUV 脉冲的半高全宽);
(b)根据 XUV 生成光电能谱的测量结果计算的 XUV 频谱,虚线代表没有近红外场的情况,
实线代表 ATR 重建的结果,点划线代表光谱相位[1]。

4.4 偏振选通和干涉偏振选通

根据三步模型,在椭圆偏振场作用下,离化电子会在偏振椭圆的短轴方向上发生偏移,使其与母离子的复合变得更加困难。如果偏移过大,电子就不能与离子复合,高次谐波辐射就会被抑制[17]。因此,复合概率和高次谐波产生效率与驱动激光场的椭偏度(ε)密切相关。这种效应使得我们能够通过调节驱动激光脉冲的椭偏度来控制高次谐波产生。在这一节中主要介绍产生孤立阿秒脉冲的偏振选通方法。

4.4.1 传统偏振选通

传统偏振选通原理如图 4.3 所示:将右旋偏振脉冲和延迟左旋偏振脉冲合成偏振度随时间变化的激光脉冲。在激光脉冲的初始阶段与尾部,它是椭圆偏振的,不能产生高次谐波,而在脉冲的中间部分它是线偏振的,可以产生高次谐波。偏振选通的门宽定义为能够产生高次谐波的时间段,可近似表达为 $\Delta t_\mathrm{G} \approx 0.3 \varepsilon \tau^2 / T_\mathrm{d}$,其中 ε、τ 和 T_d 分别为驱动激光的椭偏度、脉宽和两束脉冲的延时。如果偏振选通的门宽小于驱动脉冲光学周期的一半,即 $\Delta t_\mathrm{G} < 1.3\mathrm{fs}$,就能产生单独一个阿秒脉冲,偏振选通之外的其他激光周期内不能产生阿秒脉冲,从而获得孤立阿秒脉冲,

而不是阿秒脉冲串(见图4.3中的阴影部分脉冲)。不管脉冲宽度有多长,通过增加脉冲延时,原则上可以将门宽减小到1.3fs。这里需要强调的是,两个偏振旋转方向相反的椭圆偏振脉冲之间延时应小于2τ,否则驱动脉冲的间隔太大,无法产生有效的偏振选通。实际上,在实验中延时通常设定为约等于脉宽。介质的电离也是限制驱动激光脉宽的重要因素。图4.4中的绿线代表偏振选通方法中氩原子的电离率[10],使用ADK模型[18]进行计算。如图4.4所示,如果脉宽大于6.5fs,中性介质就会完全耗尽,因此驱动脉冲的脉宽上限为6.5fs。

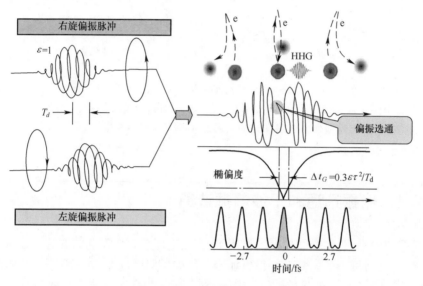

图4.3 偏振选通原理结构图[19]

将线偏振激光脉冲通过两个双折射片,就可以产生具有时间依赖偏振度的偏振选通光场。第一个双折射片将入射线偏振脉冲分解为时间上分离且正交偏振的寻常光(o光)和非常光(e光),通过改变双折射片的厚度可以调整两者之间的延时。在第一个双折射片之后放置一个$\lambda/4$波片,波片光轴方向与驱动脉冲初始偏振方向一致。经过$\lambda/4$波片后,寻常光和非常光脉冲分别转换为左旋、右旋圆偏振脉冲,最终合成椭偏度随时间变化的偏振选通脉冲。Chang等采用8fs的驱动脉冲产生了覆盖25~45nm波段的连续高次谐波,可以支持孤立阿秒脉冲[19]。Sansone等利用CEP稳定的5fs驱动脉冲获得了约为36eV的超连续谱[7]。5fs驱动脉冲的优势是可以产生覆盖平台区到截止区的超连续光谱。运用FROG-CRAB技术[39]重建了超连续谱的时域电场分布,结果显示孤立阿秒脉冲的脉宽是130as,少于1.2个光周期。

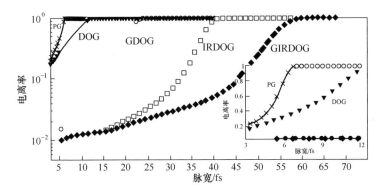

图 4.4 PG[10]、DOG[10]、GDOG[36]、IRDOG[21]和 GIRDOG[21]的电离率
气体靶为氩气,为产生 50eV 左右的连续高次谐波,在 PG、DOG 和 GDOG 中
使用激光强度为 $2.8\times10^{14}\mathrm{W/cm^2}$,在 IRDOG 和 GIRDOG 中使用激光强度为
$1.0\times10^{14}\mathrm{W/cm^2}$。插图为线性坐标图。

4.4.2 干涉偏振选通

采用双麦克尔逊干涉仪产生偏振选通在技术上要稍微复杂一些,但其效率更高,称为干涉偏振选通(IPG),其基本结构如图 4.5(a)所示:首先一束线偏振光脉冲被分成两束;然后进入双麦克尔逊干涉仪。其中一束光进入第一个麦克尔逊干涉仪(图 4.5(a)中的 First MI),通过调节干涉仪两臂之间的延时,在脉冲中心处得到干涉相长最大值;另一束光进入第二个麦克尔逊干涉仪(图 4.5(a)中的 Second MI),通过调节两臂的延时使得脉冲中心为干涉相消最小值。随后将一个 λ/2 波片插入第二束光路中,调节偏振方向使其垂直于第一束光。最终合成的光束在脉冲中间段为线偏振方向,在脉冲前端和尾部为椭圆偏振。这种优化技术需要对双麦克尔逊干涉仪进行调整,在实验上十分复杂。然而,它可以独立操控两路光场,从而可以更加有效地控制偏振选通光场,使得驱动脉冲的脉宽可以更宽。Tzallas 等[20]采用 IPG 技术实现了超连续高次谐波产生。图 4.5(b)所示为氙气喷流产生的高次谐波光谱,通过仔细调整偏振选通光场,即使是使用 50fs 的驱动脉冲,也可以产生 35~55nm 的超连续谱。大多数高峰值功率(约 100TW)激光系统的脉宽都不小于 30fs,因此 IPG 技术允许使用脉宽更宽的驱动脉冲,有利于高强度阿秒脉冲的产生。IPG 技术的缺点在于,超连续谱对驱动脉冲的 CEP 非常敏感(图 4.5(b)),必须使用 CEP 稳定的驱动脉冲来产生孤立阿秒脉冲。然而在目前的技术水平下,还无法稳定高峰值功率激光系统的 CEP。

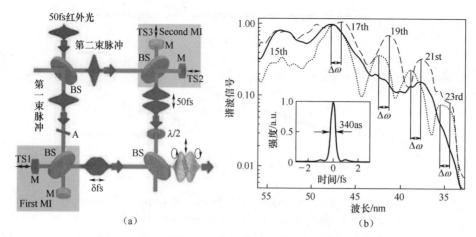

图 4.5 (a)用双麦克尔逊干涉仪产生偏振选通光场的基本装置；
(b)在不同的 CEP 情况下记录的高次谐波频谱[20]。

4.5 电离选通

根据三步模型,可以通过控制电离、加速或复合过程来操控高次谐波和孤立阿秒脉冲的产生。4.4 节中介绍的偏振选通是基于复合过程的操控。本节将介绍基于电离过程控制的电离选通,来实现孤立阿秒脉冲的产生。

4.5.1 单原子响应的电离选通

如图 4.6(a)所示,当原子暴露在过饱和的激光光场中时,电子在一个光学周期内迅速被电离($-3T_0 \sim -2T_0$),中性原子在激光脉冲的前沿完全耗尽。电离是高次谐波产生的第一步。在驱动脉冲的后沿,由于电离抑制,不会有高次谐波产生。因此,如图 4.6(c)所示,在过饱和电离情况下,高次谐波局限于激光脉冲前沿,产生电离选通,即使在多周期光脉冲作用下也是如此。在激光脉冲前沿,激光强度迅速增加,紧随其后的每个半周期瞬时光强都比前一个半周期高,因此如图 4.6(c)所示,每个半周期都会有更高阶次的高次谐波光谱产生。然而,由于高次谐波产生在 $-2.5T_0$ 后被抑制(图 4.6(c)),作为最高阶次的约 60 次谐波只能在 $(-3 \sim -2.5)T_0$ 的半个光周期中产生,这些谐波是连续的,如图 4.6(b)所示。滤出低阶次谐波后,在驱动脉冲的前沿会产生孤立阿秒脉冲(图 4.6(d))。

Sekikawa 等[22]通过电离选通产生了孤立阿秒脉冲。为了提高孤立阿秒脉冲的能量,将钛宝石激光脉冲倍频产生蓝光,聚焦到氩气中。如图 4.7(c)所示,当蓝

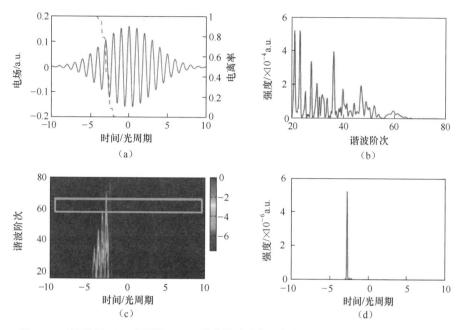

图 4.6 （见彩图）(a)多周期(15fs)激光脉冲电场(实线)和氩原子电离率(虚线)，激光强度 $8\times10^{14}\text{W/cm}^2$，中心波长 800nm；(b)高次谐波光谱；(c)HHG 的时频谱图；(d)通过选择截止区附近 60 次谐波产生的孤立阿秒脉冲时域波形。

光强烈到能够完全电离气体时，可以获得约 27.9eV 的超连续谐波。超连续谱的能量约为 2nJ。使用钪/硅多层介质球面镜将超连续谱聚焦到氦原子上，原子可以被双光子电离而释放出电子，这使得人们第一次可以使用自相关方法测量电离选通得到的孤立阿秒脉冲的时域波形。图 4.7(a)和(b)分别表示用 8.3fs 蓝光脉冲和 12fs 蓝光脉冲产生的超连续谱的自相关曲线①。用最小二乘法和高斯函数拟合的自相关曲线的半高全宽(FWHM)为 (1.3±0.1)fs 和 (1.8±0.1)fs，分别对应于 (950±90)as 和 (1.3±0.1)fs 的脉宽。

Pfeifer 等[23]也使用钛宝石激光器实现了这种电离选通，产生了宽带可调谐的超连续谱。最近 Altucci 等[24]提出并实现了一种偏振选通和电离选通相结合的方案，产生了 35~55eV 的超连续谱，其光子能量取决于驱动脉冲的 CEP。尽管还没有实验证明，但一些理论研究表明[25-27]，在钛宝石驱动脉冲中注入极紫外脉冲，可以有效地提高电离选通产生高次谐波的效率。由于紫外光子能量更高，原子吸

---

① 蓝光的光学周期为 1.3fs，因此 8.3fs 和 12fs 的激光脉冲是多周期光场，分别对应于 6.4 和 9.2 个光学周期。

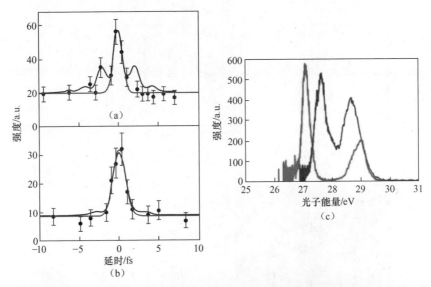

图 4.7 （见彩图）使用(a)8.3fs 和(b)12fs 脉冲生成的超连续谱的自相关曲线，红色实线为拟合结果，蓝色实线为根据超连续谱计算的自相关曲线；(c)12fs 与 8.3fs 脉冲产生的超连续谱，分别由蓝色和红色线表示[22]。

收光子以后能更容易地被电离而放出电子。即使是微弱的极紫外脉冲，也比钛宝石激光的电离速率更高。此外，在超快极紫外脉冲作用下，电离过程限制在钛宝石激光的一个光周期内[27]，从而产生电离选通。该方案的优点在于能够有效促进电离，从而显著提升高次谐波产生效率。仿真结果表明，这种方案产生的高次谐波强度比单独使用钛宝石激光高 1~2 个数量级[25,27]。这种增强机制也可使用混合气体来实现[28]。

4.5.2 宏观效应的电离选通

阿秒脉冲是由大量离化原子与聚焦激光脉冲相互作用而产生的，这个过程包括了微观相互作用和宏观效应（由电离和相位匹配所导致）。为了有效地产生高次谐波和孤立阿秒脉冲，我们必须认识到，相位匹配很容易受气体介质中的电离诱导等离子体的影响。在过饱和电离机制下，电离率迅速变化，对高次谐波产生的相位匹配产生了重要影响。Thomann 等[29]最近实现了基于动态相位匹配机制的电离选通，他们将中心波长 740nm，脉宽约 15fs 的激光脉冲聚焦在直径 150μm，3.5cm 长的空心波导中，波导内充满氩气，从而产生了高次谐波。图 4.8(b)所示为驱动激光与高次谐波间的相位失配，初始时相位失配很小，高次谐波能够相干相长。然而由于电离速率快速上升,等离子体密度迅速增加,不断增长的等离子体使得相位失配减小为零后,又降为较大的负值,因此经过激光脉冲前沿后,高次谐波产生被抑制,形成与4.5.1节中相同的电离选通。利用这种技术产生了能量为25~55eV的超连续谱(图4.8(c))。为了获得孤立阿秒脉冲,使用金属铝滤波片滤除低阶次谐波。采用FROG-CRAB技术获得孤立阿秒脉冲的时域特征。用钼/硅多层介质镜(中心频率47eV,带宽13eV)将超连续谱聚焦到氖气中,氖气在双色场(XUV和基频光)中被电离,使用磁瓶式飞行时间谱仪和微通道板探测被释放出的电子。通过一系列光电能谱的数据重建FROG-CRAB曲线,获得210as的脉冲测量结果。

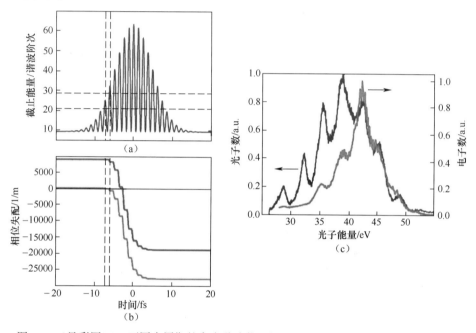

图4.8 (见彩图)(a)不同半周期的高次谐波截止能量;(b)25次谐波在直光纤中的相位失配(红色)和在准相位匹配光纤中的效应(蓝色);(c)高次谐波光谱(黑色)和无光场条件下的光电能谱(红色,加上了电离势)[29]。

4.6 双色选通

如4.2节所述,产生孤立阿秒脉冲通常需要高度复杂的驱动激光系统,如少周期、高强度且CEP稳定的激光脉冲。实际上,利用现有的少周期CEP稳定钛宝石激光系统已经实现了孤立阿秒脉冲的产生和测量(见4.3节)。在多周期激光场中也有多种方法能够产生孤立阿秒脉冲,如亚10fs激光及其二次谐波合成光场[8],或是中红外光场[9],还有结合偏振选通和双色选通的双光学选通(double optical gating,DOG)技术[10]。多周期激光作用产生高次谐波的主要优势在于使用大功率泵浦可以得到能量更高的孤立阿秒脉冲。本节将讨论利用多周期激光产生孤立阿秒脉冲的可行方法。

4.6.1 双色场(800nm+400nm,平行偏振方向)

为了获得孤立阿秒脉冲,驱动光场的脉宽必须缩短到几个光学周期,在这样短的光脉冲作用下,才能实现阿秒时间尺度的半周期或一个周期的XUV辐射。Oishi等[8]验证了由亚10fs基波激光ω_0及其二次谐波$2\omega_0$合成的双色场在孤立阿秒脉冲产生实验中的应用情况,其作用机制基于双色激光(ω_0:800nm+$2\omega_0$:400nm)产生的干涉电场。双色激光的合成电场可表示为

$$E_{\mathrm{mix}}(t) = E_0 \exp\left[-2\ln2\left(\frac{t}{\tau_0}\right)^2\right]\cos(\omega_0 t + \phi_{\mathrm{CE}}) + \\ E_1 \exp\left[-2\ln2\left(\frac{t-\delta t}{\tau_1}\right)^2\right]\cos(K\omega_0 t + \phi_{\mathrm{CE}} + \phi_1)$$

式中:K为主光场ω_0和辅助光场$\omega_1 = K\omega_0$的频率比;下标0和1为两个光场分量;$E_{0,1}$为电场幅度;$\tau_{0,1}$和ϕ_1分别为脉宽和相位。这里两个激光脉冲偏振方向平行,低频分量ω_0作为主驱动光场,而高频分量($K=2$)对主光场起调制作用。图4.9(a)所示为合成双色场示例,图中从上到下依次为基波光场、二次谐波光场、合成双色场和双色场的平方,E_0和E_1分别设置为0.9和0.1,τ_0和τ_1设置为9fs和35fs,其他参数ϕ_{CE}、ϕ_0和δt均设为零。在双色场平方的中心峰值附近,其两侧紧邻的峰值振幅都明显被抑制了,这是在基波光场中引入少量二次谐波光场(10%)的效果。因此即使使用相对较宽的驱动脉冲(约10 fs),也可以获得近截止区的宽带极紫外辐射,而且允许二次谐波的脉宽比基波脉宽长很多。

图4.9(c)所示为双色场(9fs:800nm+35fs:400nm)作用下观测到的连续谱。长于33nm的部分显示出分立的光谱结构,这部分分离光谱的截止波长由次高光场决定(电离电势加上在次高光场中获得的有质动力势的3倍)。连续谱带宽与由少周期脉冲驱动的单个阿秒脉冲相当。光谱对应的脉宽为200as。光谱中的谐波能量受限于金属铝滤波片,经测量为0.5nJ,由此估算气室中产生的能量为10nJ。需要注意的是,这些光谱是单次测量得到的。多数观测到的光谱都是离散结构(图4.9(b)),偶尔会出现如图4.9(c)所示的连续辐射。这可能是由于激光的CEP没有锁定。此外,当双色场由800nm、20fs的脉冲及其二次谐波组成时,截止区的连续结构就消失了。由线偏振基波光场(800nm)和二次谐波(400nm)光场合成的双色场更加容易产

生高能量的孤立阿秒脉冲,然而在 CEP 稳定的情况下,泵浦激光脉宽仍应限制在 10fs 以下。这一技术也已在其他科研小组的实验中实现[33]。

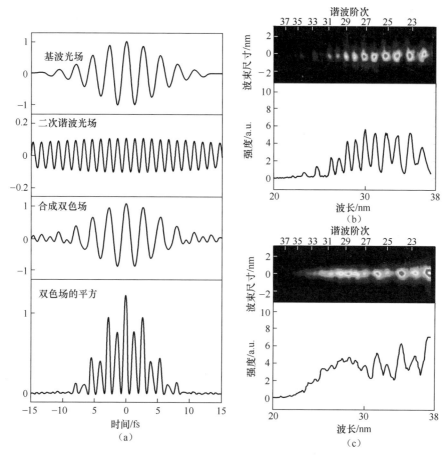

图 4.9 (a)基波、二次谐波、合成双色场和双色场的平方,E_0 和 E_1 分别为 0.9 和 0.1; (b)、(c)20fs 和 9fs 双色脉冲作用下获得的典型光谱形状[8]。

4.6.2 双光学选通、扩展双光学选通

将双色选通(见 4.6.1 节)和偏振选通(见 4.4 节)进行结合可以形成另一种选通方案——双光学选通(DOG),从而能够利用多周期激光脉冲产生独立阿秒脉冲。如 4.6.1 节所述,二次谐波与基波光场的合成打破了激光-原子相互作用系统的反转对称。因此,同时产生了偶数阶和奇数阶高次谐波,即谐波频率间隔为 ω_0。根据傅里叶变换理论,在时域中奇次和偶次谐波的合成产生了等间隔时间 $2\pi/\omega_0$

$=T_0=2.7fs$ 的阿秒脉冲串。换句话说,在每个光学周期只产生一个阿秒脉冲,如图4.10(b)所示。与此相反,单色激光场会产生两个阿秒脉冲(图4.10(a))。因此,即使双光学选通的门宽增加到2.7fs,达到一般偏振选通的2倍,也可以产生孤立阿秒脉冲。这样就可以使用脉宽更宽的激光作为驱动。正如4.4节中提到的那样,原子的电离是限制驱动激光脉宽的另一个重要因素。从图4.4可以看出,双光学选通会减少中性原子的损耗。因此,在双光学选通中最长可以使用12fs的激光脉冲来生成孤立阿秒脉冲。

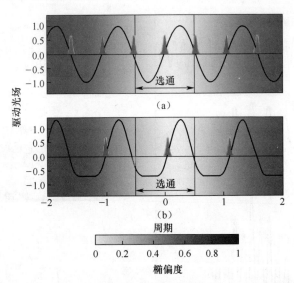

图4.10 (a)偏振选通;(b)双光学选通。实线表示驱动光场。填色曲线表示阿秒脉冲。背景颜色表示驱动场的椭偏度[10]。

Mashiko等[10]实验验证了双光学选通方法。主脉冲由两个脉宽9fs,偏振旋转方向相反的圆偏振光组成,作用机制与传统偏振选通相同。再利用主脉冲合成线偏振的二次谐波。图4.11所示分别为单色场(仅有线偏振的基波光场)、双色场(偏振方向相同的二次谐波与基波光场)、传统偏振选通和双光学选通情况下的谐波光谱。在单色场作用下会产生离散的奇次谐波,而在双色场作用下还会产生偶次谐波,使得高次谐波光谱增宽。在偏振选通作用下,由于门宽大于1.3fs,产生了离散谐波。然而在双光学选通作用下谐波融合为超连续谱,而且谐波强度大于偏振选通情况。双光学选通相比于双色选通的另一个优势在于双光学选通产生的超连续谱从平台区一直延续到截止区,而双色选通中的超连续谱局限于近截止区(图4.9)。换句话说,双光学选通产生的超连续谱带宽更宽,使得孤立阿秒脉冲的脉宽更窄。此外,与双色选通相比,双光学选通中的时间相关椭偏度调制能显著降低阿秒脉冲前后沿的小脉冲(卫星脉冲)。这是一个重要的优势,因为在许多使用孤立阿秒脉冲的泵浦探测应用中,卫星脉冲决定了探测脉冲强度下限。高强度的卫星脉冲可能导致实验结果中多余的结构,从而增加数据分析的难度。

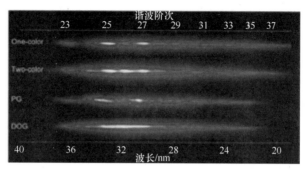

图 4.11 (见彩图)不同选通方式获得的谐波光谱[10]

由 Feng 等提出的双光学选通概念可以推广至椭圆偏振场,称之为扩展双光学选通(GDOG)[36]。GDOG 和 DOG 的区别在于它的主脉冲是由两个偏振旋转方向相反的椭圆偏振脉冲合成的,即 $\varepsilon=0.5$。如 4.4 节所述,门宽为 $\Delta t_G \approx 0.3\varepsilon\tau^2/T_d$。通常,延时 T_d 约等于驱动脉冲脉宽 τ,$\Delta t_G \approx 0.3\varepsilon\tau$。对于椭圆偏振场 $\varepsilon<1$,同样门宽条件下,GDOG 可以使用脉宽更宽的驱动脉冲。例如,如果 $\varepsilon=0.5$,GDOG 的驱动脉宽可以是 DOG 的两倍。为了放宽驱动脉宽的要求,还需要减少原子的电离。如图 4.4 所示,GDOG 中的电离相比于 PG 和 DOG 会明显减少。驱动脉宽的上限增加到 25fs。Feng 等证实了 GDOG 的优势,实验装置类似于传统 PG。不过为了调节驱动脉冲的椭偏度,需在双折射片之间插入熔融石英布儒斯特窗。当椭偏度设置为约 0.5 时,利用 20fs 的驱动脉冲可以在氩气中获得超连续谐波谱和 260as 的孤立脉冲,28fs 的驱动脉冲在氖气中获得了 140as 的孤立脉冲。这样的激光脉宽在多数实验室中都是能轻松实现的,而且其脉冲能量也比少周期激光脉冲高得多,这非常有利于产生高能孤立阿秒脉冲。

为了产生高能孤立阿秒脉冲,不仅需要放宽对驱动脉宽的要求,还需要放宽对 CEP 稳定性的要求。这是因为目前还没有 CEP 稳定的高峰值功率激光系统。Gilbertson 等[30]利用 9fs 驱动脉冲,在不同的 CEP 条件下,重现了 GDOG 实验,获得了更窄的门宽,只有 1fs。他们在氩气中观测到超连续谐波,再将其聚焦到氖气喷流中,将孤立阿秒光脉冲转化为光电脉冲,并由飞行时间探测器记录实验结果。图 4.12(a)所示为不同 CEP 条件下的光电子能谱,在所有条件下能谱都是连续的,但其强度有所变化。利用 FROG-CRAB 技术获得孤立阿秒脉冲的时域波形,图 4.12(b)和(c)所示为 4 种不同 CEP 条件下的脉冲时域波形。在这些 CEP 取值下都能产生孤立阿秒脉冲,且脉宽与 CEP 取值无关。这些结果表明,尽管孤立阿秒脉冲强度随 CEP 变化,但是如果 GDOG 的门宽足够窄,即使 CEP 不稳定也可以产生孤立阿秒脉冲。Gilbertson等利用23fs的驱动脉冲也获得了相似的实验结果。因此,没有稳定CEP的大功率激光可以用于孤立阿秒脉冲产生。然而,这种情况下产生阿秒脉冲的能量很小,能量为2mJ的驱动脉冲只能产生170pJ的阿秒脉冲[31]。限制转化效率的重要因素在于高电离率。如图4.4所示,驱动脉宽为23fs时,电离率达到90%以上。这种高度电离的气体介质会产生大量等离子体,相位失配严重,从而阻碍了高次谐波和孤立阿秒脉冲的产生。

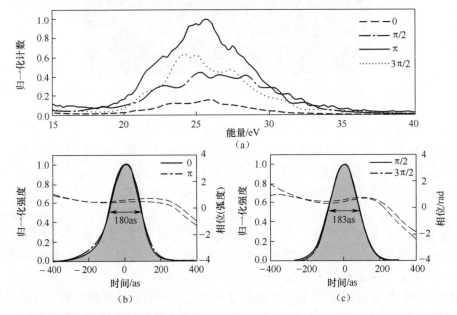

图4.12 (见彩图)(a)基频光存在下超连续高次谐波产生的光电子光谱;(b)CEP=0(黑线)和CEP=π(红线)时获得的孤立阿秒脉冲的时域曲线和相位;(c) CEP=π/2(黑线)和CEP=3π/2(红线)时获得的孤立阿秒脉冲的时域曲线和相位[30]。

4.6.3 红外双色场和红外双光学选通

传统双色选通(800nm+400nm,见4.6.1节)允许使用多周期激光产生孤立阿秒脉冲。然而在CEP稳定的情况下,泵浦激光的脉宽应限制在10fs以下。最近Takahashi等提出并验证在混合多周期(约30fs)激光场中产生连续高次谐波光谱[9]。他们采用双色红外驱动光源,显著降低了对实现孤立阿秒脉冲产生的泵浦激光系统的要求。其他科研小组从理论上也提出了类似的方法[34-35],他们的理论要求驱动光场必须是CEP稳定的。如前所述,对CEP稳定性的要求是阻碍太瓦级大功率激光系统产生高能孤立阿秒脉冲的因素之一。在现有激光技术的限制下,他们首次改进了实验方案,使用没有稳定 CEP 的多周期激光脉冲实现了孤立阿秒脉冲的产生。

这种方法也是基于双色场的合成(800nm+中红外:$K<1$)。双色场由 800nm、30fs 的激光脉冲与 1300nm、40fs 的激光产生,合成场振幅(E_{mix}^2)在紧邻中央峰值的两侧被抑制(图 4.13)。合成后的强度比($\xi = E_1^2/E_0^2$)和相位(ϕ_{CE}, ϕ_1)分别固定为 0.15 和 0。中心峰值和最高边峰值的强度比为 0.8,与 800nm、5fs(红线)的激光脉冲比值情况几乎相同。为了放松对激光脉宽的要求,实验中也考虑了主驱动激光 E_0 的脉宽上限 τ_0。通过优化合成电场 E_{mix} 结构,能够产生孤立阿秒脉冲的激光脉宽可增加到 30fs。在双色场方案中,高次谐波产生的截止公式稍作修改,可表示为

$$E_{HHG} \approx I_p + U_{p0}(3.17 + 2\sqrt{\xi}\,\omega_0/\omega_1) + 3.17 U_{p1}$$

式中:I_p 为电子束缚能;$U_p[eV] = 9.38 \times 10^{-14} I[W/cm^2](\lambda_0[\mu m])^2$ 为电子颤动能,新增的两项是双色方法引入的辅助场。这一方程表明,辅助红外场可以增加最大截止能量。

为了有效产生孤立阿秒脉冲,必须抑制激光场引起的基态布居损耗。图 4.13 中的插图所示为分别在单色(800nm)激光脉冲、双光学选通、双色选通条件下根据主驱动激光脉宽计算的 ADK 电离率[18]。每种方法都调节了聚焦强度以获得同样的截止光子能量,约为第 43 次谐波(18.6nm)。双光学选通使用的激光峰值功率密度为 $2.8 \times 10^{14} W/cm^2$ 和 $7 \times 10^{13} W/cm^2$,单色法使用的激光峰值功率密度为 $2.45 \times 10^{14} W/cm^2$,双色法使用的激光峰值功率密度为 $1.15 \times 10^{14} W/cm^2$,强度比 $\xi = 0.15$。最近有人提出了一种可以降低驱动脉宽要求的实验方法,称为 GDOG[36](见 4.6.2 节)。在 GDOG 方法中使用 20fs 脉冲的电离率与在 DOG 方法中使用 12fs 脉冲的电离率相同。虽然 GDOG 方法可以使用多周期激光产生孤立阿秒脉冲,但气体会完全离化。另一方面,通过在主光场中添加辅助红外光场,就可以使用能量更低的激光,这样就能减小电离率。很明显,使用多周期激光时,双色法能

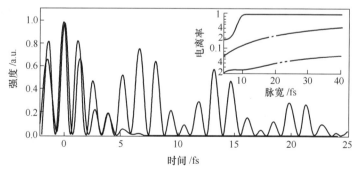

图 4.13 (见彩图)光场振幅(E_{mix}^2),红色:800nm,5fs;绿色:双色场(800nm,30fs+1300nm,40fs)。强度比(ξ)和相位(ϕ_{CE}, ϕ_1)被固定为 0.15 和 0。插图:DOG(蓝线)、OC(红线)和 TC(绿线)驱动下,Ar 原子中的 ADK 电离率和主光场的脉冲宽度之间的关系[9]。

显著降低电离率,在以中性介质为靶标时,这是产生高能孤立阿秒脉冲的主要优势,因为在中性介质中不仅可以应用最适宜的相位匹配技术,还适用于使用更高能量驱动激光的实验方案。

图4.14(a)所示为由微通道板(MCP)探测的双色场(800nm+1300nm)产生的谐波光谱的二维单发图像。在低阶区域出现密集的谐波光谱(图4.14(b)的插图)。这种密集的谐波光谱可以认为是高阶和频与差频产生的(SFG,DFG)[37]。每个谐波成分都是800nm与1300nm之间和频、差频。由于光谱仪的分辨率不是很高,不能很好地分辨光谱中的每一个阶次,频谱显示出浅调制结构。然而在截止区密集的谐波消失了,可以清晰地看到连续谐波光谱(33~45次)。图4.14(a)的插图所示为谐波波束(38~45次)远场空间波形。Takahashi等采用双色方案获得高质量的高斯型光束,激光强度低于介质的电离阈值。实验中保持聚焦光束强度不变,将红外脉冲波长由1300nm变换至1400nm,获得的谐波光谱仍为连续结构(见图4.14(b)中的虚线),这与根据基本原理推导的结果一致。提取截止区频谱(38~45次),可获得脉宽短于500as的脉冲。

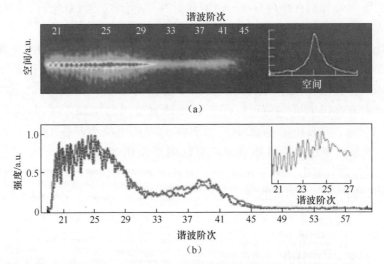

图4.14 (见彩图)(a)双色场二维单发谐波图像;(b)双色场一维谐波频谱。
上面的插图表示截止谐波(38~45次)的空间波形,下面的插图放大显示了21~27次谐波的波形[9]。

另一方面,如果每个激光脉冲的CEP都在变化,双色场也会随之改变。因此需要同时稳定和控制两个波长成分的CEP[38-39]。为了适度放宽对CEP稳定性的要求,Takahashi等还研究了在CEP变化的情况下,如何优化红外光波长以抑制高次谐波的多脉冲现象。根据计算结果,他们指出,抑制肩部脉冲产生的最佳波长范围为1280~1400nm,在这一光谱范围内,多脉冲现象能被很好地抑制,从而产生孤立阿秒脉冲。换句话说,在最优波长条件下,即使存在CEP漂移,也不会明显影响阿秒脉冲的时域波形。实际上，为了评估 CEP 效应，Takahashi 等使用非线性干涉仪同时测量了每个激光脉冲的谐波光谱和相应的 CEP，尽管在没有稳定 CEP 的情况下每个脉冲对应的截止区强度都不一样，仍然观测到了连续谱产生。

为了进一步放宽对驱动激光脉冲的要求，Lan 和 Takahashi 等提出将红外-双色选通与偏振选通相结合，这种方案称为 IRDOG[21]。与偏振选通和双光学选通类似，主脉冲由两个偏振旋转方向相反的椭圆偏振钛宝石激光脉冲(800nm)作为基波，此外加入一束微弱的 1300nm 红外控制脉冲与主脉冲合成，并优化红外脉冲来减弱孤立阿秒脉冲对 CEP 的依赖性。通过与红外激光的合成，最高峰值与次高峰值的时间间隔增大到 6.7fs，是单独使用基波情况时的 5 倍(图 4.13)，即阿秒脉冲每隔 6.7fs 产生，而仅有基波时阿秒脉冲每隔 1.3fs 产生。因此只要门宽 $\Delta t_G <$ 6.7fs 就可以产生孤立阿秒脉冲，驱动激光脉宽达到偏振选通的 5 倍和双光学选通的 2.5 倍，这样就显著降低了对脉宽的要求。IRDOG 同样可以推广到椭圆偏振激光情况($\varepsilon = 0.5$)，这一技术称为 GIRDOG，可以进一步放宽对驱动脉宽的要求。因此，驱动脉宽的上限现在已增加到传统偏振选通的 10 倍，达到 60fs，这是目前能够产生孤立阿秒脉冲的最长脉宽。IRDOG 和 GIRDOG 的另一个巨大优势是可以显著地抑制电离。如图 4.4 所示，当驱动脉宽为 40fs 时，电离率仅为 4%，即使脉宽达到 60fs，原子也不会耗尽。低电离率使得高次谐波产生的相位匹配能够轻松实现，达到较高的转化效率。Lan 和 Takahashi 等还在氩气中模拟了与 CEP 相关的高次谐波光谱和孤立阿秒脉冲产生。研究结果表明，即使 CEP 没有稳定，也能产生孤立阿秒脉冲，不过阿秒脉冲强度会随 CEP 改变。因此，通过建立相位匹配并增加没有稳定 CEP 的高能激光能量，就能增大产生的孤立阿秒脉冲的能量。这种方法将为使用多周期激光脉冲产生高能孤立阿秒脉冲铺平道路，这种驱动脉冲在大多数超快激光实验室都很容易获得。

4.7 其他方法

除了上述方法，还有许多其他方法可以产生强度更高、脉宽更短的孤立阿秒脉冲和带宽更宽的超连续谱，并进一步放宽对驱动脉冲的要求。本节中将简要介绍最近提出的几种实验方法，其中之一基于相位匹配效应[41-44]，可以称为时空选通。即使在电离远未饱和的情况下，宏观传播效应也在高次谐波产生中发挥重要影响[41]。通过控制基波光束的空间形状和激光-气体相互作用的结构，可以在特殊条件下实现高次谐波的相位匹配，从而达到更高的产生效率和更强的时间限制。几个研究小组[41-44]提出并从理论上证明了这种选通方法，可以利用多周期脉冲产生孤立阿秒脉冲。

除了双色选通，还有许多其他方法来调整驱动脉冲的时域波形，包括使用三色红外脉冲[45]、特殊啁啾的双色场[46]、中红外调制偏振选通[47]、基波脉冲合成太赫兹或静电场[48]。然而相比于 4.6 节所述的双色方案,这些方法都需要更加精巧和复杂的实验装置。

此外,分子高次谐波产生近年来也受到越来越多的关注。因为分子具有更高的自由度和更复杂的结构,可以通过准直分子来控制高次谐波产生。Lan[49]和 Hu[50]等提出通过拉伸分子扩展谐波截止区,并产生 100as 以下的孤立阿秒脉冲。还有几个研究小组对不对称分子中的高次谐波产生进行了研究[51-53],由于分子的不对称结构,可以同时产生偶次和奇次谐波[53]。因此在驱动脉冲的每一个完整周期中只生成一个阿秒脉冲,这样可以利用多周期驱动脉冲产生孤立阿秒脉冲。与原子相比,分子高次谐波产生的另一个优势是,不对称分子的孤立阿秒脉冲产生对驱动脉冲的 CEP 更不敏感[52]。随着分子准直技术[54]的进一步发展,将来有可能在实验中通过分子选通实现孤立阿秒脉冲产生。

4.8 小结——高能孤立阿秒脉冲的产生

如前所述,目前已有多种方法产生孤立阿秒脉冲。高能量孤立阿秒脉冲光源的建立将是阿秒科学领域的一项重大突破,对极紫外非线性光学及未来前沿技术发展具有重大推动意义。高次谐波产生技术的进步使得孤立阿秒脉冲和阿秒脉冲串得以产生。采用松聚焦方式提高谐波能量可以产生高能阿秒脉冲串[40,55]。这些阿秒脉冲串作为光源,已经运用于极紫外波段的阿秒非线性光学实验。利用现有的钛宝石激光系统产生的孤立阿秒脉冲最短脉宽为 80as,已可运用于追踪原子内的电子运动,但阿秒脉冲能量仍然较低,无法诱导非线性现象产生。这是由于激光技术的复杂性诸如少周期脉冲的 CEP 稳定等,使得泵浦激光能量只有几毫焦。此外为了提高孤立阿秒脉冲的产生效率,必须满足相位匹配条件。目前,能获得的孤立阿秒脉冲最大能量仅限于几个纳焦[6]。

最近 Takahashi 等已经验证了最有可能提高孤立阿秒脉冲能量的方法,该方案基于优化的双色红外激光场合成技术(见 4.6.3 节),通过提高激光能量和相互作用的气体长度,能够提高高次谐波产生的能量[40,55]。正如 4.6.3 节所述,利用红外双色方案产生孤立阿秒脉冲不仅可以放宽对泵浦脉宽的要求(约 30fs),还可以减少介质的电离,使用中性介质可以实现相位匹配,这些都是提高孤立阿秒脉冲产生效率的重要优势。在实验中为了增加相互作用的长度和可承受的泵浦能量,Takahashi 等采用松聚焦方案,$f=4000$mm,在 10cm 长的相互作用空间中充满静止氙气作为靶标。图 4.15 所示为双色激光(800nm+1300nm)单发作用产生的谐波光谱。尽管由于双色激光脉冲的 CEP 不稳定,随着每一次激光作用,截止区光谱都略有变化,仍然能够获得高强度的连续光谱。连续谐波谱(18~23次)的总脉冲能量约为1μJ。如果提取截止谐波,可以得到600as的孤立阿秒脉冲。聚焦连续谐波,可以得到大于$10^{14}W/cm^2$的极紫外功率密度,足以在原子分子中产生非线性效应。

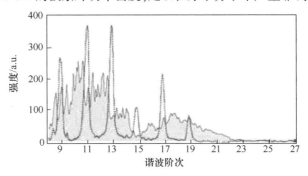

图4.15 利用800nm单色激光获得的谐波光谱(虚线)和800nm(9mJ)+1300nm(1.5mJ)双色激光获得的谐波光谱[56]

参考文献

[1] E. Goulielmakis et al., Science **320**,1614 (2008)

[2] F. Krausz, M. Ivanov, Rev. Mod. Phys. **81**,163 (2009)

[3] M. Hentschel et al., Nature (London) **414**,509 (2001)

[4] A. Baltuska et al., Nature **421**,611 (2003)

[5] R. Kienberger et al., Nature (London) **427**,817 (2004)

[6] F. Ferrari et al., Nat. Photonics **14**,1 (2010)

[7] G. Sansone et al., Science **314**,443 (2006)

[8] Y. Oishi et al., Opt. Express **16**,7230 (2006)

[9] E. J. Takahashi et al., Phys. Rev. Lett. **104**,233901 (2010)

[10] H. Mashiko et al., Phys. Rev. Lett. **100**,103906 (2008)

[11] Y. Zheng et al., Opt. Lett. **33**,234 (2008)

[12] T. Sekikawa et al., Nature (London) **432**,605 (2004)

[13] P. Tzallas et al., Nat. Phys. **3**,846 (2007)

[14] Q. Zhang et al., Opt. Express **23**,9795 (2008)

[15] P. B. Corkum, Phys. Rev. Lett. **71**,1994 (1993)

[16] P. Lan et al., Phys. Rev. A **79**,043413 (2009)

[17] P. B. Corkum et al., Opt. Lett. **19**,1870 (1994)

[18] M. V. Amosov et al., Ž. èksp. Teor. Fiz. **91**,2008 (1986)

[19] B. Shan et al., J. Mod. Opt. **52**,277 (2005)

[20] P. Tzallas et al., Nature **426**,267 (2003)

[21] P. F. Lan et al. ,Phys. Rev. A **83**,063839 (2011)
[22] T. Sekikawa et al. ,Nature **432**,605 (2004)
[23] T. Pfeifer et al. ,Opt. Express **15**,17120 (2007)
[24] C. Altucci et al. ,Opt. Lett. **35**,2798 (2010)
[25] A. D. Bandrauk,N. H. Shon,Phys. Rev. A **66**,031401(R) (2002)
[26] K. L. Ishikawa et al. ,Phys. Rev. A **75**,021801(R) (2007)
[27] P. F. Lan et al. ,Phys. Rev. A **76**,043803 (2007)
[28] E. J. Takahashi et al. ,Phys. Rev. Lett. **99**,053904 (2007)
[29] I. Thomann et al. ,Opt. Express **17**,4611 (2009)
[30] S. Gilbertson et al. ,Phys. Rev. Lett. **105**,093902 (2010)
[31] S. Gilbertson et al. ,Phys. Rev. A **81**,043810 (2010)
[32] H. Hasegawa et al. ,Phys. Rev. A **72**,023407 (2005)
[33] Y. Zheng et al. ,Opt. Lett. **33**,234 (2008)
[34] T. Pfeifer et al. ,Phys. Rev. Lett. **97**,163901 (2006)
[35] B. Kim et al. ,Opt. Express **16**,10331 (2008)
[36] X. Feng et al. ,Phys. Rev. Lett. **103**,183901 (2009)
[37] M. D. Perry et al. ,Phys. Rev. A **48**,4051 (1993)
[38] C. Vozzi et al. ,Phys. Rev. A **79**,033842 (2009)
[39] F. Calegari et al. ,Opt. Lett. **34**,3125 (2009)
[40] E. Takahashi et al. ,Phys. Rev. A **66**,021802 (2002)
[41] M. B. Gaarde,K. J. Schafer,Opt. Lett. **31**,3188 (2006)
[42] C. A. Haworth et al. ,Nat. Phys. **3**,52 (2007)
[43] V. V. Strelkov,E. Mevel,E. Constan,New J. Phys. **10**,083040 (2008)
[44] C. Liu et al. ,Opt. Lett. **35**,2618 (2010)
[45] H. C. Bandulet et al. ,Phys. Rev. A **81**,013803 (2010)
[46] P. Zou et al. ,Phys. Rev. A **81**,033428 (2010)
[47] W. Y. Hong et al. ,Opt. Express **18**,11308 (2010)
[48] W. Y. Hong et al. ,Opt. Express **17**,5139 (2009)
[49] P. F. Lan et al. ,Phys. Rev. A **74**,063411 (2006)
[50] S. X. Hu,L. A. Collins,J. Phys. B **39**,L185 (2006)
[51] G. L. Kamta et al. ,J. Phys. B **38**,L339 (2005)
[52] P. F. Lan et al. ,Opt. Lett. **32**,1186 (2007)
[53] P. F. Lan et al. ,Phys. Rev. A **76**,021801(R) (2007)
[54] A. Goban,S. Minemoto,H. Sakai,Phys. Rev. Lett. **101**,013001 (2008)
[55] E. J. Takahashi et al. ,Opt. Lett. **27**,1920 (2002)
[56] E. J. Takahashi et al. , in *Abstracts of the 3rd International Conference on Attosecond Physics (ATTO3)*,University of Hokkaido,Sapporo,6–8 July (2011)

第5章
阿秒脉冲的诊断

F. Calegari, M. Lucchini, G. Sansone, S. Stagira, C. Vozzi, M. Nisoli

摘要 本章回顾了孤立阿秒脉冲和阿秒脉冲串亚飞秒脉宽测量的几种实验方法,这些方法主要基于过去几年发展起来的两类技术:一类是极紫外脉冲和红外驱动脉冲的互相关测量;另一类是阿秒极紫外脉冲引起的非线性效应。

5.1 介绍

近10年来,随着激光技术的进步和阿秒脉冲测量技术的引入,阿秒科学在阿秒脉冲的测量和应用上取得了长足的进步[1-2]。阿秒计量已发展成熟,有多种方法可实现阿秒脉冲串和孤立阿秒脉冲的亚飞秒时间特性研究。目前,存在两种通用

F.Calegari · G. Sansone · S. Stagira · C. Vozzi · M. Nisoli
Department of Physics, Politecnico di Milano, Institute of Photonics and Nanotechnologies
(CNR-IFN), National Research Council of Italy, Piazza L.da Vinci 32, 20133 Milan, Italy
e-mail: mauro.nisoli@ polimi.it

F.Calegari
e-mail: francesca.calegari@ polimi.it

G.Sansone
e-mail: giuseppe.sansone@ polimi.it

S. Stagira
e-mail: salvatore.stagira@ polimi.it

C.Vozzi
e-mail: caterina.vozzi@ polimi.it

M.Lucchini
ETH Zurich, Physics Department, Institute of Quantum Electronics Ultrafast Laser Physics,
HPT E11, Wolfgang-Pauli-Str. 16, 8093 Zurich, Switzerland
e-mail: mlucchini@ phys ethz.ch

方案,第一种实质上是极紫外(XUV)脉冲和复刻红外(IR)驱动脉冲的互相关测量,这种方法与条纹相机极其类似,只不过条纹相机使用的脉冲宽度长得多(几百飞秒)。在5.2节将介绍条纹相机法,这是一种非常实用的方法,目前有关孤立阿秒脉冲应用的研究报道都基于这种实验技术。5.3节将讨论新型互相关技术,如Omega振荡滤波相位重建(phase retrieval by omega oscillation filtering, PROOF)。5.4节将分析基于非线性效应的第二种亚飞秒时间特性测量方案。

5.2 阿秒条纹相机

通过互相关法可以获取阿秒脉冲的全部时间特性。测量基本原理为:通过单光子吸收的方式,阿秒脉冲将气体电离(阿秒脉冲的光子能量远离气体的共振吸收峰),产生一个和光学脉冲完美复刻的阿秒电子脉冲。极紫外光脉冲转换成电子波包的过程中,存在红外条纹脉冲场。红外场对产生的电子波包起到超快相位调制器的作用,这样就建立了一种动态滤波器[3],能够对超快脉冲进行时域诊断。光电子光谱作为阿秒脉冲和红外脉冲之间延时 τ 的演化函数,可以反演出极紫外脉冲和电场的时域曲线,这一技术称为阿秒脉冲完全重建频率分辨光学开关法(frequency resolved optical gating for complete complete reconstruction of attosecond bursts, FROG CRAB)[4]。

测量的第一步是利用极紫外脉冲将原子电离。根据一阶微扰理论,基态向连续态的跃迁幅度 a_v(v 为动量)可以表示为

$$a_v = -\mathrm{i}\int_{-\infty}^{\infty} \mathrm{d}t\, d_v E_X(t)\, \mathrm{e}^{\mathrm{i}(W+I_p)t} \tag{5.1}$$

式中:$E_X(t)$ 为极紫外脉冲的电场;d_v 为从基态到连续态的偶极跃迁矩阵元;$W = v^2/2$ 为电子最终的动能(原子单位);I_p 为原子电离电势。

由式(5.1)可知,在远离共振的情况下,光电子能谱的振幅和相位都与阿秒频谱直接相关[5]。为了获得电子波包的时域特征,必须在低频激光作用下测量光电子能谱。

考虑经典电磁场中的单个原子,可以用以下近似法求解薛定谔方程:①单电子近似:将原子视为类氢系统,忽略多电子电离;②强场近似(SFA):将连续态电子视为电场中的自由粒子,即完全忽略库仑势场的影响;③只考虑基态和连续态,完全忽略原子的其他束缚态。通过这些近似,可以获得跃迁振幅 a_v 的简单表达式[4,6]:

$$a_v(\tau) = -\mathrm{i}\int_{-\infty}^{\infty} \mathrm{d}t\, \mathrm{e}^{\mathrm{i}\phi(t)} d_{p(t)} E_X(t-\tau)\, \mathrm{e}^{\mathrm{i}(W+I_p)t} \tag{5.2}$$

式中:τ 为极紫外脉冲和低频脉冲之间的延时;$p(t) = v + A(t)$ 为瞬时动量,$A(t)$ 为低频场矢势,$d_{p(t)}$ 为从基态到连续态的偶极跃迁矩阵元,动量为 $p(t)$;$\phi(t)$ 为低频场施加在电子波包上的时域相位调制,$d \cdot E_X(t)$ 由阿秒脉冲在连续态产生。

相位调制可表示为

$$\phi(t) = -\int_t^\infty dt' [v \cdot A(t') + A^2 t'/2] \tag{5.3}$$

从式(5.1)和式(5.2)可以明显看出,低频场(通常在红外波段)对由极紫外脉冲产生的电子波包的影响表现为超快相位调制 $\phi(t)$。假设线偏振的红外场 $E_L(t) = E_0(t)\cos(\omega_L t)$,持续时间较长,适用于缓变包络近似,产生的相位调制可用 3 个相位项之和表示,$\phi(t) = \phi_1(t) + \phi_2(t) + \phi_3(t)$,其表达式如下[4]:

$$\begin{cases} \phi_1(t) = -\int_t^\infty dt' U_p(t') \\ \phi_2(t) = (\sqrt{8W} U_p/\omega_L)\cos\theta\cos(\omega_L t) \\ \phi_3(t) = -(U_p/2\omega_L)\sin(2\omega_L t) \end{cases} \tag{5.4}$$

式中:$U_p = E_0^2(t)/4\omega_L^2$ 为有质动力势;θ 为 v 和红外光偏振方向之间的夹角。相位项 $\phi_2(t)$ 和 $\phi_3(t)$ 分别在红外光场频率和其二次谐波频率振荡。

由于 $\phi_2(t)$ 随 $W^{1/2}$ 增大,在大多数情况下,$U_p \ll W$,在绝大多数观测角度下(不包括 $\theta \approx \pi/2$),$\phi_2(t)$ 远大于 $\phi_1(t)$ 和 $\phi_3(t)$。为了正确表征极紫外脉冲产生的电子波包,由红外脉冲施加的相位调制必须足够快。相位调制带宽最大值为 $|\partial\phi(t)/\partial t|$,对应于红外光场产生的光电子能谱的最大能量移动[5],下面将称之为条纹场。为了正确重建极紫外脉冲,能量移动的大小和阿秒脉冲的能量宽度可以比拟。

可以证明,极紫外脉冲和红外脉冲之间延时的函数——光电子能谱 $|a_v(\tau)|^2$ 包含了完整重建阿秒 XUV 脉冲和 IR 条纹脉冲时域特征所需的全部信息。$|a_v(\tau)|^2$ 可以视为 FROG 图谱。作为一项广为人知的技术,频率分辨光学开关法(frequency-resolved optical gating, FROG)可以完整表征超快光脉冲的时域特性[7]。在 FROG 测量中,用适当的选通脉冲将待测脉冲分解为多个时域切片,这些时域切片的演化就是 FROG 图谱 $S(\omega, \tau)$。$S(\omega, \tau)$ 是关于待测脉冲电场 $E(t)$ 和选通脉冲 $G(t)$ (可以是振幅选通,也可以是纯相位选通)之间延时 τ 的函数:

$$S(\omega, \tau) = \left|\int_{-\infty}^\infty dt G(t) E(t-\tau) e^{i\omega t}\right|^2 \tag{5.5}$$

比较式(5.5)和式(5.2),FROG CRAB 图形 $|a_v(\tau)|^2$ 可看作是由阿秒脉冲生成的电子波包的 FROG 频谱图,其中相位选通脉冲 $G(t) = e^{i\phi(t)}$。可以使用各种迭代算法重建阿秒脉冲的时间相位和强度曲线,如主分量广义投影算法(principal component generalized projection algorithm, PCGPA)[8]。需要指出的是,尽管相位项

$\phi(t)$取决于能量W(见式(5.4)),FROG算法却忽略了这种依赖关系,只考虑了与能量无关的相位调制。这一假设通常被称为中心动量近似(central momentum approximation,CMA),只要能量带宽不超过阿秒脉冲的中心能量,这一假设就是成立的。FROG算法还假设,偶极跃迁矩阵元$d_p(t)$关于动量和时间都为常数。在这些假设下,通过测量随极紫外脉冲和红外脉冲时间延迟而变化的发射电子能量获得的电子能谱图可以视为FROG频谱图。

图5.1所示为存在条纹场(5fs,800 nm)时,脉宽不同的转换极限下的孤立极紫外脉冲产生的光电子能谱关于延时τ的函数关系。在$\theta=0°$观测角下探测电子。当极紫外脉冲宽度短于条纹场的光周期时,光电子能谱会随条纹脉冲矢势$A(t)$的时间演化而变化。当极紫外脉冲宽度与红外场光学周期相当或大于红外场光学周期时,光电子能谱显示出边带,间距为$\hbar\omega_L$(ω_L为红外脉冲的角频率),与极紫外脉冲和红外脉冲的重叠时间一致。这些边带产生的原因是具有相同动量移动但来源不同的电子波包之间的量子干涉。

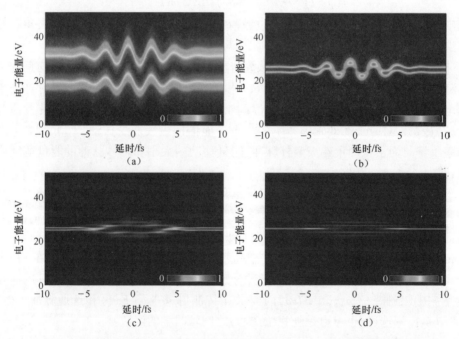

图5.1 (见彩图)光电子能谱演化与极紫外脉冲和红外脉冲延时的函数关系
(a)孤立极紫外脉冲的转换极限脉宽为130as;(b)脉宽750as;(c)脉宽1.5fs;(d)脉宽5fs,假设红外光脉宽5fs,峰值功率密度$I=1.5\times10^{15}$W/cm^2。光电子平均动能25eV,固定探测角为$\theta=0°$。

FROG CRAB技术的一大重要优势在于其泛用性,这一技术不仅可以分析孤立脉冲(无论其脉宽是长于还是短于调制电场周期),还可以分析阿秒脉冲串甚至任意复杂的中间形态构型[4]。FROG CRAB 法还可根据 $\phi(t)$ 对调制电场包络的依赖性,重建由非全同脉冲组成的脉冲串的全部时域结构。FROG CRAB 技术还具有从 FROG 法继承的其他一些优势:由于 FROG CRAB 图形包含大量冗余信息,噪声很难对其产生影响,而且在实验存在缺陷的情况下,它就不可能完全收敛[9]。对于孤立阿秒脉冲,只需要一个光周期的红外场就能正确进行重建,而 FROG CRAB 图形通常是在较长时间段内获取的,进一步增加了信息的冗余。此外,FROG CRAB 可以重建调制电场,将其与可见脉冲的标准测量结果进行对比,可以检测测量结果的有效性。然而,FROG CRAB 技术存在一些局限性,可能导致重建错误,特别是在处理亚 100as 脉冲,或是极紫外主脉冲包含额外的卫星脉冲时,在这种情况下,FROG CRAB 频谱不总是满足 PCGPA 算法要求的周期性边界条件。而且 PCGPA 还需要方阵运算,即能量轴上的点数必须与延时轴上的点数相同。大多数实验中的 FROG CRAB 频谱图不能满足这一要求,并且在对图形实施重建算法之前,还需在延时轴上已有的延时步长间进行插值,当能谱图呈现快速变化时(如出现卫星脉冲),可能导致人为的非物理图样,从而使得 PCGPA 算法失败,无法得到正确的脉冲。为了解决这些问题,Gagnon 等开发了一种新的重建算法,称为最小二乘广义投影算法(least squares generalized projections algorithm, LSGPA)[10]。该算法不需要周期边界条件,也不需要为延时轴插值。研究表明,LSGPA 能够正确地重建 PCGPA 无法重建的 FROG CRAB 图形,并成功表征具有卫星脉冲的 80as 脉冲。

5.2.1 实验结果

2001 年,Hentschel 等首次报道了阿秒条纹相机的实现[11]。脉宽 7fs 的驱动脉冲激发氖气产生高次谐波,滤出截止区的谐波光谱生成孤立阿秒脉冲。极紫外光束由圆形的锆滤波片滤出,滤波片直径与谐波光束直径一致,经过滤波片后的环状红外光束通过共心压电控制双镜装置聚焦在第二个气体喷流中。中心的多层钼/硅镜起到带通滤波的作用(中心能量 90eV,带宽 5eV)。通过测量光电子能谱宽度随极紫外脉冲和红外脉冲之间延时的变化,可以得到极紫外的脉宽(650±150)as。2004 年采用同样的技术[12],测量到 250as 的脉冲。

2006 年,Sansone 等报道了采用 FROG CRAB 技术首次实现了阿秒脉冲完整时域特性的诊断[13]。通过偏振选通技术,由少周期激光脉冲驱动产生孤立阿秒脉冲。图 5.2(a)所示为光电子能谱与阿秒脉冲和红外条纹脉冲间延时的函数关系。FROG CRAB 频谱随着条纹脉冲矢势在时域的演化而周期振荡。极紫外脉冲的啁啾导致在驱动矢势零点位置(图 5.2(a)中的白色虚线)条纹电子能谱变窄(电子计数变高)或变宽(计数变低)。几乎不变的电子计数率表明脉冲接近转换极限。

采用PCGPA算法获得阿秒脉冲的时域特征。图5.2(b)所示为重建的阿秒脉冲时间强度波形,阿秒脉冲宽度为130as。文献[14]报道了FROG CRAB技术测量80as孤立阿秒脉冲的实验,通过选择亚1.5周期激光脉冲产生的谐波光谱的截止部分,最终得到了80as脉冲[14]。

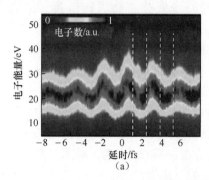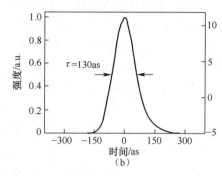

图5.2　(见彩图)FROG CRAB测量和重建

(a)实验测量获得的FROG CRAB频谱与阿秒脉冲和条纹红外脉冲间延时的函数关系。利用相位稳定、偏振调制的5fs脉冲产生了孤立阿秒脉冲。白色虚线表明驱动矢势零点位置,这些位置周围几乎不变的电子计数率是300nm厚铝箔提供了啁啾补偿的结果。(b)PCGPA算法$5×10^4$次迭代后重建的阿秒脉冲时间强度波形。

5.3　新型时域诊断技术

2003年,Quéré等提出了一种基于光电子波包测量的技术,同一阿秒脉冲的两个复刻脉冲产生两个电子波包,其中一个电子波包的能量在强红外光场中发生移动[15]。这种技术可以看作是飞秒科学领域光谱相位相干直接电场重建法(spectral phase interferometry for direct electric field reconstruction,SPIDER)的扩展:两个复刻脉冲存在一定的延时,在一块非线性晶体中与具有强烈啁啾的近红外脉冲产生和频,两个和频光存在一定的频差[16]。仿真结果表明,该技术可用于诊断短至12.5as的脉冲特征。2005年,Cormier等将SPIDER技术引入阿秒科学领域,他们分析了由两列阿秒脉冲串产生的干涉图像,阿秒脉冲串由两束具有一定延时且频率略有差异的驱动脉冲产生[17]。根据干涉模式,当两束驱动脉冲聚焦位置略有不同时,不管是频谱(由两个驱动脉冲之间的延时引发)还是空间,观测到的数据能够重建两串阿秒脉冲的时间演化。后面这项技术称为空间编码排列(spatially encoded arrangement,SEA)SPIDER法。仿真结果表明该技术也可用于孤立脉冲的测量。SEA SPIDER法已经在实验中实现了对钛宝石放大器产生的19

次谐波的测量[18]。然而,从实验角度来看,制备两个具有适当延时和频率偏移的孤立阿秒脉冲还是具有一定挑战性的。

Dudovich 等提出了另一种测量方法[19],在基波场中加入一个较小的二次谐波场就能实现对阿秒脉冲串的原位诊断。由于打破了整个驱动场的对称,会产生基波频率的偶次谐波。通过改变两个光场间的延时,两者的相对相位产生变化,导致偶次谐波信号的强度调制。通过测量这样的振荡与延时之间的函数关系,可以对奇次谐波的相对相位进行诊断,并实现阿秒脉冲串的重建。

5.3.1 Omega 振荡滤波相位重建法

2010 年,有人提出了一种新技术,可以利用低强度($I \sim 10^{11}\,\text{W/cm}^2$)的红外光场来诊断宽带阿秒脉冲。这种方法称为 Omega 振荡滤波相位重建法(phase retrieval by omega oscillation filtering, PROOF)[20],与双光子跃迁干涉阿秒拍频重建(reconstruction of attosecond beating by interference of two-photon transitions, RABBITT)技术[21]密切相关。在 RABBITT 测量中,通过测量双色光(极紫外+红外)电离作用获得的光电信号来重建两个连续谐波之间的相对相位 ω_{n-1} 和 ω_{n+1}。双光子吸收产生的电子能量是单光子吸收相邻高次谐波产生的光电子能量的中间值。双光子吸收产生的电子由两条路径贡献:吸收一个 $n+1$ 次谐波的极紫外光子并发射一个红外光子,或是吸收一个 $n-1$ 次谐波的极紫外光子并发射一个红外光子。由于无法区分这两条路径,它们会相互干涉,光电信号(边带或 n 阶次)呈现出调制现象[21-23]:

$$A_f \cos(2\omega_L \tau + \varphi_{n-1} - \varphi_{n+1} + \Delta\varphi_{\text{atomic}}^f) \tag{5.6}$$

式中:A_f 取决于初始态和终态之间的偶极矩矩阵;ω_L 为红外场的角频率;τ 为红外脉冲和极紫外脉冲之间的延时;$(\varphi_{n-1} - \varphi_{n+1})$ 为 $n+1$ 次谐波与 $n-1$ 次谐波的相位差;$\Delta\varphi_{\text{atomic}}^f$ 为对应于 $n+1$ 次和 $n-1$ 次谐波光电离的矩阵元的相位差。

PROOF 的物理解释与前面的公式密切相关,不同之处在于,需要考虑到极紫外光谱不是离散的而是连续分布的情况。能量为 ω_v 的光电信号是由 3 个不同频率振荡项叠加产生的:

$$I(\omega_v, \tau) = I_0 + I_{\omega_L} + I_{2\omega_L} \tag{5.7}$$

式(5.7)右边的三项为一个常数项(I_0)和两个以频率 ω_L(I_{ω_L})和 $2\omega_L$($I_{2\omega_L}$)随时间振荡的项,振荡项与因红外光子吸收和发射产生的跃迁有关。从 I_{ω_L} 项中可以提取阿秒脉冲的相位,实际上 I_{ω_L} 项受 4 个不同分量影响:

$$I_{\omega_L} \propto -U(\omega_v)U(\omega_v + \omega_L)\,\text{e}^{\text{i}[\varphi(\omega_v) - \varphi(\omega_v + \omega_L)]}\,\text{e}^{(\text{i}\omega_L \tau)} +$$

$$U(\omega_v)U(\omega_v+\omega_L)\,e^{i[\varphi(\omega_v+\omega_L)-\varphi(\omega_v)]}\,e^{(-i\omega_L\tau)}+$$
$$U(\omega_v)U(\omega_v-\omega_L)\,e^{i[\varphi(\omega_v)-\varphi(\omega_v-\omega_L)]}\,e^{(-i\omega_L\tau)}-$$
$$U(\omega_v)U(\omega_v-\omega_L)\,e^{i[\varphi(\omega_v-\omega_L)-\varphi(\omega_v)]}\,e^{(i\omega_L\tau)} \tag{5.8}$$

式中：$U(\omega)$和$\varphi(\omega)$分别为频率为ω的极紫外脉冲的光谱振幅和相位。

式(5.8)的第一项表示能量为$\omega_v+\omega_L$的终态，可以通过直接吸收一个$\omega_v+\omega_L$光子或吸收一个极紫外光子ω_v和一个红外光子ω_L达到，这两项的干涉取决于两者的相对相位：$\varphi(\omega_v)-\varphi(\omega_v+\omega_L)+\omega_L\tau$。式(5.8)的第二项表示能量为$\omega_v$的终态，可以通过直接吸收一个极紫外光子$\omega_v$，或吸收一个极紫外光子$\omega_v+\omega_L$并发射一个红外光子$\omega_L$达到。式(5.8)的第三项对应于频率为$\omega_v-\omega_L$的信号，第四项对应于频率为$\omega_v$的信号，通过吸收一个$\omega_v-\omega_L$光子达到。这种解释与RABBITT的解释密切相关，主要的区别在于，RABBITT的测量中，XUV中不存在n次谐波，因为XUV光谱是由一系列离散奇次谐波组成的。RABBITT和PROOF都假设红外光场的强度处于微扰区域，只有涉及单个红外光子的路径才会对信号有贡献。随着红外光场强度的增加，这种假设失效，红外光场的重建会产生系统误差。但是仿真结果表明在这种情况下，相较于FROG CRAB法，PROOF法能以更高的精度重建阿秒光场波形[20]。

5.4 极紫外非线性光学阿秒计量

与可见和近红外飞秒激光脉冲计量技术类似，基于非线性效应的计量技术也可以推广至阿秒领域。由于极紫外频段非线性截面较小，而且现有的阿秒光源强度低，限制了非线性光学在极紫外光谱区域的扩展应用。极紫外脉冲的光子能量很高，阿秒脉冲引起的非线性过程必然导致电离。极紫外光场强度不会超过10^{16} W/cm^2，主要是多光子电离。对于二阶过程，在原子密度为n_a、体积为V的相互作用区域内，光电子产量$Y^{(2)}=\sigma^{(2)}F^2\tau n_a V$，其中$\sigma^{(2)}$为双光子截面，剩余能量从零到电离能量范围内，对应$\sigma^{(2)}$大小为$(10^{-52}\sim10^{-49})$ cm^{4}s [24]。F是光子通量，τ是脉宽。为了获得可测量的双光子电离产量，极紫外功率密度要远超过10^8 W/cm^2，这就是实验中非常难以观测极紫外阿秒脉冲双光子过程的原因[25]。

目前已有多种非线性过程可用于测量超短极紫外脉冲宽度：①双光子阈上电离(ATI)；②原子中的双光子吸收；③双光子双电离；④双光子双电离的双原子分子库仑爆炸。2004年，Sekikawa等使用3.1eV(中心波长400nm)、亚10fs脉冲激发氩气产生高次谐波，并将自相关技术应用于双光子阈上电离，实现了9次谐波的时域特性诊断[26,27]。9次谐波(27.9eV)的光子能量已经超过了氦原子的第一电离阈值，而27.9eV光子的双光子吸收低于双电离阈值。在双光子阈上电离中，第二个被吸收光子的能量超过了氦原子电离所需的能量。实验中,3.1eV 驱动脉冲的两个延迟复刻脉冲聚焦到氩气中产生高次谐波,两束聚焦光束在空间上互不重叠。9 次谐波脉冲被镀有钪/硅多层介质膜的球面镜聚焦到氦气中。使用磁瓶式光电子谱仪收集光电子并对其进行能量分辨。通过测量能量对应于双光子阈上电离峰值(31.2eV)的光电子数量随两个 9 次谐波脉冲间延时的变化,获得自相关曲线,可以测得最小脉宽(950±90)as。9 次谐波脉冲能量为 2nJ。最近 Sekikawa 等使用基于氦原子双光子阈上电离的 FROG 法测量了 27.9eV 的 9 次谐波脉冲的时域相位和强度波形[28],测量得到的最短脉宽为 860as,脉冲相位平坦。

1998 年 Kobayashi 等首次报告了由钛宝石激光产生的高次谐波导致的氦原子中的双光子吸收(two-photon absorption,TPA)电离[29]。他们通过双光子吸收导致的 He$^+$ 获得 9 次谐波的自相关曲线,测得的脉宽为 27fs。2003 年,基于同样的非线性过程,Tzallas 等首次实现了阿秒脉冲串的自相关测量[30]。在氙气中产生了 7~15 次谐波,通过铟片滤波后进入一个体积巨大的自相关仪。一片切成两半的球面镜将极紫外脉冲光束分成两部分并聚焦到氦气中。其中一半镜片安装在一个压电致动器上,从而在两束极紫外脉冲间引入可控的延时 τ。使用飞行时间谱仪测量双光子吸收导致的 He$^+$ 随延时 τ 的变化,获得二阶自相关信号。测得的离子产量呈现出明显的阿秒结构,周期为驱动激光的两倍,阿秒脉冲串的平均脉宽估算为(780±80)as。

2005 年,Nabekawa 等利用飞秒谐波脉冲诱导的氦原子的双光子双电离(two-photon double ionization,TPDI)测量了钛宝石激光 27 次谐波(42eV 光子能量)的自相关曲线[32]。实验中使用硅碳分束器将谐波光束分离为两束,为了在两束谐波脉冲间引入延时,将分束器的一部分安装在压电致动器上。通过测量二价氦离子产量随延时的变化获得自相关曲线:测得的最短谐波脉宽 8fs,脉冲能量 24nJ(对应于焦点处功率密度 $1.7×10^{13}$ W/cm^2)。到目前为止,基于 TPDI 的脉宽测量中,还没有短至阿秒量级的报道。

由于非线性截面比惰性气体原子大,因双光子双电离产生的双原子分子的库仑爆炸可以用来进行阿秒脉冲串的干涉自相关测量[25,31]。实验装置与文献[32]所述的 TPDI 装置类似,不过这里使用的是 N$_2$ 分子而不是 He 原子,由 9~19 次高次谐波获得双光子吸收。11 次谐波在焦点处的功率密度估计为 $3×10^{14}$ W/cm^2。飞行时间谱仪的测量结果显示出一种双峰结构,对应于双光子双电离诱导的 N$_2^+$ 离子库仑爆炸产生的 N$^+$ 离子。两峰对应于前向和后向发射的具有相同释放动能的 5eV 离子。离子产量与两束极紫外脉冲间延时的函数关系显示出清晰的脉冲波形,其周期为驱动激光的两倍,相当于阿秒脉冲串的干涉自相关测量曲线,经估算脉冲包络宽度为 320as(半高全宽),为 11 次谐波光场主载波频率的 1.3 个光学周期。

5.5 小结

本章综述了阿秒脉冲时域诊断的各种方法。特别强调了阿秒条纹相机法，它是孤立阿秒脉冲重要应用的基础。基于条纹概念的 FROG CRAB 技术已在各个实验室广泛应用，成为诊断阿秒脉冲时域特性的标准方法。本章也指出了这种重建方法的优点和局限性。近期出现的实验技术为阿秒计量技术向 100as 以下的时间尺度拓展提供了可能性，在这样的时间尺度下 FROG CRAB 的方法开始显示出了局限性。

参考文献

[1] F. Krausz, M. Ivanov, Rev. Mod. Phys. **81**, 163 (2009)

[2] M. Nisoli, G. Sansone, Prog. Quantum Electron. **33**, 17 (2009)

[3] I. Walmsley, V. Wong, J. Opt. Soc. Am. B **13**, 2453 (1996)

[4] Y. Mairesse, F. Quéré, Phys. Rev. A **71**, 011401(R) (2005)

[5] F. Quéré, Y. Mairesse, J. Itatani, J. Mod. Opt. **52**, 339 (2005)

[6] M. Lewenstein, Ph. Balcou, M. Yu. Ivanov, A. L'Huillier, P. B. Corkum, Phys. Rev. A **49**, 2117 (1994)

[7] R. Trebino, *Frequency-Resolved Optical Gating* (Kluwer Academic, Boston, 2000)

[8] D. Kane, IEEE J. Quantum Electron. **35**, 421 (1999)

[9] H. Wang, M. Chini, S. D. Khan, S. Chen, S. Gilbertson, X. Feng, H. Mashiko, Z. Chang, J. Phys. B, At. Mol. Opt. Phys. **42**, 134007 (2009)

[10] J. Gagnon, E. Goulielmakis, V. S. Yakovlev, Appl. Phys. B **92**, 25 (2008)

[11] M. Hentschel, R. Kienberger, Ch. Spielmann, G. A. Reider, N. Milosevic, T. Brabec, P. B. Corkum, U. Heinzmann, M. Drescher, F. Krausz, Nature **414**, 509 (2001)

[12] R. Kienberger, E. Goulielmakis, M. Uiberacker, A. Baltuška, V. Yakovlev, F. Bammer, A. Scrinzi, Th. Westerwalbesloh, U. Kleineberg, U. Heinzmann, M. Drescher, F. Krausz, Nature **427**, 817 (2004)

[13] G. Sansone, E. Benedetti, F. Calegari, C. Vozzi, L. Avaldi, R. Flammini, L. Poletto, P. Villoresi, C. Altucci, R. Velotta, S. Stagira, S. De Silvestri, M. Nisoli, Science **314**, 443 (2006)

[14] E. Goulielmakis et al., Science **320**, 1614 (2008)

[15] F. Quéré, J. Itatani, G. L. Yudin, P. B. Corkum, Phys. Rev. Lett. **90**, 073902 (2003)

[16] C. Iaconis, I. A. Walmsley, Opt. Lett. **23**, 792 (1998)

[17] E. Cormier, I. A. Walmsley, E. M. Kosik, A. S. Wyatt, L. Corner, L. F. DiMauro, Phys. Rev. Lett. **94**,

033905 (2005)

[18] Y. Mairesse, O. Gobert, P. Breger, H. Merdji, P. Meynadier, P. Monchicourt, M. Perdrix, P. Salières, B. Carré, Phys. Rev. Lett. **94**, 173903 (2005)

[19] N. Dudovich, O. Smirnova, J. Levesque, Y. Mairesse, M. Yu. Ivanov, D. M. Villeneuve, P. B. Corkum, Nat. Phys. **2**, 781 (2006)

[20] M. Chini, S. Gilbertson, S. D. Khan, Z. Chang, Opt. Express **18**, 13006 (2010)

[21] P. M. Paul, E. S. Toma, P. Breger, G. Mullot, F. Augé, Ph. Balcou, H. G. Muller, P. Agostini, Science **292**, 1689 (2001)

[22] V. Véniard, R. Taïeb, A. Maquet, Phys. Rev. Lett. **74**, 4161 (1995)

[23] V. Véniard, R. Taïeb, A. Maquet, Phys. Rev. A **54**, 721 (1996)

[24] L. A. A. Nikolopoulos, P. Lambropoulos, J. Phys. B **34**, 545 (2001)

[25] K. Midorikawa, Y. Nabekawa, A. Suda, Prog. Quantum Electron. **32**, 43 (2008)

[26] T. Sekikawa, A. Kosuge, T. Kanai, S. Watanabe, Nature **432**, 605 (2004)

[27] N. Miyamoto, M. Kamei, D. Yoshitomi, T. Kanai, T. Sekikawa, T. Nakajima, S. Watanabe, Phys. Rev. Lett. **93**, 83903 (2004)

[28] A. Kosuge, T. Sekikawa, X. Zhou, T. Kanai, S. Adachi, S. Watanabe, Phys. Rev. Lett. **97**, 263901 (2006)

[29] Y. Kobayashi, T. Sekikawa, Y. Nabekawa, S. Watanabe, Opt. Lett. **23**, 64 (1998)

[30] P. Tzallas, D. Charalambidis, N. A. Papadogiannis, K. Witte, G. D. Tsakiris, Nature **426**, 267 (2003)

[31] Y. Nabekawa, T. Shimizu, T. Okino, K. Furusawa, H. Hasegawa, K. Yamanouchi, K. Midorikawa, Phys. Rev. Lett. **97**, 153904 (2006)

[32] Y. Nabekawa, H. Hasegawa, E. J. Takahashi, K. Midorikawa, Phys. Rev. Lett. **94**, 043001 (2005)

第6章
中红外激光强场与阿秒物理

Anthony D. DiChiara, Shambhu Ghmire, David A. Reis, Louis F. DiMauro, Pierre Agostini

摘要 本章回顾了在波长更长的激光驱动作用下的电子能谱、多光子电离、谐波产生和阿秒物理的研究进展。首先简要概述中红外光源的发展,并讨论阈上电离和多光子电离过程。然后从最高次谐波和群延迟色散的角度介绍气体高次谐波产生的特性,这两点都与阿秒物理学相关,我们还研究了其他介质,并在晶体和液体样品中实现了高次谐波产生。最后简要地展望了激光技术和中红外光源阿秒物理的发展前景。

6.1 介绍

阿秒物理学已经有10年的历史了,在800nm钛宝石激光驱动下通过高谐波

A.D.DiChiara · L.F. DiMauro · P. Agostini
Department of Physics, The Ohio State University, Columbus, OH 43210, USA
e-mail: agostini@mps.ohio-state.edu

A.D.DiChiara
e-mail: dichiara@mps.ohio-state.edu

L.F.DiMauro
e-mail: dimauro.6@osu.edu

S.Ghmire · D.A. Reis
SLAC National Accelerator Laboratory, PULSE Institute, Menlo Park, CA 94025, USA

S.Ghmire
e-mail: shambhu@slac.stanford.edu

D.A. Reis
e-mail: dreis@slac.stanford.edu

D.A. Reis
Departments of Photon Science and Applied Physics, Stanford University, Stanford, CA 94305, USA

产生,可以获得80as的脉冲宽度[1]。阿秒脉冲控制和测量技术取得长足进步[2],中红外驱动源也获得高度关注,在强场物理中红外光源因波长较长而显示出更优的性能,尤其是高次谐波截止和群延迟色散(group delay dispersion,GDD)①这两个与超快阿秒脉冲产生有关的参数,可以通过增加激光波长得到显著改善。事实上增加激光波长是目前所知的唯一一种使得高次谐波产生超越极紫外并连续拓展到X射线电磁频谱的方法。

我们的科研团队旨在通过了解强激光场中原子与激光相互作用下原子行为与激光波长的关系来开展阿秒物理研究。我们通过光学参量放大(optical parametric amplification,OPA)和差频(difference frequency generation,DFG)技术产生1~4μm中红外飞秒激光。本章回顾了中红外激光器的特性,重点介绍了我们目前使用的OPA和DFG系统。然后讨论了气态系统中强场电离、多光子电离和高次谐波产生相对于波长的标度特性。半经典重散射模型的图像可以简单地解释关于波长的标度效应,特别是光电子能谱的总体结构、谐波截止能量随波长的增加而增加(目前已达到百电子伏,在不久的将来可达千电子伏)以及二次光谱相位(对于给定的谐波光源,能产生的最理想的带宽和最短的脉冲由其决定)。上述理论预测结果已被实验定量地证实。尽管这种理论模型十分成功,但仍无法解释某些现象,如光电子能谱中的低能量结构[3]。气体中原子之间相互孤立,测试半经典模型在气态之外的有效性,是研究液体和固体中的谐波产生的动机之一。6.6节讨论了光参量啁啾脉冲放大器(optical parametric chirped pulse amplifier,OPCPA)的发展现状。通过中红外激光的运用能够将时间分辨成像技术拓展到亚飞秒时域,而OPCPA弥补了OPA系统的不足,能够产生所需要的中红外激光。

6.2 激光技术的现状和前景

6.2.1 3.2~3.9μm激光系统

差频过程中的泵浦光和信号光是由不同的激光系统产生的:一台中心波长816nm、能量3.0mJ、脉宽100fs(半高全宽)的钛宝石激光器,另一台中心波长1053nm、能量0.8mJ、脉宽13ps(半高全宽)的Nd:YLF再生放大器[4]。两台激光放大器重复频率为千赫兹量级,均以商用振荡器作为种子光,分别是Spectra Physics公司的Tsunami(Ti:sapph)和Time Band Width公司的GE-100(Nd:YLF),

---

① 群延迟色散为二阶光谱相位,或称为阿秒啁啾。

两台振荡器保持同步[5]。如图 6.1(a)所示,经过放大的泵浦光和信号光准直后近共线射入非线性晶体砷酸钛氧钾(KTA),产生空间分离的无损耗的闲频光。KTA 损伤阈值高[6],在 0.3~5μm 波段透明。

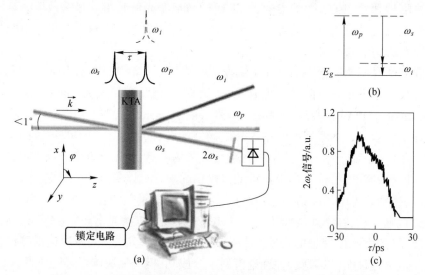

图 6.1　(a)时间同步差频产生实验方案(光束从左侧入射,在 KTA 晶体内产生的二次谐波滤波后由积分放大光电二极管探测);
(b)能级图;(c)通过互相关技术保持时间同步。

差频过程中涉及的能量守恒关系(图 6.1(b))为

$$\omega_i = \omega_p - \omega_s \tag{6.1}$$

由此可知闲频光中心波长为 3.6μm。然而,由于自相位调制,泵浦光产生显著的光谱展宽[8]。由于泵浦光带宽较宽,通过调节 KTA 晶体的相位匹配角可以对闲频光进行波长调谐。实验中闲频光波长可以在 3.2~3.9μm 之间连续调谐,能量最低为 50μJ,脉宽保持约 100fs 不变。

两台独立激光器的时间同步由商用控制器实现,RMS 时间抖动不大于 3ps,即小于信号光(1.05μm)脉宽(16ps)的 20%。然而振动和其他环境因素的影响导致每隔一段时间(10~30min)脉冲同步发生约 10ps 的漂移。通过监测 100fs 信号光在 KTA 晶体中产生的二次谐波(527nm)并进行反馈控制,对漂移进行补偿。

6.2.2　1.3~2.0μm 激光系统

实验中使用的 2μm 光源是一台商用光学参量放大器(Light Conversion 公司生产的 HE-TOPAS-5/800)。OPA 的泵浦源为 5mJ、50fs 的钛宝石激光系统,首先使用少量的泵浦光产生超宽带荧光光谱,然后分出一部分窄带光谱作为种子光,与剩余的800nm泵浦光一起6次通过两块偏硼酸钡晶体(beta-barium borate,BBO),可获得400μJ的2μm激光。在光学参量放大过程中,800nm的光子生成两个低能光子,根据能量守恒,同时产生了600μJ的1.3μm闲频光。

6.3 长波激光作用下的光电离和高次谐波产生

6.3.1 再碰撞模型中的隧穿电离和阈上电离

Damon等的测量结果表明[9]电离速率似乎与激光强度成指数关系,并不遵从微扰理论所预测的幂定律[10],也许是这一结果启发了L. V. Keldysh有关直流隧穿电离的工作,在Keldysh那篇著名的论文[11]中,他指出,电离速率从幂定律向指数定律的转变取决于激光强度I、波长λ和离子电势I_p。随激光强度的变化,电离机制从多光子电离转变为隧穿电离(图6.2(a)),从而导致电离速率改变。在低频激光作用下,由于强度的限制,Keldysh的电离理论[11]简化为直流隧穿电离。为满足限制条件,假设光场频率$\omega = 2\pi c/\lambda$较小(相对于隧穿频率),更精确一些就是Keldysh绝热系数①

$$\gamma = \sqrt{I_p/2U_p} \tag{6.2}$$

$\gamma < 1$时,电离速率满足

$$\omega \propto \exp(-2\gamma/3\omega) \tag{6.3}$$

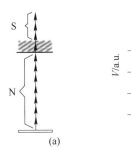
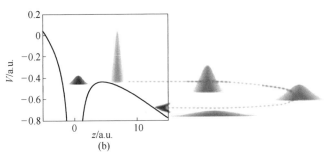

图6.2 强场电离模型

(a)N-光子电离+S-光子域上电离;(b)Keldysh隧穿能量图,表明了高斯波包的横向膨胀[31]。

---

① U_p是一个自由电子从振荡电场获得的周期平均动能,定义为$U_p = e^2 E_0^2/4m_e\omega^2$,其中$e$是电荷,$m_e$是电子质量,$E_0$是电场,$I_p$是离子电势。

Keldysh 理论是基于氢原子基态发展起来的,1986 年 Ammosov、Delone 和 Krainov(ADK)将其推广至任意态[12]。ADK 电离速率包含了归一化终态 Volkov 波函数的解析解,并提供了一个低频场中电离速率的简单的闭合形式解。

光与原子的强场相互作用最初表现在其光电能谱中(阈上电离[13])。下面我们只用经典概念讨论隧穿极限下的阈上电离[14]。在这一区域内,电离是一个亚周期事件,电子 t_0 时刻在总势场的势垒边缘处($x_i \approx 0$)产生,初始速度 $v_i = 0$,接近激光场峰值处。根据牛顿运动方程[15-16]推导出电子能谱。对于 $E(t) = E_0 \cos(\omega t)$,电子动能为

$$\xi(t) = 2U_p [\sin(\omega t) - \sin(\omega t_0)]^2 \qquad (6.4)$$

式中:$\omega t_0 \approx 0.3$ rad 时,有一半电子轨道(忽略原子核的库仑吸引力)返回原子核,最大动能为 $3.17U_p$[17-18]。t_1 时刻电子返回原点,可通过弹性背向散射从光场中获取更多的能量,因此再碰撞后,有

$$\xi_{bs}(t_0) = 2U_p [2\cos(\omega t_1(t_0)) - \cos(\omega t_0)]^2 \qquad (6.5)$$

由式(6.4)和式(6.5)能够确定光电子谱的主要特征(图 6.3)。在光场峰值附近产生($t_0 = 0$)的电子,漂移远离核心位置,动能接近于零。在零交叉场附近产生的电子(概率极低)漂移最大能量为 $2U_p$。背向散射的电子可获得高达 $10U_p$ 的能量。随着激光波长的增加和 γ 的减小,以上理论(simpleman's theory)更接近现实。隧穿电离的有效性局限见文献[19]。6.4 节将讨论 2μm 和 0.8μm 激光作用下含时薛定谔方程的数值解,分别推算两种激光作用下的电子轨迹,以彩色图形表示,而完整的经典轨迹将以黑色实线表示(图 6.6)。0.8μm 激光功率密度为 0.16PW/cm², $\gamma = 0.91$,其多光子特性及其与经典理论的差异十分显著。对于 2.0μm 激光,在同样的激光强度下 $\gamma = 0.36$,电子轨迹与经典理论结果一致。

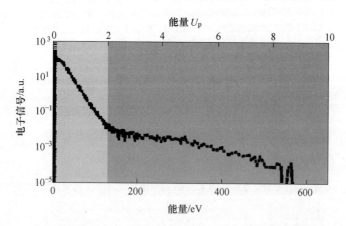

图 6.3 氙气在 3.6μm 激光作用下强场电离的光电子谱,激光峰值功率密度 5.4×10^{13} W/cm²。浅灰和深灰区域分别表示式(6.4)和式(6.5)的计算结果。

6.3.2 3.6μm 激光场中的非顺序电离

近红外短脉冲激光作用下原子的双电离(多电离[21])通常不能通过顺序隧穿电离来解释。例如双电离,实验观察到的电离速率比 ADK 电离速率高 5~6 个数量级[22,23];如果 ADK 电离速率要达到实验观测的数值,使用的激光强度需达到实验中的 3~5 倍。无论从量子[24,25]还是经典[21]角度处理这个问题都存在理论上的挑战。解释光电子能谱的简单唯相法也可以应用于(e,2e)碰撞[18]的双电离和电子离子激发。再碰撞能量正比于 λ^2,通过长波(中红外)激光的应用,可以研究更高阶的作用,厘清多光子电离中的物理问题。

图 6.4 所示为 3.6μm 激光($\gamma=0.25$)作用下氪的 5 种电离方式,100fs 的 3.6μm 激光在时间和空间上均是高斯分布,由 ADK 公式数值积分计算电离产量。在 Keldysh 参数 $\gamma=0.25$ 的实验条件下测量得到最大强度。

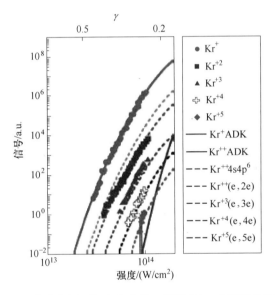

图 6.4 (见彩图)3.6μm 激光作用下氪电离产量。根据式(6.7)得到的计算结果用虚线表示。

显然,在 Kr^+ 情况下 ADK 结果最符合,而在更高的电离通道中,差异明显。根据碰撞复合模型,当一个电子波包在强激光作用下返回离子核时会发生非顺序电离(non-sequential ionization, NSI)并导致碰撞(图 6.2(b))。令人惊讶的是,NSI 可以看作是无外场时的非弹性(e,ne)碰撞,而这一过程发生在高强激光场中。我们通过将离子比例 Kr^{+n}/Kr^+($n>1$)与自由场横截面直接对应来证明这一点。

采用文献[26-27]中的方法,将再散射视为与具有适宜无外场横截面 σ 的电

子波包 W_p 的乘积。图 6.5(a) 所示为 Kr 经过两次四重电离后的非弹性截面实验结果[28,29];对于五重电离和激发,由于缺少数据,我们采用洛伦兹线型复合[30]。假设激发会导致快速电离[27],由于双电离是由单个激发通道和直接(e,2e)电离支配的,因此只考虑最大激发通道(kr+)*,4s4p^6。为了计算 W_p,将激光脉冲采样时间步长设为 1 个原子单位,在每个点上通过求解 $\ddot{x} = -(e/m)E(t)$ 来计算一维轨道;只保留返回离子核的轨道。初始条件与文献[27]一致。每条轨道都根据 ADK 加权,其中考虑了隧穿电离和基态耗尽。为了确保每个经典轨道都代表一个在适当范围碰撞的波包,必须考虑隧穿电离波包的自由膨胀[31]。由于高斯激光焦点的空间强度分布,计算进行了空间求和(图 6.5(b))。图 6.5(c) 所示为测量的分支比和非弹性截面,相比图 6.5(a) 中计算的 W_p 有所扩大,则

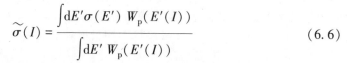

$$\widetilde{\sigma}(I) = \frac{\int dE' \sigma(E') W_p(E'(I))}{\int dE' W_p(E'(I))} \tag{6.6}$$

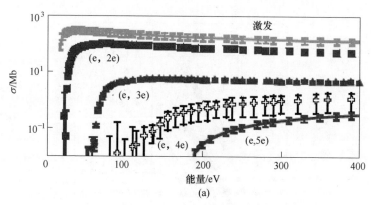

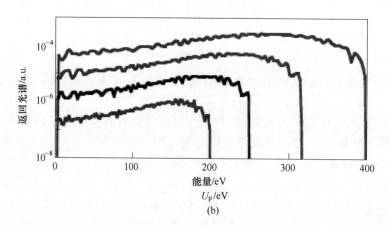

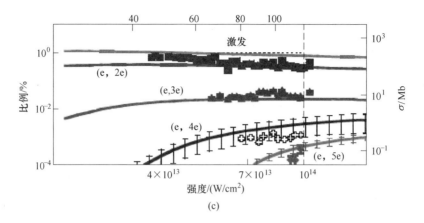

图6.5 （见彩图）(a)(e, ne)碰撞电离截面[28-29]；(b) W_p，激光强度：100TW/cm² (红色)，80TW/cm² (绿色), 64TW/cm² (黑色)和51TW/cm² (蓝色)；(c)式(6.6)的计算结果。

由式(6.6)，采用近硬球近似计算非顺序电离率[32]：

$$P(b,I) = \widetilde{\sigma}(I) \frac{\exp(b^2/a_0^2)}{\pi a_0^2} \tag{6.7}$$

式中：$a_0 = \sqrt{2/\Delta E}$；b 为冲击参数。

计算结果（图6.4）显示，强场非顺序电离与无外场(e, ne)过程符合得很好。这在一定程度上可能是因为电子返回时激光场强接近零，因此库仑势的变化很小。我们还注意到，即使在电势接近 I_p(ion) 的电场最强区域，也没有明显的畸变。然而激发过程对强激光场的效应更敏感，这与理论结果一致[33]。由此可以简单解释，无外场散射截面这一模型在三步半经典模型中的成功。

6.4 中红外波长下高次谐波产生和阿秒产生

高次谐波产生(HHG)是强场相互作用的另一种高度非微扰结果。高次谐波产生还是阿秒脉冲合成的一种实验手段。再散射模型[17,18]可以直接解释谐波的截止能量：根据量子力学原理，发射光子的能量等于被吸收的光子的总能量。按经典解释，有效电子在电场中被加速，其动能转化为辐射能量。谐波截止能量遵从能量守恒，即 $3.17U_p + I_p$[17]。最大能量正比于 λ^2，这预示着在中红外激光作用下，光子能量会大幅增加。

6.4.1 谐波产量

一般情况下,以波长 0.8μm 的钛宝石激光作为驱动激光,以稀有气体作为靶标,高次谐波产生效率为 10^{-6} 量级,Lewenstein 强场近似和 TDSE 仿真(图 6.6)都表明单原子偶极子随激光波长迅速减少[20]。这很可能是由于连续态电子轨道中的波包扩散和随电子能量增加而减小的复合横截面两者共同作用的结果。TDSE 计算表明在恒定强度下单个原子功率谱正比于 $\lambda^{-(5.5\pm0.5)}$ [20,34]。

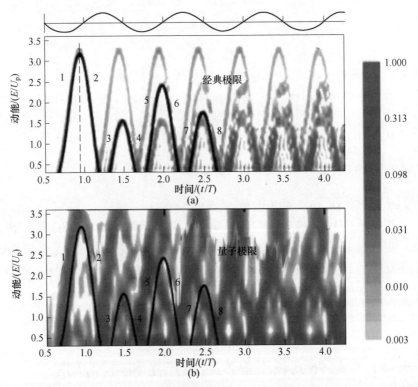

图 6.6 (见彩图)氩原子在强度为 0.16PW/cm², 波长分别为 2μm(图 6.6(a))和 0.8μm(图 6.6(b))激光激励下,根据 TDSE 计算的高次谐波能量,图中以红到蓝的颜色表示能量变化。黑实线表示经典计算结果,数字代表第几条轨道。最上面的曲线表示输入脉冲的电场,其时间轴单位为激光周期 T。

Shiner 等的实验结果[35]与上述计算吻合。固定激光强度,由于自由电子的色散效应和本征偶极相位[36],高次谐波产量会随激光波长的增大而更快速的降低[37]。通过控制各项参数,如聚焦尺寸、靶标密度,可以实现全局优化,补偿谐波产量的减少[38-39]。

如果保持其他条件如激光强度、气体密度不变,在激光波长从 0.8μm 变为 2μm 的过程中监测氩原子谐波产量的变化,通过比较 35～50eV 频谱带宽的数据发现,2μm 激光作用产生的谐波仅为 0.8μm 激光的千分之一,仅为通过"单原子"计算预测的 1/6[20,38]。当然还可以通过对各个参数的调节来进一步优化结果。在这两个波长的激光作用下,通过优化氩气密度获得最大谐波产量,此时 2μm 激光产生的谐波为 0.8μm 激光的 1/85。此外,通过优化泵浦功率和聚焦尺寸可以进一步缩小两者 EVU($\leqslant$50eV)产量的差距,可以预期,使用 2μm 激光,在更高的光子能量($50\mathrm{eV}\leqslant\hbar\omega\leqslant200\mathrm{eV}$)范围,可以得到相对于 0.8μm 激光更好的结果。

高次谐波产生是获得阿秒脉冲辐射的唯一可行方法[40],谐波产量、谐波截止、光谱相位或阿秒啁啾对于亚周期极紫外脉冲的傅里叶合成至关重要。以下各小节介绍最近的相关研究结果,包括中红外激光驱动产生高次谐波及其在阿秒物理方面的各项特性。

6.4.2 高次谐波的截止能量和频率成分

谐波梳齿由一系列激光基频的奇次谐波组成,谐波幅度近乎不变。梳齿终结于截止定律限定的能量,$\hbar\omega=3.17U_p+I_p$,这是经典条件下光电子可以转化为光子的最大能量。验证截止能量的波长标度规律是实验的首要目的[38,41]。在 3 次相互独立的实验中使用不同的滤波片测量 2μm 激光产生的谐波光谱,图 6.7 中所示的是归一化光谱。图 6.7(a)所示为 0.8μm 和 2μm 基频光场在氩气中产生的高斯谐波通过铝膜后的光谱[38]。0.8μm 激光产生的截止能量为 50eV(31 次谐波),与之前的测量结果、数值计算结果[20]、截止能量规律一致;2μm 激光产生的梳齿更密集(原因是光子能量更小),截止能量在 70eV 附近。图 6.7(b)给出了 2μm 激光在氩气中产生的高次谐波经过铝膜和锆膜之后的光谱,在锆的整个能量透射窗口(60～200eV)都能观察到谐波梳齿,梳齿间距 $2\hbar\omega$(1.2eV),谐波谱线形状受仪器响应的影响有变形现象;而使用 0.8μm 激光时在这一透射窗口内没有谐波产生。由于锆滤波器限制了短波激光的作用,在第三次实验中使用了另一个铝滤波器,观察到谐波截止能量延伸至 220eV,这一结果与含时薛定谔方程计算结果一致[20],先前使用 1.5μm 激光时观察到的截止能量要低于这一数值[37]。

6.4.3 光谱相位测量

短轨道和长轨道是由电子电离和复合之间在连续态所经历的时间长度界定的[42]。高次谐波的傅里叶合成得到阿秒脉冲,由于不同谐波对应的电子轨道长度不同,这些谐波存在内禀的群延迟色散(GDD)[43-44]。对于每类轨道,群延迟

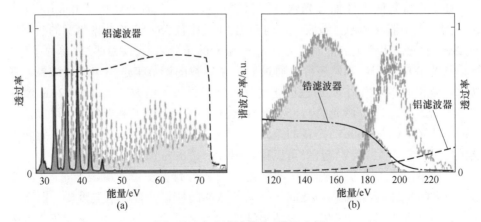

图 6.7 高次谐波梳齿(线性坐标)

(a)功率密度 18TW/cm² 的激光作用于氩,经过铝滤波器(透过率如图中虚线所示)的实验结果,虚线灰色阴影部分为 2μm 激光作用结果,实线深色阴影部分为 0.8μm 激光作用结果,由于铝滤波片的限制,截止能量终结于 75eV;(b)同时使用锆滤波器(阴影部分)和铝滤波器(空白部分)的实验结果,透过率曲线分别如图中点划线和点线所示。数据结果没有对光栅效率进行校正。实际截止能量达到 220eV,见空白部分曲线。

色散相对于能量都是近乎线性的,在经典理论下理解为返回能量与返回时间之间的关系。返回能量与波长是平方关系,返回时间与波长成正比,因此群延迟色散反比于波长。波长增加,群延迟色散减少,这意味着长波驱动会使得谐波梳齿向高能方向移动,可以更好地实现同步。本节使用的激光为可调谐光源,1.3~2.3μm。

我们首先采用 Dudovich 等提出的全光学方法来测量光谱相位[45]。全光学方法中高次谐波是由双色场(基频光及其二次谐波)产生的。在这样的光场中,谐波产生过程丧失了中心对称性,导致偶次谐波和奇次谐波同时生成。偶次谐波的振幅取决于双色场之间的相对相位。通过控制基频光和二次谐波脉冲之间的亚周期延迟,并记录由此产生的偶次谐波振荡,可以使用半经典模型重建发射时间,通过插值法获取奇次谐波数据。在极弱二次谐波光束的限制下,发射时间对应于非微扰值。应该强调的是,这种方法会产生原位阿秒啁啾。利用这种方法测量激光焦点处阿秒脉冲的光谱相位,不包括传输效应,与后续补偿无关。我们测量了在 3 种不同波长激光(0.8μm、1.3μm 和 2μm)作用下氩气靶和氙气靶产生的高次谐波相位。

图 6.8(a)所示为 21TW/cm²、2μm 激光激发氙气产生的高次谐波谱。图中记录了两种不同 ω-2ω 光场作用下产生的高次谐波谱,显示了偶次谐波振幅随相位的变化。而奇次谐波却没有这种调制效应。一对熔融石英尖楔为 ω-2ω 光场提供了阿秒量级的相对相位控制。图 6.8(a)是以相对相位为变量的谐波谱全域函数曲线,显示了延时的周期振荡以及各偶次谐波到达最大值的延时变化。

图 6.9 所示为阿秒啁啾和强度的乘积与驱动激光波长的函数关系(考虑啁啾

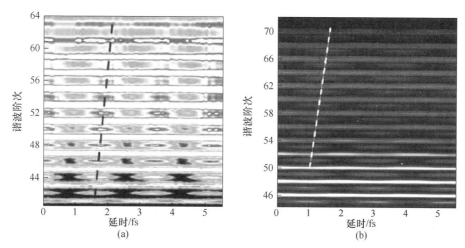

图6.8 （见彩图）(a) ω-2ω 双色光全延时扫描高次谐波谱,靶标气体为氙气,激光波长2μm,峰值功率密度21TW/cm^2。偶次谐波振荡的频率是基波的4倍。虚线标记了偶次谐波达到最大值时的延时变化。(b) RABBITT光谱图,激光波长1.3μm,峰值功率密度18TW/cm^2。反映偶次谐波随延时的变化振荡。

与有质动力势,即强度的依赖关系),呈现出纯粹的波长标度规律。图中还包含80TW/cm^2、0.8μm激光脉冲和71TW/cm^2、2μm激光脉冲作用于氙气的测量结果。实验结果表明阿秒啁啾随基波激光波长增大而减小。0.8μm激光作用下阿秒啁啾为41.5as/eV,在2μm激光作用下减小为21.5as/eV。这些数值只考虑了产生过程的内禀阿秒啁啾,而不考虑任何后续补偿。在这种情况下,理想阿秒脉宽从0.8μm激光作用下的250as减小为2μm激光作用下的180as,对应的理想带宽分别为12.5eV(0.8μm激光)和20eV(2μm激光)。理论上来说中心频率可以设定在所产生光谱的任何位置,从0.8μm情况下的25eV直到2μm情况下的90eV。

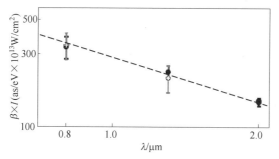

图6.9 阿秒啁啾与波长的函数关系

为消除峰值强度的影响,纵轴数据绘制的是阿秒啁啾与强度的乘积。实心圆代表原位测量结果,空心十字代表RABBITT法测量的结果。在0.8μm和1.3μm条件下两种方法测量的结果都是一致的。

6.4.4 阿秒束线和 RABBITT 测量

$\omega-2\omega$ 法依赖于理论模拟。因此将其结果与相互独立的另一方法，如 RABBITT 法进行比较[46-48]是十分重要的。图 6.10 所示为阿秒束线装置，目前正在将 RABBITT 线纳入这一装置，RABBITT 线将阿秒脉冲串传输至第二个气体靶，在此处阿秒脉冲与中红外脉冲叠加后将气体原子电离。该方法依赖于双光子、三色电离过程，与高次谐波理论无关。图 6.9 所示为初步的实验结果，与前一结果[44]相互印证。

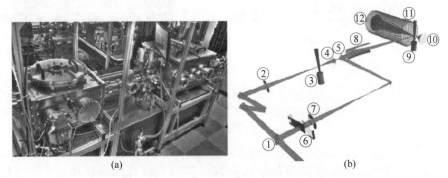

图 6.10　OSU 阿秒束线装置

(a)实物照片；(b)①分束器，②用于谐波产生的聚焦透镜，③产生气体靶，④金属滤波片，⑤合束镜，⑥用于延时扫描的玻璃楔，⑦用于匹配发散角的聚焦透镜，⑧超环面镜，⑨探测气体靶，⑩圆锥形永磁体，⑪磁瓶螺线圈，⑫微通道板探测器。

6.5　液体和晶体中的高次谐波产生

长波激光被证明是了解高次谐波产生的波长标度特性的有力工具，下面我们使用目前已有的最长波长激光，对密集相态系统中低于阈值的谐波和高次谐波产生进行探索性研究。研究这种高次谐波产生的部分动机源于这样一个简单的事实，即对液态或固态产物中带电粒子组分电离序列的直接观察只能受限于表面分析。因此研究高次谐波产生特性可能是了解大体积密集相态系统强场响应的最佳切入方法。长波激光无疑是这项研究的关键，凝聚态系统中的低束缚势或能量间隙使得隧穿电离难以进行。对于凝聚态物理来说，如果液固转变后密度的变化较小，周期扩展晶格结构将产生重要的衍生结果。下面将一种常见的液体和半导体材料进行比较，以凸显完美晶体的长程有序度对强场序列的意义。

6.5.1 液体中的谐波产生

在固体中,介质的分解会破坏样品的完整性和系统在激光聚焦范围内的排列。从这个意义上来说,流动的液体提供了一种高密度样品,只要样品更新的速度超过激光重复频率,就能暴露在超过损伤阈值的激光下而不受破坏。这种实验方案是Tauber等设计的,我们也开展了类似的研究,采用不锈钢管、色谱配件、定制玻璃件构成了一个27cm的液柱,由蠕动泵保持液体的循环。柱体末端有一条2.7mm×0.3mm的狭缝,固定一条细线圈,以提供足够的毛细作用形成液体薄膜。利用这一装置实现了150μm的液体薄膜,平均线速度达到900μm/ms,对应雷诺数 $Re=500$,这属于层流范围($Re<2000$),流体源能保持几个小时的稳定。激光和液体相互作用产生的光被传递至Czerny-Turner光谱仪,其出口处有一个CCD。光谱仪最大分辨率为1nm,在200~800nm范围内进行了能量校准,绝对误差±50%。激光波长调谐至3.6 μm。图6.11所示为激光与两种不同的液体样品——水和正己烷作用产生的光谱。总体来看尽管谐波阶次较低,但转换效率很高。水样品的转换效率是3×10^{-6},正己烷的转换效率非常高,达到2×10^{-4}。在之前的文章中[49]我们认为,尽管场强很高,但液体的密度严重阻碍了复合,谐波是由微扰机制产生的[8]。我们还观察到谐波的空间模式非常清晰,这是由于飞秒激光成丝效应导致的[50],还可能说明液体介质中发生了自相位调制和互相位调制。尽管产生的最高谐波只有约4eV,但高效的转换效率和清晰的空间分布使得液体介质中的中红外谐波产生颇具研究价值。

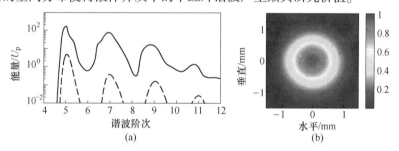

图6.11 (a) 液态水(虚线)和正己烷(实线)的两种典型谐波谱,激光功率密度分别为 $9\times10^{13}\text{W/cm}^2$ 和 10^{14}W/cm^2;(b)水中产生的5次高次谐波,波束表现出清晰的空间模式。

6.5.2 完美ZnO晶体中的谐波产生

完美晶体的长程有序度会引起观测到的谐波的巨大变化。我们开展了相关的实验,所用设备与6.5.1节中所述实验类似,激光波长调谐至3.25μm,ZnO晶体厚度500μm,整个装置包括从相互作用区直到探测器都充满氩气,以避免6eV以上光子在大气中的吸收。

图 6.12 所示为光谱曲线。电子在强激光场作用下进入导带(等价于电离作用),晶体的周期性会引发其产生快速场驱动的布拉格散射[51]。非线性极化导致高于 6eV 的高阶频率成分,超出了晶体的能带边缘,说明在液体介质中观测到的微扰响应在固体介质中显然不成立。我们还发现谐波截止能量与光场成线性关系[51],与原子图像形成鲜明对比。正是由于气体高次谐波中微扰理论的失效,数十年来产生了丰硕的研究成果,现在这套理论被扩展应用于新的研究领域——固体中,晶体结构在谐波梳齿的形成过程中起到了十分重要的作用。

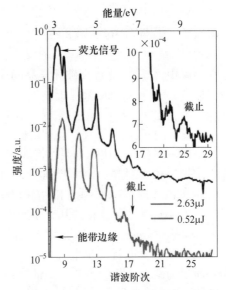

图 6.12 ZnO 晶体中的谐波产生

晶体的能带边缘约为 3.2eV,图中以虚垂线表示。
2.63μJ(0.52μJ)对应的峰值功率密度为
$4.8×10^{12}$ W/cm²($9.7×10^{11}$ W/cm²)。

6.6 小结和展望

高强中红外飞秒激光为研究强场单光子电离和多光子电离以及谐波产生提供了有力保障,证明了长波激光在阿秒物理研究中的优势。对于固态系统的研究发现了新的截止原理,而激光作用于液体靶产生了明亮的谐波,空间模式异常清晰。

通过结合中红外激光技术和激光驱动散射(如多光子电离)的强场图像可以开展亚飞秒测量研究。利用弹性散射[52]完成激光驱动衍射成像。由于散射过程与光场周期同步,激光驱动的弹性散射可能会开辟出全新的时间分辨测量方法。本章从中红外激光的角度回顾了阿秒物理的发展,充分阐述了这一研究方向的意义。

通常情况下,由于转换效率较低,OPA 产生的功率受到限制。HE-TOPAS 系统闲频光转换效率约为 10%。由于高品质非线性晶体的尺寸限制,钛宝石激光泵浦功率不可能无限制地增加。此外,在长波激光强场实验中还存在一个问题,就是衍射极限光斑尺寸会随激光波长变化。当激光波长从 0.8μm 变为 2μm,其他脉冲参数都保持不变的情况下,聚焦激光的峰值功率密度会减小为 1/6。因此在较为复杂的泵浦探测方案中或是需要毫焦量级中红外激光的实验中,不宜选用 OPA 激光系统。在 OPCPA[53] 系统中,通过将飞秒激光展宽到皮秒量级,放大后再压缩回飞秒量级,可以提高非线性晶体所能承受的激光峰值功率。图 6.13 所示为 OSU

正在研建的 OPCPA 系统的原理结构图。这套系统预计可提供 60GW、1kHz 或者 2TW、10Hz 的超强激光。依靠这套系统,OSU 的研究团队可以开展更复杂的阿秒泵浦探测实验,研究高能物理和超快成丝中的波长标度规律。

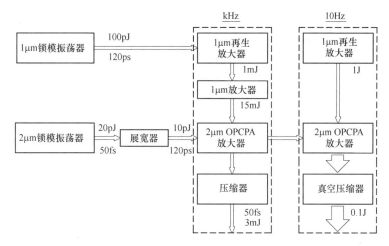

图 6.13　OSU 目前正在建设的 OPCPA

参考文献

[1] E. Goulielmakis et al., Science **320**, 1614 (2008)

[2] Z. Chang, *Fundamentals of Attosecond Optics* (Taylor & Francis, London, 2011)

[3] C. I. Blaga, F. Catoire, P. Colosimo, G. G. Paulus, H. G. Muller, P. Agostini, L. F. DiMauro, Nat. Phys. **5**, 335 (2009)

[4] M. Saeed, D. Kim, L. F. DiMauro, Appl. Opt. **29**, 1752-1757 (1990)

[5] M. J. W. Rodwell et al., IEEE J. Quantum Electron. **25**, 817-827 (1989)

[6] S. Cussat-Blanc et al., Appl. Phys. B **70**, S247-S252 (2000)

[7] G. Hansson et al., Appl. Opt. **39**, 5058-5069 (2000)

[8] R. W. Boyd, *Nonlinear Optics* (Academic Press, San Diego, 1992)

[9] E. K. Damon, R. G. Tomlinson, Appl. Opt. **2**, 546-547 (1963)

[10] W. Zernik, Phys. Rev. **135**, A51-A57 (1964)

[11] L. V. Keldysh, Sov. Phys. JETP **20**, 1307-1314 (1965)

[12] M. V. Amosov, N. B. Delone, V. P. Krainov, Sov. Phys. JETP **64**, 1191-1194 (1986)

[13] E. Karule, J. Phys. B, At. Mol. Opt. Phys. **11**, 441-447 (1978)

[14] W. Becker et al., Adv. At. Mol. Opt. Phys. **48**, 35-98 (2002)

[15] H. B. van Linden van den Heuvell, H. G. Muller, Limiting cases of excess-photon ionization, in *Multiphoton Processes* (Cambridge University Press, Cambridge, 1987), pp. 25-34

[16] N. H. Burnett, P. B. Corkum, F. Brunel, Phys. Rev. Lett. **62**, 1259-1962 (1989)

[17] K. J. Schafer, B. Yang, L. F. DiMauro, K. C. Kulander, Phys. Rev. Lett. **70**, 1599-1602 (1993)
[18] P. B. Corkum, Phys. Rev. Lett. **71**, 1994-1997 (1993)
[19] H. R. Reiss, Phys. Rev. Lett. **101**, 043002 (2008)
[20] J. Tate et al., Phys. Rev. Lett. **98**, 013901 (2007)
[21] P. J. Ho, J. H. Eberly, Phys. Rev. Lett. **97**, 083001 (2006)
[22] B. Walker et al., Phys. Rev. Lett. **73**, 1227-1230 (1994)
[23] J. Rudati et al., Phys. Rev. Lett. **20**, 203001 (2004)
[24] J. B. Watson, A. Sanpera, D. G. Lappas, P. L. Knight, K. Burnett, Phys. Rev. Lett. **78**, 1884 (1997)
[25] A. Becker, F. H. M. Faisal, J. Phys. B, At. Mol. Opt. Phys. **38**, R1 (2005)
[26] S. Micheau, Z. Chen, A. -T. Le, C. D. Lin, Phys. Rev. A **79**, 013417 (2009)
[27] G. L. Yudin, M. Y. Ivanov, Phys. Rev. A **63**, 033404 (2001)
[28] K. Tinschert, A. Muller, G. Hofmann, C. Achenbach, R. Becker, E. Salzborn, J. Phys. B, At. Mol. Phys. **20**, 1121-1134 (1986)
[29] K. Tinschert, A. Muller, R. Becker, E. Salzborn, J. Phys. B, At. Mol. Phys. **20**, 1823-1838 (1986)
[30] W. Lotz, Z. Phys. **206**, 205 (1967)
[31] N. B. Delone, V. P. Krainov, J. Opt. Soc. Am. B **8**, 1207 (1991)
[32] X. M. Tong, Z. X. Zhao, C. D. Lin, Phys. Rev. A **68**, 043412 (2003)
[33] K. C. Kulander, J. Cooper, K. J. Schafer, Phys. Rev. A **51**, 561 (1995)
[34] W. Becker, S. Long, J. K. McIver, Phys. Rev. A **50**, 1540-1560 (1994)
[35] A. D. Shiner et al., Phys. Rev. Lett. **103**, 073902 (2009)
[36] P. Salieres, A. L'Huillier, M. Lewenstein, Phys. Rev. Lett. **74**, 3776-3779 (1995)
[37] B. Sheehy et al., Phys. Rev. Lett. **83**, 5270 (1999)
[38] P. Colosimo et al., Nat. Phys. **4**, 386 (2008)
[39] T. Popmintchev et al., Opt. Lett. **33**, 2128-2130 (2008)
[40] P. Agostini, L. F. DiMauro, Rep. Prog. Phys. **67**, 813-855 (2004)
[41] B. Shan, Z. Chang, Phys. Rev. A **65**, 011804 (2001)
[42] M. Lewenstein et al., Phys. Rev. A **52**, 4747-4754 (1995)
[43] Y. Mairesse et al., Science **302**, 1540-1543 (2003)
[44] G. Doumy et al., Phys. Rev. Lett. **102**, 093002 (2009)
[45] N. Dudovich et al., Nat. Phys. **2**, 781-786 (2006)
[46] V. Véniard et al., Phys. Rev. A **54**, 721 (1996)
[47] P. M. Paul et al., Science **292**, 1689 (2001)
[48] H. G. Muller, Appl. Phys. B **74**, S17 (2002)
[49] A. D. DiChiara, E. Sistrunk, T. A. Miller, P. Agostini, L. F. DiMauro, Opt. Express **17**, 20959 (2009)
[50] A. Couairon, A. Mysyrowicz, Phys. Rep. **47**, 441 (2007)
[51] S. Ghimire, A. D. DiChiara, E. Sistrunk, P. Agostini, L. F. DiMauro, D. A. Reiss, Nat. Phys. **7**, 138 (2011)
[52] C. D. lin, A. -T. Le, Z. Chen, T. Morishita, R. Lucchese, J. Phys. B, At. Mol. Opt. Phys. **43**, 122001 (2010)
[53] I. N. Ross et al., Appl. Opt. **39**, 2422-2427 (2000)

第三部分
物理系统中的阿秒测量和控制

第7章
多色场中的强场电离

T. Balciunas, A. J. Verhoef, S. Haessler, A. V. Mitrofanov, G. Fan,
E. E. Serebryannikov, M. Y. Ivanov, A. M. Zheltikov, A. Baltuska

摘要 本章将介绍利用多色场对强激光脉冲光场整形的几种案例,这种方法可以实现强场动力学的直接控制,对许多应用具有重要意义。我们首先回顾气体

T.Balciunas · A.J. Verhoef · S. Haessler · A.V. Mitrofanov · G. Fan · A. Baltuska
Photonics Institute, Vienna University of Technology, Vienna, Austria
e-mail: Andrius.baltuska@ tuwien.ac.at

T.Balciunas
e-mail: tadas.balciunas@ tuwien.ac.at

A.J.Verhoef
e-mail: aart.johannes.verhoef@ tuwien.ac.at

S.Haessler
e-mail: stefan.haessler@ tuwien.ac.at

A.V.Mitrofanov
e-mail: mitralex@ inbox.ru

G. Fan
e-mail: guangyu.fan@ tuwien.ac.at

E.E.Serebryannikov · A.M. Zheltikov
M.V.Lomonosov Moscow State University, Moscow, Russia

E.E.Serebryannikov
e-mail: serebryannikov@ gmail.com

A.M.Zheltikov
e-mail: zheltikov@ phys.msu.ru

M.Y.Ivanov
Department of Physics, ImperialColledge London, London, UK
e-mail: mivanov@ mbi-berlin.de

A.M.Zheltikov
Department of Physics, Texas A&M University, College Station, TX, USA

和透明固体中阿秒隧穿电离脉冲的一种纯光学探测方法,然后通过两例实验证明驱动激光脉冲的光场形态可以操控隧穿电流:一是控制阈上电离电子发射方向;二是有效产生可调谐太赫兹辐射的一种新方法。本章最后还阐述了光场周期整形在超快极紫外脉冲产生中的应用,并介绍了高次谐波产生中操控返回电子轨道的初步结果。

7.1 介绍

超快激光技术的进步使得强激光脉冲的电场强度可以达到与原子、分子及块材料中的库仑势场相比拟的程度。因为每个光学周期内场强出现两次极值,物质对这种强度的反应从瞬时场强来说是极快和非线性的,因此对阿秒动力学的直接观测成为可能,从而产生了阿秒物理学这一新的研究领域[1]。电场与束缚力的强度竞争能有效改变外层价电子感受到的束缚势,使得它们进入连续态。电子在激光作用下从束缚态释放出来是强场-物质相互作用的第一步[2]。隧穿电离和后续的加速会导致诸如阈上电离(ATI)[3]和太赫兹场产生等显著现象。一些轨道允许电子返回母离子,复合到基态并释放出高能光子,这一过程被称为高次谐波产生(HHG)[5]。

传统意义上,这一过程所需场强是由超快激光脉冲的正弦载波实现的。波形决定了电离的时刻和释放电子的轨道。对正弦载波来说,转换成最高光子能量的散射电子最大动能是 $3.17U_p$[5]。

通过脉冲压缩,即消除脉冲中所有光谱的群延迟,超快激光脉冲达到极高的峰值功率。通过修整脉冲包络或光学周期整形实现光场形状的控制,可以改变复杂的强场与物质相互作用的结果。通过调整驱动激光脉冲的包络,可以实现飞秒时间尺度的控制[6]。而要实现阿秒或亚周期时间尺度的控制就需要对载波的光学周期进行整形。基本的光场整形方法,除了偏振编码法,还有载波啁啾法[7],即控制少周期包络内的相位[8]或低阶次谐波的相干叠加[9]。后者相当于光学波形的傅里叶合成,但其性能受到谐波产生效率急剧下降的限制,而且谐波迅速到达紫外区域,不适于驱动强场现象。相较于激光频率上转换,频率下转换技术能够极大地促进这种多色场方法傅里叶成分的有效产生。光参量放大作为一种有效而先进的技术可以实现这种光学合成。

下面介绍几例能实现强场动力学直接控制的多色强激光亚周期整形实例。首要步骤就是隧穿电离,其作为强场过程的基础,详细讨论见文献[10],7.2~7.6节也会对其进行回顾。7.7节将介绍通过控制电离电子轨道来控制高次谐波产生。

7.2 强场电离

通过波形的亚周期整形,可以控制电离速率和电离时间。Keldysh 在他的革命性理论工作[2]中提出,价电子可以隧穿通过在强激光场作用下改变了形状的势垒。在电场峰值位置附近,电离率最大,因此,电离被限定在很短的时间里(仅仅持续光场半周期的一小部分)。通常情况下采用 Keldysh 参数 γ 来区分不同的电离区域:

$$\gamma = \frac{\omega_L \sqrt{2m_e I_p}}{|e|E_0} \tag{7.1}$$

式中:ω_L 为激光载波频率;E_0 为激光的电场振幅;I_p 为原子电离势;m_e 和 e 分别为电子质量和电荷。

当 $\gamma \ll 1$ 时,就是隧穿电离。Yudin 和 Ivanov 在后续的理论工作[11]中指出当 $\gamma > 1$ 时,隧穿效应依旧显著。$\gamma \approx 1$ 的情况对应于非绝热隧穿区域,在此区域,隧穿时间和光场半周期的时间长度相当,原子和振荡激光形成的束缚势在隧穿过程会发生变化。

在隧穿电离机制下,只有足够强的电磁场才能对束缚原子势产生实质性的改变,因此电离率对电磁场的振幅极为敏感,也因此电离速率对激光脉冲的绝对相位极为敏感,这导致了电离率在亚飞秒时间尺度上会呈现阶梯形状,每一个阶梯都锁定于光场的一个 1/2 周期。在最近的实验中,通过飞行时间光谱测量将这一预测具象化,使用孤立软 X 射线阿秒泵浦-少周期光学探测观测到离子产量的阿秒阶梯[12]。在这一实验中 $\gamma \approx 3$,表明即使 $\gamma > 1$,隧穿电离仍然很显著(如文献[11]所预测)。

通过飞行时间法可以直接观测离子[12],这种方法目前已成功应用于阿秒物理领域[13-14],研究气体和固体表面不同的原子间和分子间的过程[15-16]。这一技术可以探测从相互作用区域脱离的带电粒子(电子或离子),适用于气态介质或固体表面,但不能用于对大块材料中电离过程的研究。在这类材料中,不能直接探测电离产物,因此需要发展新的方法。

最近,我们设计了一种全光学方法研究透明介质中的电离动力学,其基本原理是探测电子隧穿的时间分辨光学信号[17]。这种方法采用非共线光学泵浦探测方案,少周期泵浦脉冲产生的电离动力学行为以新光谱成分的形式由探测脉冲读取。非共线结构可以区分电离导致的延时有关的信号和材料非线性响应的所有可能信号。根据隧穿电离的特性,可以预测新生成的频率成分的间隔是电离场光学频率的 2 倍,这一观点于 1990 年由 F. Brunel 首次提出[18],用于解释高次谐波产生机制。尽管后来 P. Corkum[5] 利用隧穿电离后加速电子的复合更好地解释了高次谐波产生机制[19](图7.1),F. Brunel 提出的这种机制却可以更深入地研究绝热条件下的隧穿电离动力学行为。

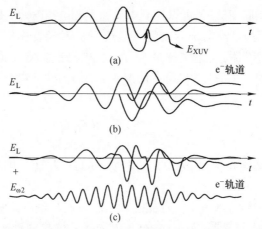

图 7.1 强场电离可视为电子隧穿通过由激光电场和原子库仑势共同形成的势垒。
(a)电离释放的电子在激光电场作用下运动,能以高动能回到母离子并与母离子复合,辐射出高能光子;(b)由于复合概率很低,大多数释放的电子都保持运动并获取能量直到激光脉冲消失;(c)一般情况下电子发射方向关于激光偏振方向对称。适当选择具有不同波长和相位的另一个激光加入作用可以打破这种对称性;不对称的电子发射能引起低频(太赫兹)强脉冲辐射。

在泵浦探测方案中,泵浦脉冲和探测脉冲的频率不一定相同。由探测光场获得的电离曲线图上可能出现相对于探测光场频率间距为泵浦光场频率两倍的边带,当探测光场的偏振方向与泵浦光场相同且两个光场传输方向一致,由探测光场引起的泵浦光场调制会导致对电离速率的调制,从而产生更多的频率成分,如图7.2所示。

本章介绍在不同频率范围内探测到的隧穿电离诱导光信号实验结果,以及被高强度激光电离的介质中产生新的光频率成分的理论模型。在以半经典框架和量子力学阐述多色场中的隧穿电离后,我们进一步引入不同的实验来支持我们的理论模型。对于气态介质中的隧穿电离,非共线泵浦探测方案可以在探测场方向上检测到新频率成分,将隧穿电离诱导信号与其他非线性响应分离。这一方案同样可运用于块状电介质材料中的电离诱导信号探测,从而将无法直接探测带电粒子的物理系统纳入了阿秒物理的研究领域。当探测光偏振方向与泵浦光相同且频率接近泵浦光频率一半时,每隔半个周期隧穿电离就会被抑制,当探测光频率接近泵浦光二次谐波频率时,情况类似。在这种情况下,在气体介质中的绝热区隧穿电离可以观测到频率接近于零的边带[20],为产生宽带和高峰值功率太赫兹脉冲提供了广阔的前景。通过调节双色场的频率比,可以连续调谐太赫兹边带的频率。我

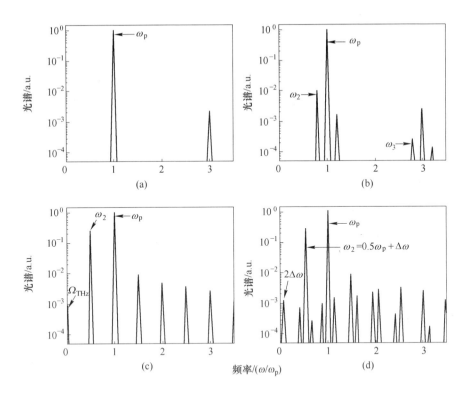

图 7.2 隧穿电离效应导致的边带产生

(a)在单色激光场中,由于隧穿电离,产生了奇次谐波;(b)添加频率略有不同的第二个弱光场,相对于弱光场频率会产生间隔为强激光场频率 2 倍的边带;(c)当弱光场频率等于强光场频率的 1/2 时,每隔强光场半周期,隧穿电离都会增强。由此导致的非对称发射产生间隔为强光场频率的边带,从而产生频率几乎为零的光场,即太赫兹辐射;(d)调谐弱光场频率至距 1/2 强光场频率 $\Delta\omega$ 处,产生的太赫兹边带会频移 $2\Delta\omega$。

们的实验观测结果与用半经典两步模型计算的电离介质中的光学响应完全一致。由不相称频率场引发的气体中的定向电流可以被直接检测到,对多色场中隧穿电离诱导电流的经典描述同样能准确描述电子能谱和电离介质中新频率的产生。由于低动能电子产量比高动能电子高出数个数量级,低能电子谱将可用于更灵敏的载波包络相位探测。

7.2.1 双色场中电子发射和边带产生的半经典模型

Brunel 谐波发射的半经典模型提供了该过程的直观机制描述,其建立在电场内微观电流产生的基础上。Brunel 模型最初提出的目的是解释高次谐波的产生。

最新的研究表明,基频激光和其二次谐波的叠加光场可以诱导定向电流,这一模型可用于解释等离子体中的强烈太赫兹辐射产生[21]。在高能区,原子或分子的电离可以被描述为电子通过隧穿势垒进入连续态。ADK 公式可对隧穿概率进行定量计算[24]。当电子释放进入连续态后被视为经典粒子,在光场作用下加速。光场 $E(t)$ 中的电子速度 V_d 表示为

$$v(t) = \frac{q_e}{m_e} \int_{t_0}^{t} E(t') \mathrm{d}t' \quad (7.2)$$

通过积分计算产生的光场诱导电流密度:

$$J(t) = \frac{q_e^2 \rho}{m_e} \int_{-\infty}^{t} \mathrm{d}t_i \Gamma(t_i) \int_{t_i}^{t} \mathrm{d}t' E(t') \quad (7.3)$$

式中:Γ 为隧穿概率;ρ 为气体密度;q_e 和 m_e 分别为电子电量和质量。

电磁场辐射与电荷的加速度有关,因此与感应电流密度 $J(t)$ 的导数成正比:

$$E_{\mathrm{THz}} \propto \frac{\mathrm{d}J(t)}{\mathrm{d}t} \quad (7.4)$$

7.2.2 Brunel 发射的量子机制

诱导电流发射的经典解释虽然直观,却不严格,具有严重的局限性。另一方面,对含时薛定谔方程进行第一性原理数值积分可以计算太赫兹辐射[22-23],并与实验数据保持良好的一致性,计算初始阶段在强场近似下通过解析量子力学模型计算太赫兹辐射[23]。诱导电流发射的经典模型建立在激光强场电离和电荷运动的基础上,其与量子力学解释中的自由态-自由态跃迁存在某种关联。Brunel 半经典模型基于以下几种近似,首先仅考虑自由电子与激光的相互作用,而忽略母离子的库仑电势。该模型描述了激光诱导电流 J 引发的电磁波辐射。发射电场与 J 的导数成正比,$\dot{j}$ 可表示为电离速率和光场的乘积:

$$\dot{j} \propto E_L(t) n(t) \quad (7.5)$$

式中:$E_L(t)$ 为激光电场;$n(t)$ 为含时电子密度。

在低耗损和强场机制限制下自由电子密度可表示为

$$n(t) = N \int^{t} \Gamma(t') \mathrm{d}t'$$

式中:N 为原子或分子密度;$\Gamma(t)$ 为静态电离速率。

从量子力学的角度看,诱导偶极矩为

$$d(t) = \langle \psi(t) | \hat{d} | \psi(t) \rangle \quad (7.6)$$

整个系统的波函数可以分为连续波包和束缚波包两部分 $\psi = \psi_b + \psi_c$。类似于半经典模型,只考虑自由电子并用连续波包 ψ_c 代替完整波函数。电流 J 的导数

与偶极矩的二阶导数相关联：

$$\ddot{d}(t) = \langle \psi_c(t) \mid F_{\text{total}} \mid \psi_c(t) \rangle \tag{7.7}$$

式中：F_{total} 包含所有作用于电子波包的场，它分为两部分，F_L 和 F_{core}，F_L 代表激光作用于电子的力，F_{core} 代表电子与母离子相互作用而产生的力。

忽略 F_{core}，偶极加速度变成

$$\ddot{d}(t) = F_L \langle \psi_c(t) \mid \psi_c(t) \rangle \tag{7.8}$$

式(7.8)的右边是电离率与光场施加力的乘积，$F_L W_C(t)$。由于 $n(t) \approx N W_C(t)$，可以看出式(7.8)与式(7.5)本质上是相同的，这意味着 Brunel 提出的发射机制是基于连续态-连续态跃迁的。

7.3 气体靶中产生的高频边带

我们在实验中观察了 Brunel 机制下产生的新光学频率成分。以 250μJ、5fs 水平偏振激光作为泵浦脉冲，1μJ、10fs 水平偏振激光作为探测脉冲，通过非共线泵浦-探测方式测量电离诱导高频边带和泵浦、探测脉冲之间延时的函数关系。在前期实验中使用 250mbar 的氖气，观察到了隧穿电离诱导的边带分布在泵浦脉冲和探测脉冲的 3、5 和 7 次谐波附近。图 7.3(a)所示为测得的光谱分辨信号和泵浦-探测脉冲延时的对应关系，图 7.3(b)比较了时域积分的信号和数值模拟信号，包括气体和等离子体色散、衍射、克尔非线性效应引起的空间自作用、光谱转变现象如自相位调制、混频、谐波产生、电离诱导损耗和非线性等离子体。虽然实验数据的信噪比较低，实验数据与数值模拟结果之间还是获得了几处关键验证。如图 7.3(b)所示，将所有延时范围内的实验数据与完整数值模拟结果(虚线)以及不考虑传播效应的结果(点线)进行对照，当考虑到传播效应时，可以观察到相对于高次谐波的明显频移。尽管不同边带的频移幅度不同，在实验数据中也观察到了这种频移。

为了进一步研究隧穿电离诱导边带的产生，我们对泵浦激光和探测激光三次谐波周围的边带进行了更广泛的研究。由于氩气的电离产量低于氖气，因此信号也应当较低。但是，由于研究过程中使用的光谱仪对 200~400nm 波段灵敏度最高，实验测量到的信号的信噪比却比在氖气中的测量结果高得多，如图 7.4 所示。我们研究了泵浦脉冲的啁啾(图 7.4(b))和探测脉冲能量(图 7.4(c))对实验结果的影响。实验中观测到隧穿电离诱导信号与探测脉冲能量成线性关系，由于探测脉冲能够读取泵浦脉冲引起的调制，因此这一结果也在预料之中。泵浦脉冲啁啾对测量信号的影响则更为复杂。首先，由于电离周期被打乱，隧穿电离诱导信号

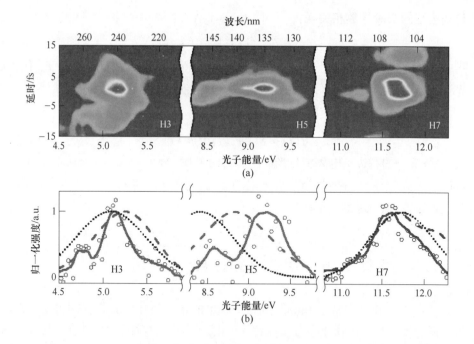

图 7.3 氩气中高频边带的产生

(a)(实验结果)光谱分辨的信号与泵浦和探测脉冲之间延时的对应关系;(b)沿着延时轴积分以后的实验数据和数值模拟结果的比较,虚线表示考虑所有的传播效应,点线表示不考虑传播效应。因传播效应引起的频移变化在模拟数值数据和实测数据中都有明显的表现。

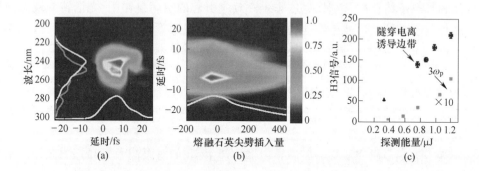

图 7.4 (见彩图)氩气中隧穿电离引起的 3 次谐波附近的边带

(a)光谱分辨测量信号与泵浦-探测延时的对应关系,黄色曲线是信号沿着延时和波长方向积分的结果,橙色曲线表示无泵浦脉冲情况下测得的探测脉冲的三次谐波(归一化值);(b)频谱信号与熔融石英尖劈在泵浦光路中插入量的对应关系,引入的啁啾导致峰值强度降低,电离产量和电离诱导边带也随之减小。
黄色曲线表示归一化的频谱信号,橙色曲线表示估算的泵浦脉冲峰值强度(归一化值);
(c)边带信号和探测脉冲能量的对应关系,橙色曲线表示无泵浦脉冲时的信号。

可能会出现光谱展宽现象。然而,由于泵浦脉冲含有啁啾,激光强度会降低,显然隧穿电离诱导信号也会大幅降低。当泵浦脉冲引入少量啁啾时,我们能观察到光谱展宽现象,同时,啁啾的增加导致电离诱导信号的减小,这使得对光谱分辨信号的定量研究变得相当复杂。因此,在图7.4(b)中,我们只给出了光谱积分的隧穿电离诱导信号与泵浦脉冲啁啾的关系,信号随啁啾的增加快速减少。

7.4 体电介质的高频边带

验证了气体靶(如氪气和氩气)中隧穿电离诱导信号的光学检测概念后,我们对不同块状介质中200~300nm波段的隧穿电离诱导边带进行了测量。在许多情况下,仅探测波束三次谐波的强度就与隧穿电离信号相当,因此我们将探测脉冲的中心波长与泵浦脉冲的中心波长设置为不同的数值。一些过程的信号与隧穿电离诱导信号可在空间上分离;而对于那些与探测波束传输方向一致的过程,它们的信号与隧穿电离诱导的信号可以在光谱上分离。为了确认这种空间和频谱上的分离,我们分别在线偏振和圆偏振激光脉冲泵浦下进行测量。泵浦脉冲为圆偏振光时,隧穿电离仍然是电离的主要机制,自由电子密度不会阶梯式增加(线偏振激光泵浦时的情况),而是平稳增长。因此,在圆偏振激光脉冲泵浦时不会产生边带。图7.5(a)所示为线偏振激光脉冲泵浦时测量的信号,图7.5(b)所示为圆偏振激光脉冲泵浦时测量的信号。在圆偏振激光脉冲泵浦时我们观测到明显的四波混频信号(FWM,$\omega_{pump}+2\omega_{probe}$),尽管这一信号与探测波的传播方向并不一致,但它是所有四波混频信号中方向与探测波束最接近的,因此通过空间滤波无法完全滤除这一信号。需要注意的是,$\omega_{pump}+2\omega_{probe}$信号与泵浦脉冲的偏振方向相同,当泵浦脉冲为线偏振光时,可以通过检偏器滤除$\omega_{pump}+2\omega_{probe}$信号;当泵浦脉冲为圆偏振光时,$\omega_{pump}+2\omega_{probe}$信号在探测脉冲偏振方向上具有偏振分量。

电离速率与介质材料的束缚势成指数关系,我们对不同介质中的隧穿电离诱导边带进行了测量,每种介质的带隙(束缚势)都不相同。在相同强度的激光脉冲泵浦下,带隙较小的介质材料中的信号应该更强。图7.6所示为20TW/cm^{2}激光泵浦下不同块状介质材料中测得的信号,可以看出除了钠钙硅酸盐,带隙较大的介质材料中信号更弱。必须指出的是,除了带隙大小,样品中的杂质可能对激光电离产生强烈地抑制或增强。相比纯度极高的样品,含杂质的样品更容易受到光学损伤。另外,对于晶体材料来说,晶体轴与激光偏振方向的夹角也会影响电离[25]。

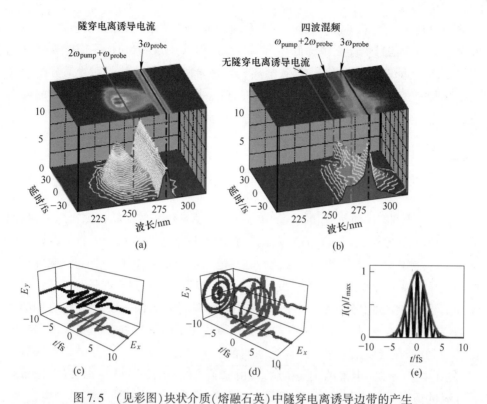

图 7.5 （见彩图）块状介质（熔融石英）中隧穿电离诱导边带的产生
由于隧穿电离速率很大程度上依赖于瞬时场强，在线偏振场作用下每半周期电离速率达到一次峰值。在圆偏振场中，场强始终不为零，隧穿电离速率随激光脉冲平稳变化。(a) 线偏振激光脉冲泵浦下熔融石英中隧穿电离导致的边带产生；(b) 放置在光谱仪前面的偏振片无法阻挡四波混频信号 $\omega_{pump}+2\omega_{probe}$，因此，该信号可用于验证泵浦光和探测光在时间和空间上的重合；(c) 和 (d) 分别表示线偏振和圆偏振少周期脉冲的时域演化过程；(e) 给出了 (c)（黑线）和 (d)（绿线）所示脉冲的归一化瞬时强度。

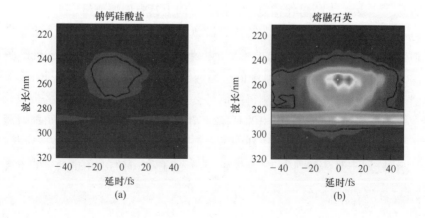

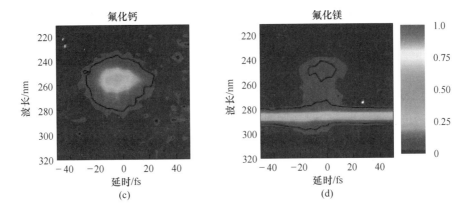

图 7.6 （见彩图）不同块状介质中观察到的隧穿电离诱导第一边带
(a) 钠钙硅酸盐—$Na_2O(22\%)CaO(3\%)SiO_2(75\%)$—带隙 6.5eV；
(b) 熔融石英—带隙 9eV；(c) CaF_2—带隙 10eV；(d) MgF_2—带隙 11eV。

7.5 气体中低频边带的产生

7.3 节和 7.4 节中所述奇次谐波产生实验的原理机制可拓展至太赫兹频段解释低频边带的发射。实际上，该过程可视为基于瞬态非线性特性的一种特殊的混频，可导致太赫兹"Brunel 边带"发射[26]。基频光与其二次谐波的混频会破坏周期对称性，不仅产生奇次谐波，还会产生偶次谐波。此外，这一混频机制还能应用于等离子体中太赫兹脉冲产生[27]。

对这一过程存在以下几种解释。起初人们认为强烈太赫兹瞬态辐射是由空气中的四波混频产生的，但后来发现其直接依赖于激光导致的等离子体的产生。另一种接受度更高的解释是半经典两步模型：第二种颜色的激光作为破坏光学周期对称性的"交流偏置"会导致定向电流产生，通过阈上电离光谱可以直接观测定向电流脉冲[28]。

此前，太赫兹产生实验是基于基频光和二次谐波混频的简并方案的。这里我们利用参量放大器产生二次谐波，二次谐波的频率可在简并点附近连续调谐。简并光参量放大的信号光频率是基频激光的 1/2。此前的 ($\omega_p + 2\omega_p$) 方案基于二次谐波产生，$\omega_p + \frac{1}{2}\omega_p$ 方案与之类似，只不过其低频部分较弱。当第二个光场失谐于简并点时，激光诱导等离子体中的电子漂移会受到调制，太赫兹辐射的峰值向高频方向移动。

光参量放大中多色脉冲的叠加与二次谐波产生中的最大区别在于其中不同频率脉冲间的相位关系。一般情况下频率为 ω 和 $\alpha\omega$ 的光场的叠加可表示为

$$E = E_1\cos(\omega t + \varphi_{CEP}) + E_2\cos(\alpha\omega t + \beta\varphi_{CEP} + \varphi_{rel}) \qquad (7.9)$$

在二次谐波产生中，载波频率和载波包络相位(CEP)都变成 2 倍($\alpha=\beta=2$)。CEP 的漂移导致了载波和包络间的延时 $\tau = \varphi_{CEP}\cdot\omega^{-1}$，其中 ω 为激光频率，如果脉冲包含许多周期且包络对周期的影响可以忽略，那么这种延时的变化就不重要了。进一步考虑和频或 n 次谐波产生的情况，载波频率和载波包络相位(CEP)都变成 n 倍($\alpha=\beta=n$)，只会导致包络内波形的偏移。然而，在以超连续白光作为种子的光参量放大中，种子光脉冲的 CEP 不变($\beta=1$)，导致光场条纹形状改变。OPA 中的光学合成还有一项优势，就是频率系数 α 可以连续调谐。前面提到的电子脉冲发射方向的调制会导致边带在频域的偏移，其中包括频率最低的太赫兹边带，如图 7.2 所示。为了实现光场形状的可复现性，需要主动稳定控制 OPA 中泵浦光和信号光的 CEP。由于信号脉冲的种子是从泵浦脉冲中提取的，只要稳定了驱动激光的 CEP，OPA 中所有光波的相位就锁定在一起。

实验中，我们使用 CEP 稳定的 Yb 激光器泵浦 OPA，OPA 产生的双色激光用于激发等离子体产生可调谐太赫兹辐射，图 7.7 所示为不同的信号光和泵浦光频率比值下测量的光谱。调节 OPA 使其失谐于简并点，太赫兹边带频率可高达 40THz，实验中获得的可调谐带宽受限于探测装置和光合束器件的光学镀膜。探测器对高频部分响应较低，导致测量光谱展宽，从而频谱峰值明显向低频方向移动，图 7.7(a)中的数据没有对探测器的这种效应进行修正。图 7.7(b)显示了激

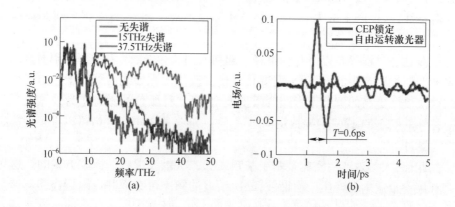

图 7.7 (见彩图)(a)频率为 ω 和 $\omega/2 + 2\pi\Delta v$ 的光场激发的等离子体发射光谱，其中 $\Delta v = 2v_s - v_p$ 为失谐频率，驱动的双激光场包括基频光($\lambda_p = 1.03\mu m, 250\mu J$)和 OPA 产生的可调谐信号光($\lambda_s = 2.06$-$1.8\mu m, 20\mu J$); (b)CEP 锁定激光与自由运转激光产生的太赫兹瞬态信号对比。

光脉冲CEP锁定对太赫兹瞬态信号的影响。对于自由运转的激光器,每个激光脉冲产生一个太赫兹脉冲,但是太赫兹脉冲的相位是随机的,因此由场敏感电光取样探测装置测量的平均信号为零。

7.6 阈上电离光谱到电流的映射

除了前几节所述的光学探测,由不相称频率组成的非对称场诱导的定向电流也可通过电子谱直接测量。将几个频率的激光组合在一起控制少周期电离的动力学行为,这种方法已成功应用于多项实验,包括测量高次谐波产生过程中的电子产生时间[29]和孤立阿秒脉冲产生[30,31]。我们进一步拓展了这种方法,将具有不相称频率的红外光组合起来,控制连续态电子的时间和轨道。

我们使用高强度的双色激光脉冲作用于氩气,并测量产生的阈上电离电子谱。由较强的1030nm激光和较弱的1545nm信号光组成的双色光被聚焦至氩气气室,焦点处的功率密度约为$0.6\times10^{14}\mathrm{W/cm^2}$,在这一激光强度下隧穿电离占主导地位($\gamma\approx0.8$)。在这样的光强下,连续态电子波包的演化主要由光场形状决定,与母离子的库仑相互作用可以忽略。

双色光的叠加可视为直流偏置下的一个少周期脉冲串(如果两个光场的振幅不相等)。在两种激光等振幅的情况下,合成场可表示为

$$E = f(t)2\sin\left(\frac{\omega_1+\omega_2}{2}t + \varphi_{\mathrm{CEP}} + \frac{\varphi_{\mathrm{rel}}}{2}\right)\cos\left(\frac{\omega_1-\omega_2}{2}t - \frac{\varphi_{\mathrm{rel}}}{2}\right) \quad (7.10)$$

由于两束激光波长分别为1030nm和1545nm,合成的脉冲光场载波波长 $\lambda = 4\pi c/(\omega_1+\omega_2) = 1.2\mu\mathrm{m}$,周期 $T = 2\pi/(\omega_1-\omega_2) = 10\mathrm{fs}$。

实验结果如图7.8所示。图7.8(a)和图7.8(b)分别显示了电子谱和其中的15eV部分与激光脉冲CEP的高度依赖关系。电子在15eV的不对称调制深度超过50%,表明产生的波形具有良好的复现性。图7.8(c)所示为计算的非对称分布图,显示了归一化不对称参数 $a = (L-R)/(L+R)$ 与激光脉冲能量和CEP的关系。根据这些数据,通过在两个不同的能量窗口提取数值来获得相位椭圆[32-33],可用于产生波形的实时校准。

通常在测量CEP值时使用的是对应于再散射电子的高能谱部分。低能谱部分主要对应直接电子,其对CEP也很敏感。下面来证明CEP不仅可以通过电子谱的高能部分现场测量,还可以利用低能直接电子获取,且不会具有 π 的不确定性。从图7.9中的实验数据可以观察到相位的不对称性随电子能量改变,这消除了CEP的 π 不确定性。相对于高能电子,低能电子的优势在于产量高,因此无须使用高浓度气体就能实现CEP的低噪声探测。使用低能电子的另一个优点是低能量飞行时间谱的分辨率更高。

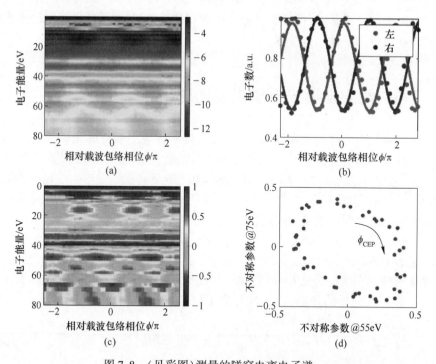

图 7.8 （见彩图）测量的隧穿电离电子谱

(a)向右发射的电子谱与 CEP 的关系；(b)向左、右发射的 15eV 电子与 CEP 的关系；
(c)不对称参数与激光脉冲能量和 CEP 的对应关系；(d)根据 55eV 电子与 75eV 电子获取的相位椭圆。

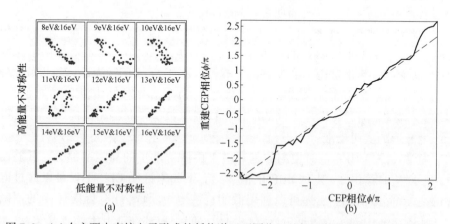

图 7.9 (a)在主要由直接电子形成的低能谱区不同位置处提取数据获得的相位椭圆；
(b)由 11eV 和 16eV 能量窗数据获取的 CEP 曲线（实线）。
虚线代表理想相位稳定控制条件下的 CEP 曲线。

7.7 高次谐波产生

与单色正弦驱动光场[34]相比,使用多波长多周期光场能够改变返回轨道,同时加速隧穿电子使之达到更高的动能。这种最优化的再碰撞电子操控方法最初的设想是将800nm激光的紫外谐波和一束近红外谐波(1600nm)合成为所谓的"理想波"[34],以实现截止区的增强。使用相位锁定的参量放大器可以在倍频程频率的间隔中增加傅里叶光谱成分,这种方法高效且直接。通过调节不同波长成分的相位延迟可以实现波形整形,并控制高次谐波的截止频率。图7.11所示为基于强场近似[35]的仿真结果,图中显示了截止频率与驱动激光脉冲载波包络相位 ϕ_{CEP} 的关系。下面介绍由多波长合成器中产生的单独颜色的激光驱动的高次谐波产生。

图7.10所示为实验装置原理结构图,一台 Yb:KGW 啁啾脉冲放大激光器作为大能量 Yb:CaF$_2$ 再生放大激光器的前级[36]。利用电子锁相环(PLL)主动锁定放大链路的载波包络偏移相位[37]。以超连续白光作为种子光注入参量放大器,泵浦光 CEP 主动稳定,实现信号光、泵浦光和闲频光的相位锁定,从而得以相干合成。

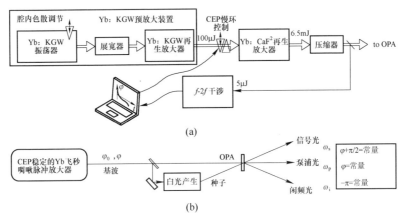

图 7.10　CEP 稳定的三色激光合成驱动高次谐波产生的示意图
(a) 作为抽运光的半导体泵浦飞秒激光器,波长 1μm,能量几毫焦;
(b) CEP 稳定的共线中红外光学参量放大装置。

图7.12所示为三色激光产生的高次谐波。我们首先测量了由 Yb 激光器直接输出的 1.03μm、180fs 激光脉冲产生的高次谐波。随后为了验证激光系统的峰值功率是否足够产生高次谐波,又测量了分别由 1.545μm 激光(KTA 参量放大器

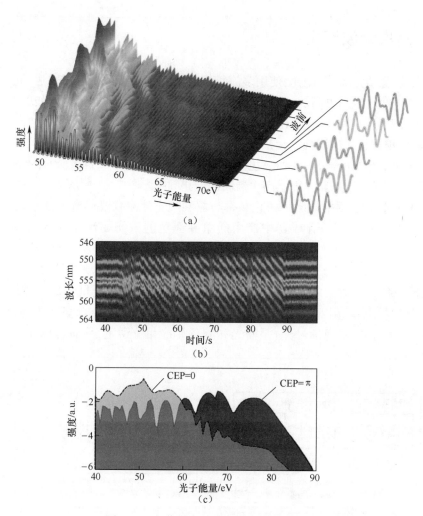

图 7.11 相位锁定的多色激光脉冲产生的高次谐波光谱

(a)三色激光产生的一系列极紫外高次谐波光谱,谐波光谱形态取决于合成的红外光的光学周期形状,通过扫描驱动激光脉冲的 CEP 可以控制红外光波形;(b)用于 CEP 锁定的 f-2f 干涉谱。斜线图案区域对应于相位的线性渐变区,用于测量高次谐波频谱与相位的对应关系;(c)1.5μm(ω/1.5)激光与 1.03μm(ω)激光相对相位分别为 $\phi_{rel}=0$ 和 $\phi_{rel}=\pi/2$ 时,仿真计算得到的三色光场产生的高次谐波谱。

的信号光)和 1.03μm 激光(基频光)在氩气中单独产生的高次谐波,结果如图 7.12(a)和(b)所示,将这两束激光相干合成后产生的高次谐波如图 7.12(c)所示。两束激光相干合成后周期为合成前的 3 倍,且呈不对称半周期,谐波峰值功率增加了 6 倍。由于单峰振幅大约只下降 1/2,因此频率间隔更密的谐波的总能量大大增加。此外,使用双色光产生的高次谐波超出了铝滤波片的截止频率,证明截止区可以突破 1μm、180fs 脉冲的饱和极限。当添加第三束激光时,高次谐波与

CEP高度相关,表现出与相位相关的截止频率调制。这种CEP相关性标志着亚周期整形具有在强激光场中控制电子动力学行为的潜在应用价值。振幅可比拟的不同频率红外光的合成为实现高能极紫外光子能量和光源提供了新的技术途径。

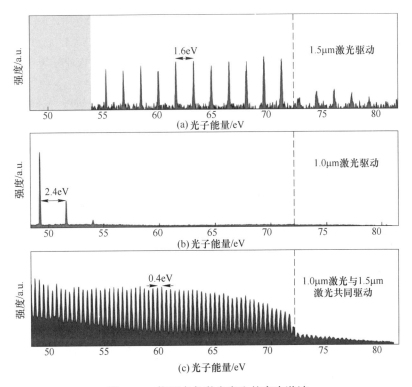

图7.12 使用多色激光产生的高次谐波

图7.12(a)和(b)分别表示在氩气中采用1.545μm和1.03μm激光产生的高次谐波;(c)由1.545μm(ω/1.5)激光与1.03μm(ω)激光合成光场产生高次谐波的截止区。高次谐波谱超出了铝滤波片的截止频率72.5eV。

7.8 小结

本章介绍了对电子电离脉冲的纯光学探测方法,以及通过多波长激光合成控制电离和操控电子电流的技术。隧穿电离产生的电子脉冲生成新的光信号,既有频率高于电离场的,也有频率低于电离场的。相对于其他阿秒计量方法,这种诱导辐射在气体和块状介质中都可以进行研究。实验数据与基于半经典模型的计算结果非常吻合,该模型描述了强场机制下的电离以及自由电子的后续运动。本章还介绍了操控高次谐波产生中返回电子轨道的初步结果。

参考文献

[1] F. Krausz, M. Ivanov, Rev. Mod. Phys. **81**, 163 (2009)

[2] L. Keldysh, Sov. Phys. JETP **20**, 1307 (1965)

[3] P. Agostini, F. Fabre, G. Mainfray, G. Petite, N. K. Rahman, Phys. Rev. Lett. **42**, 1127 (1979)

[4] H. G. Roskos, M. D. Thomson, M. Kreß, T. Löffler, Laser Photonics Rev. **1**, 349 (2007)

[5] P. Corkum, Phys. Rev. Lett. **71**, 1994 (1993)

[6] R. Bartels, S. Backus, E. Zeek, L. Misoguti, G. Vdovin, I. Christov, M. Murnane, H. Kapteyn, Nature **406**, 164-166 (2000)

[7] Z. Chang, A. Rundquist, H. Wang, I. Christov, H. Kapteyn, M. Murnane, Phys. Rev. A **58**, R30-R33 (1998)

[8] A. Baltuška, Th. Udem, M. Uiberacker, M. Hentschel, E. Goulielmakis, Ch. Gohle, R. Holzwarth, V. S. Yakovlev, A. Scrinzi, T. W. Hänsch, F. Krausz, Nature **421**, 611 (2003)

[9] F. Calegari, C. Vozzi, M. Negro, G. Sansone, F. Frassetto, L. Poletto, P. Villoresi, M. Nisoli, S. De Silvestri, S. Stagira, Opt. Lett. **34**, 3125 (2009)

[10] T. Balciunas, A. J. Verhoef, A. V. Mitrofanov, G. Fan, E. E. Serebryannikov, M. Y. Ivanov, A. M. Zheltikov, A. Baltuska, Chem. Phys. (2013). doi: 10.1016/j.chemphys.2012.02.007

[11] G. Yudin, M. Ivanov, Phys. Rev. A **64**, 013409 (2001)

[12] M. Uiberacker, Th. Uphues, M. Schultze, A. Verhoef, V. Yakovlev, M. Kling, J. Rauschenberger, N. Kabachnik, H. Schroder, M. Lezius, K. Kompa, H.-G. Muller, M. Vrakking, S. Hendel, U. Kleineberg, U. Heinzmann, M. Drescher, F. Krausz, Nature **446**, 627 (2007)

[13] E. Goulielmakis, V. Yakovlev, A. Cavalieri, M. Uiberacker, V. Pervak, A. Apolonski, R. Kienberger, U. Kleineberg, F. Krausz, Science **317**, 769 (2007)

[14] P. Corkum, F. Krausz, Nat. Phys. **3**, 381 (2007)

[15] Th. Uphues, M. Schultze, M. Kling, M. Uiberacker, S. Hendel, U. Heinzmann, N. Kabachnik, M. Drescher, New J. Phys. **10**, 025009 (2008)

[16] A. Cavalieri, N. Muller, Th. Uphues, V. Yakovlev, A. Baltuska, B. Horvath, B. Schmidt, L. Blumel, R. Holzwarth, S. Hendel, M. Drescher, U. Kleineberg, P. Echenique, R. Kienberger, F. Krausz, U. Heinzmann, Nature **449**, 1029 (2007)

[17] A. Verhoef, A. Mitrofanov, E. Serebryannikov, D. Kartashov, A. Zheltikov, A. Baltuska, Phys. Rev. Lett. **104**, 163904 (2010)

[18] F. Brunel, J. Opt. Soc. Am. B **7**, 521 (1990)

[19] J. L. Krause, K. J. Schafer, K. C. Kulander, Phys. Rev. Lett. **68**, 3535 (1992)

[20] M. Kress, T. Löffler, S. Eden, M. Thomson, H. G. Roskos, Opt. Lett. **29**, 1120 (2004)

[21] K. Y. Kim, A. J. Taylor, J. H. Glownia, G. Rodriguez, Nat. Photonics **2**, 605 (2008)

[22] N. Karpowicz, X.-C. Zhang, Phys. Rev. Lett. **102**, 093001 (2009)

[23] Z. Zhou, D. Zhang, Z. Zhao, J. Yuan, Phys. Rev. A **79**, 063413 (2009)

[24] M. V. Amosov, N. B. Delone, V. P. Krainov, Zh. Eksp. Teor. Fiz. **91**, 2008 (1986)

[25] M. Gertsvolf, M. Spanner, D. Rayner, P. Corkum, J. Phys. B **43**, 131002 (2010)

[26] C. Siders, G. Rodriguez, J. L. W. Siders, F. G. Omenetto, A. J. Taylor, Phys. Rev. Lett. **87**, 263002 (2001)

[27] D. J. Cook, R. M. Hochstrasser, Opt. Lett. **25**, 1210 (2000)

[28] T. Balčiūnas, D. Lorenc, M. Ivanov, O. Smirnova, A. Pugžlys, A. M. Zheltikov, D. Dietze, J. Darmo, K. Unterrainer, T. Rathje, G. G. Paulus, A. Baltuška, in *Proceedings of the 17th Int. Conference on Ultrafast Phenomena* (2010), p. 658

[29] N. Dudovich, O. Smirnova, J. Levesque, Y. Mairesse, M. Yu. Ivanov, D. M. Villeneuve, P. B. Corkum, Nat. Phys. **2**, 781 (2006)

[30] E. J. Takahashi, P. Lan, O. D. Mücke, Y. Nabekawa, K. Midorikawa, Phys. Rev. Lett. **104**, 233901 (2010)

[31] F. Calegari, C. Vozzi, M. Negro, G. Sansone, F. Frassetto, L. Poletto, P. Villoresi, M. Nisoli, S. De Silvestri, S. Stagira, Opt. Lett. **34**, 3125−3127 (2009)

[32] D. Miloševi´c, G. Paulus, W. Becker, Opt. Express **11**, 1418−1429 (2003)

[33] T. Wittmann, B. Horvath, W. Helml, M. G. Schätzel, X. Gu, A. L. Cavalieri, G. G. Paulus, R. Kienberger, Nat. Phys. **5**, 357−362 (2009)

[34] L. E. Chipperfield, J. S. Robinson, J. W. G. Tisch, J. P. Marangos, Phys. Rev. Lett. **102**, 063003 (2009)

[35] M. Lewenstein, P. Balcou, M. Y. Ivanov, A. L'Huillier, P. B. Corkum, Phys. Rev. A **49**, 2117 (1994)

[36] A. Pugzlys, G. Andriukaitis, A. Baltuska, L. Su, J. Xu, H. Li, R. Li, W. J. Lai, P. B. Phua, A. Marcinkevicius, M. E. Fermann, L. Giniūnas, R. Danielius, S. Alisauskas, Opt. Lett. **34**, 2075 (2009)

[37] T. Balčūnas, O. D. Mücke, P. Mišeikis, G. Andriukaitis, A. Pugžlys, L. Giniunas, R. Danielius, R. Holzwarth, A. Baltuška, Opt. Lett. **36**, 3242 (2011)

第8章
阿秒电子干涉测量法

Johan Mauritsson, Marcus Dahlström, Kathrin Klünder, Marko Swoboda,
Thomas Fordell, Per Johnsson, Mathieu Gisselbrecht, Anne L'Huillier

摘要 对于决定原子、分子和固体基本特性的超快电子动力学行为,有望通过阿秒极紫外脉冲对其进行解析。本章将介绍3种不同的泵浦-探测干涉测量方法,不仅可以研究阿秒脉冲激励/电离后的时域动力学,还可以得到具体态的相位信息。

J. Mauritsson · K. Klünder · P. Johnsson · A. L'Huillier
Atomic Physics, Lund University, Box 118, 221 00 Lund, Sweden
e-mail: Anne.LHuillier@ fysik.lth.se

J. Mauritsson
e-mail: johan.mauritsson@ fysik.lth.se

K. Klünder
e-mail: Kathrin.Klunder@ fysik.lth.se

P. Johnsson
e-mail: Per.Johnsson@ fysik.lth.se

M. Dahlström
Atomic Physics, Stockholm University, 106 91 Stockholm, Sweden
e-mail: Marcus.Dahlstrom@ fysik.su.se

M. Swoboda
B CUBE—Center for Molecular Bioengineering, TU Dresden, Arnoldstrasse 18, 01307 Dresden, Germany
e-mail: marko.swoboda@ bcubedresden.de

T. Fordell
Centre for Metrology and Accreditation (MIKES), P.O. Box 9, 02151 Espoo, Finland
e-mail: Thomas.Fordell@ mikes.fi

M. Gisselbrecht
Synchrotron Radiation Research, Lund University, Box 118, 221 00 Lund, Sweden
e-mail: Mathieu.Gisselbrecht@ sljus.lu.se

8.1 介绍

阿秒脉冲是科学家能够获取的最短探针,利用这样的探针,人们可以在电子的自然时间尺度上分辨电子的运动(特别是原子中的光致激发过程)[1-2]。阿秒脉冲具有内禀的宽光谱,为了获得特定态的详细信息,频谱分辨率需要优于脉宽的倒数。利用多脉冲的相干性,结合干涉测量法,可以获得这样的频谱分辨率,实现方法是测量阿秒脉冲串或一对脉冲电离介质得到的光电子。阿秒脉冲串在频域上是一列频率梳,脉冲对原理类似于传统拉姆齐(Ramsay)频谱,只不过脉冲频率不等,一个是极紫外脉冲,另一个是红外或可见脉冲。多个电离路径的相干叠加在光电子能谱上形成可观测的干涉条纹,其中包含了电离过程时域和频域的信息。这样频谱分辨率就不受脉冲带宽的限制,而是受脉冲的稳定性和延时范围的限制。

本章将介绍3个利用阿秒电子干涉测量法获取频域和时域信息的实验,实验内容包括:①测量共振双色双光子电离的相位变化,确定氦 $1s^2-1s3p$ 跃迁能量与光强的关系[3];②测量氩原子 $3s^2$ 和 $3p^6$ 亚层发射电子的相对延时[4];③通过与已知参考源干涉来诊断含 3p、4p、5p 态的氦原子的激发电子波包[5]。

在前两项实验中,我们使用的是阿秒脉冲串和弱红外探测场(图 8.1(a)),第三项实验使用的是孤立阿秒脉冲和少周期红外脉冲(图 8.1(b))。所有测量都基于光电子波包间的干涉,这些波包与阿秒泵浦脉冲和红外探测脉冲具有不同的延时。光谱分辨率不是由实际脉冲宽度的倒数决定的,而是由泵浦-探测延时决定的。因此实验中获得的分辨率比激励脉冲的傅里叶极限要高出数个数量级。

图 8.1 (a)阿秒脉冲串与红外场;(b)孤立阿秒脉冲与延迟红外场。

8.2 电子干涉测量法

阿秒脉冲在相干性、带宽、脉宽和光谱范围方面的特性使得难以采用传统光谱学方法对其进行研究,必须引入新的技术手段[6-15]。本章介绍电子干涉技术用于开展宽频谱范围测量,其关键在于相位和相位变化。阿秒尺度测量的本质在于测量相位在宽能谱范围的变化。

为了进行电子干涉测量,(至少)需要两条通向同一终态的电离路径。产生干涉的原因在于观测电子时不知道它是从哪条路径进入连续态的。如果其中一条路径的相位已知,就可以作为参考测量第二条路径的相位。

上述3项实验中的不同路径可以归纳如下。

(1) 路径1:先吸收一个极紫外光子,再吸收一个红外光子。路径2:吸收一个能量更高的极紫外光子,然后发射一个红外光子。在这种情况下,我们不知道这两条路径的相位,为了获得相对相位信息,必须将干涉信号与另一个信号进行比较,如图8.2(a)所示。

(2) 路径1:先将极紫外光子调谐至接近共振,然后系统被一个红外光子电离。路径2:先吸收一个能量更高的极紫外光子,然后发射一个红外光子,如图8.2(b)所示。

(3) 路径1:由一个阿秒脉冲电离。路径2:先由一个阿秒脉冲激励一个或多个束缚态,然后由一个相位锁定的红外脉冲电离。在此方案中可以获取有关束缚态的相位信息,如图8.2(c)所示。

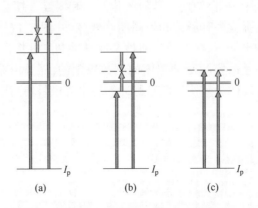

图8.2 本章中3种情况对应的3种路径

利用电子干涉测量诊断阿秒脉冲的方法已获实验验证[6,16]。RABBITT技术被用于诊断阿秒脉冲串中的平均脉冲。在RABBITT方法中,扫描阿秒脉冲串和红外探测场的延时,并记录不同延时下的光电子互相关频谱。

有关光电离过程的时间信息可以从调制边带中获取,边带由两条量子路径干涉形成,如图8.3所示。第一条路径是先吸收频率为$q\omega$的谐波光子,$V_{\mathrm{I}}^{(q)} \propto \exp(-iq\omega t + i\phi_q)$,再吸收红外光子,$V_{\mathrm{II}}^{(+)} \propto \exp(-i\omega t + i\phi_1)$。第二条路径是先

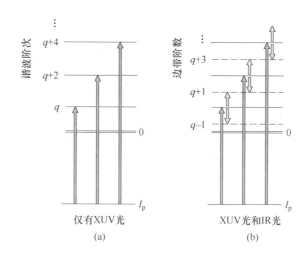

图 8.3 RABBITT 方案

(a) 利用阿秒脉冲串电离气体。如果单个谐波能量超过电离势,原子就会由单光子
离化过程电离;(b) 当红外光存在时,气体会吸收或发射一个红外光子而产生边带。
两条不同的量子路径可以达到同一边带,它们之间会产生干涉。

吸收频率为 $(q+2)\omega$ 的谐波光子, $V_I^{(q+2)} \propto \exp[-\mathrm{i}(q+2)\omega t + \mathrm{i}\phi_{q+2}]$,再发射红外光子,$V_{II}^{(-)} \propto \exp(\mathrm{i}\omega t - \mathrm{i}\phi_1)$。这两条路径最终能量相同,$E_k = (q+1)\hbar\omega - I_p$。

边带中的光电子信号随延时函数而变化:

$$s(\tau) = A + B\cos[2\omega(\tau - \tau_{GD} - \tau_I)]$$

式中:A 和 B 与相对延时 τ 无关, $\tau = \phi_1/\omega_1$;τ_{GD} 为阿秒脉冲群延迟, $\tau_{GD} \approx (\phi_{q+2} - \phi_q)/2\omega$;$\tau_I$ 是由双光子跃迁电离过程引入的延时,$\tau_I \approx (\varphi_I^- - \varphi_I^+)/2\omega$。

利用这样的光谱和群延迟可以重建阿秒脉冲的时域结构。这意味着 τ_I 必须已知或假定 τ_I 很小可被忽略。通过单电子近似[6,17,18]求解含时薛定谔方程可以数值计算出延时 τ_I。在 8.3 节和 8.4 节中将重点介绍阿秒干涉实验测量 τ_I。

8.3 阿秒脉冲串和红外场的光致激发

尽管 RABBITT 方法最初是用来诊断阿秒脉冲串的,但只要所有谐波间的相位变化已知,就可以用双光子电子干涉来测量目标气体的原子性质[18-19]。下面通过共振双色双光子电离研究在红外光场缀饰下的氦原子束缚激发态 $1s3p^1P_1$。

首先使用氩气作为校准气体来诊断阿秒脉冲串。在氩气中,阿秒脉冲串的15~25 次谐波能量都超过了电离势。记录光电子谱与极紫外光和红外光之间延时的关系,如图 8.4(a)所示,边带的强度调制表明由于谐波之间的相位差而产生典型的线性时间偏移。阿秒脉冲串的重建脉冲宽度约为 260as。

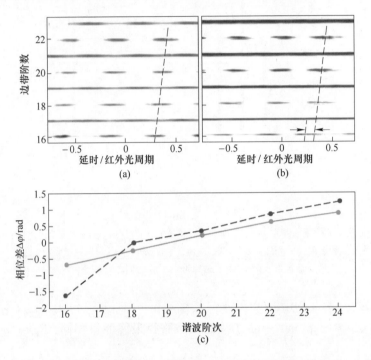

图 8.4　(a)氩气和(b)氦气中电子谱与极紫外光和红外光之间延时的关系。失谐量 $\delta\omega$ = 190meV。在氦气中,第 16 阶边带的调制相位取决于失谐量,而较高阶边带与其无关(见虚线)。(c) 氩气(浅灰色)和氦气(深灰色)中测量的相位差与谐波阶数的关系。

对阿秒脉冲串进行特性分析后,在红外光场作用下用相同的阿秒脉冲串电离氦气。15 次谐波的能量不足以电离氦气,但接近于使 $1s3p^1P_1$ 态共振的能量。然而在吸收一个额外的红外光子后就足够电离,因此可以观察到第 16 阶边带。与氩气中的结果对照发现,相比更高阶的边带,第 16 阶边带表现出独特的时间偏移(图 8.4(b))。这一相位变化是氦气中光致激发过程共振特性的一个标志。

通过比较氩气和氦气中的测量结果,我们可以提取近共振态的诱导相位。减去线性贡献,并将较高阶边带未受影响的相位设置为零参考,以便直接从第 16 阶边带读取该相位,如图 8.5 所示。

我们认为诱导相位取决于共振失谐,在实验中通过改变驱动激光的频率从而改变 15 次谐波频率,可以实现共振失谐,或通过改变探测红外光场的强度从而由

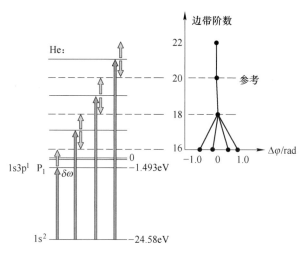

图 8.5 氦气中的光致激发示意图

第 16 阶边带在不同缀饰强度下的谐波相位差异十分明显。

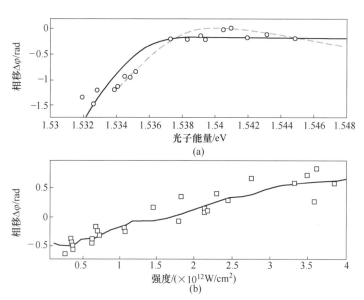

图 8.6 (a) 相位(圆圈)与激光调谐量的关系,深色线表示微扰模型计算结果,浅灰线表示求解薛定谔方程的仿真结果;(b)相位(方块)与激光强度的关系,实线表示对 6 个点取平均。

斯塔克频移(Stark shift)导致共振态偏移。

在实验中首先调谐激光标称频率,保持其他量不变,将诱导相移标定为调谐量的函数,如图 8.6 所示。第 16 阶边带非常接近电离阈值,只能达到半共振(正失谐）。对于负失谐，仅依靠一个红外光子其能量不可能电离激发态。将测量结果与两种不同的计算结果（实线）进行比较，深色曲线表示只考虑共振态的微扰模型，浅色曲线表示单电子近似下对含时薛定谔方程数值积分的计算结果[20]。这两种计算的设定条件都与实验条件近似，假设红外脉冲和极紫外脉冲均为高斯型，半高全宽分别为 35fs 和 15fs。计算结果与实验非常吻合。

随后改变探测光场强度，并测量诱导相移，研究在红外光场缀饰下的氦原子束缚激发态 $1s3p\ ^1P_1$，如图 8.6(b) 所示，相位大致随强度线性增加，深色平均线表现得更明显。

结合图 8.6(a) 和图 8.6(b) 中的相位测量结果，我们可以确定 $1s^2$-$1s3p$ 跃迁能量与激光强度的关系。图 8.7 所示为实验结果（曲线 2）和含时薛定谔方程计算结果（曲线 3）。假设基态的斯塔克频移效应很小，如果 1s3p 态随有质动力势（曲线 1）移动，我们展示了跃迁能量的变化。研究发现跃迁能量随激光强度的增加比随有质动力势的增加高出 40%，在激光强度 $1.3×10^{12}\,\text{W/cm}^2$ 时达到饱和。近共振态双光子电离相位变化的测量可以用于缀饰场原子的研究。这种方法也可以应用于分子中自离化态动力学的研究[14,21]。

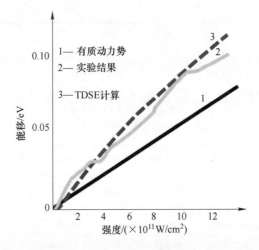

图 8.7 1s3p 态的跃迁能量。曲线 2 表示实验结果，曲线 1 表示有质动力势，曲线 3 表示含时薛定谔方程计算结果。

8.4 阿秒脉冲串和红外场的光电离

在以上的实验中首先对阿秒脉冲串进行特性分析，然后借助其进行测量。另一种方法是同时进行这两种测量。两次使用相同的脉冲串进行测量,将两个测量结果相减,就可以消除脉冲结构的影响。我们使用这种方法来研究阿秒脉冲激励下氩原子的光致电离,并测量激励能量从32eV至42eV变化时从$3s^2$壳层和$3p^6$壳层中发射电子的延时差异。阿秒脉冲中心能量38eV,带宽10eV,对应的压缩脉宽为170as。实际上阿秒脉冲没有完全压缩,测量脉宽为450as。有趣的是在实验中由于阿秒脉冲以同样的方式影响来自两个初始状态的电子,因此其准确的时域结构并不重要。使用铬(Cr)滤波片滤出很窄的谐波光谱,包含从21~25次的谐波,从而将$3s^2$壳层和$3p^6$壳层发射的电子根据能量进行了分离(图8.8)。

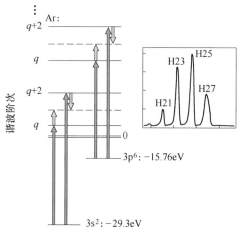

图8.8 延时测量原理

同样的高次谐波梳齿产生两个来自不同壳层的电子波包。用微弱红外场进一步探测发射的电子波包。简单起见,图中只标示了两个谐波,以及实验中所用谐波谱。

根据同时获得的两个干涉测量图形的边带峰值位置,我们可以确定光子发射的延时差,$\tau_I(3s)-\tau_I(3p)$。实验中我们观测了3个边带(22阶、24阶和26阶)。基于二阶微扰理论的分析可以对这种延时差进行解释。

双光子吸收矩阵元可以在原子单位制下写为

$$M(\boldsymbol{k}) = -\mathrm{i}F_L F_H \lim_{\varepsilon \to +0} \sum_n \frac{\langle \boldsymbol{k}|z|n\rangle, \langle n|z|i\rangle}{E_i + \omega_H - E_n + \mathrm{i}\varepsilon}$$

式中:F_L和F_H分别为激光和谐波场的复振幅;ω_H为谐波频率。

初始状态$\varphi_i = \langle r|i\rangle$,假设为能量$E_i$的束缚态。终态$\varphi_k = \langle r|k\rangle$,具有沿$\boldsymbol{k}$的渐进动量,能量$E_k = k^2/2$。求和遍历原子所有束缚态和连续态,$\varphi_n = \langle r|n\rangle$,能量为$E_n$。

将终态分波展开,分离角度和径向部分,简单起见假设初始态为s态,矩阵元

变为

$$M(\bm{k}) = -\mathrm{i}F_L F_H \sum_{\ell=0,2} C_{\ell 0} Y_{\ell 0}(\hat{k}) e^{\mathrm{i}\eta_\ell(k)} (-\mathrm{i})^\ell \lim_{\varepsilon \to +0} \sum_n \frac{\langle R_{k\ell} | r | R_{nl} \rangle \langle R_{nl} | r | R_{i0} \rangle}{E_i + \omega_H - E_n + \mathrm{i}\varepsilon}$$

式中：$Y_{\ell 0}$ 为终态的球谐函数；$C_{\ell 0}$ 为对应的角系数；η_ℓ 为散射相位；ℓ 为终态的角量子数。上述表达式可以改写为

$$M(\bm{k}) = -\mathrm{i}F_L F_H \sum_{\ell=0,2} C_{\ell 0} Y_{\ell 0}(\hat{k}) e^{\mathrm{i}\eta_\ell(k)} (-\mathrm{i})^\ell \langle R_{k\ell} | r | \rho_{k_a l} \rangle$$

此处引入了微扰波函数 $\rho_{k_a l}$，$k_a l$ 表示中间态波数，l 表示中间态角动量量子数。微扰波函数是一种输出复波函数。通过其渐近性行为对所涉及的连续波函数取近似[4]，舍去终态相位，结果简化为

$$M(\bm{k}) \propto e^{\mathrm{i}\eta_l(k_a)} \times \left(\frac{\mathrm{i}}{k_a - k}\right)^{\mathrm{i}z} \frac{(2k_a)^{\frac{\mathrm{i}}{k_a}}}{(2k)^{\frac{\mathrm{i}}{k}}} \Gamma(2 + \mathrm{i}z) \equiv e^{\mathrm{i}\eta_l(k_a)} \times e^{\mathrm{i}\phi_{cc}(k_a)}$$

两条路径相结合产生给定的边带，分别标记为下标 a 和 e，我们发现，前面引入的电离延时是两项之和：

$$\tau_I = \frac{\eta_l(k_e) - \eta_l(k_a)}{2\omega} + \frac{\phi_{cc}(k_e) - \phi_{cc}(k_a)}{2\omega} \approx \tau_W + \tau_{cc}$$

式中：第一项可以解释为单光子电离的光电子波包的群延迟，称为 Wigner-Smith 延迟[22-23]。然而同时还有与连续态-连续态跃迁耦合的延迟，跃迁发生在单光子电离形成的态和被测量边带的态之间。根据经典解释，这种"连续态-连续态"的延迟产生于存在探测红外场情况下电子在库仑势中的运动。图 8.9 所示为实验结

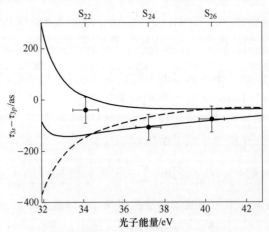

图 8.9 氩气 3s 壳层和 3p 壳层电离延时差异的测量结果和计算结果的比较，误差条表示测量结果，浅灰线表示近似理论计算结果[4]。另外，黑实线表示单光子电离延时的期望值，虚线表示连续态-连续态跃迁延迟的期望值。

果与理论预测结果的对照,其中 Wigner-Smith 延迟的理论结果基于 Hartree-Fock 计算,"连续态-连续态"延迟的理论结果基于渐近特性。比对结果的一致性很高,至少对最高能量的两个点是吻合的。但这一结论还需要更多的实验结果支持,并且对于连续态-连续态跃迁以及那些始末态相关效应显著区域内的 Wigner-Smith 延迟,还需要进行更精确的理论计算处理[24-27]。

8.5 单个阿秒脉冲和延迟红外光场的光致激发

前面所介绍的测量方法都是利用阿秒脉冲串实现的,光谱分辨率取决于脉冲串中的脉冲个数。当使用孤立阿秒脉冲进行干涉测量时会略有不同,与拉姆齐(Ramsay)光谱类似,其光谱分辨率取决于泵浦激光与探测激光的分离程度以及实验装置的稳定性。使用孤立阿秒脉冲的优点在于其连续的光谱能够同时激发几个束缚态,也就是说能产生一个波包。

图 8.10 所示为孤立阿秒脉冲泵浦-探测干涉测量原理图。以一个自由波包作为参考来测量束缚波包中态的振幅和束缚能量。使用带宽中心接近电离阈值的阿秒脉冲激励氦原子,同时产生一个束缚波包和一个自由波包。经过可变延时后,束

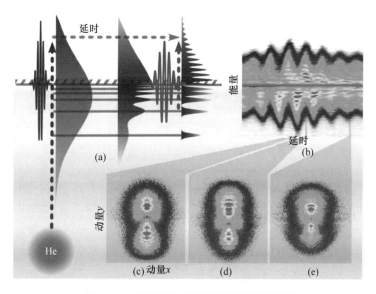

图 8.10 阿秒泵浦-探测干涉测量原理图

(a)一个宽带、中心能量为氦原子电离阈值的孤立阿秒脉冲相干激发一个电子波包,电子波包是 p 态束缚态和连续态的叠加。经过可变的延时后,波包的束缚部分被少周期的红外脉冲电离,红外脉冲相位锁定于阿秒脉冲。通过速度成像光谱仪(VMIS)记录电子分布。(c)~(e)是不同延时下的 VMIS 图像,(b)表示轴向电子能量与延时的关系。由于进入连续态有不同的路径,因此光电子谱呈现出干涉条纹。

缚波包被一个精确同步于初始阿秒脉冲的少周期红外激光电离。通过测量光电子谱与延时的相互关系,我们得到一个包含量子拍频和多路径干涉的干涉图形。对干涉图形进行分析可以确定束缚波包的组成,光谱分辨率超过阿秒脉宽倒数两个数量级。

将干涉测量和角分辨电子检测结合使得我们能够有效地区分不同路径的作用,包括在电离过程中起作用的不同的束缚态和不同的光子数。

对束缚波包和参考波包的激励必须同时进行,激励方式并不唯一。可以像我们的实验一样,使用带宽中心接近电离阈值的阿秒脉冲同时产生两个波包,也可以通过振激/振离过程,将一个电子快速移除,剩下的电子(考虑氦原子)在微扰势能下被激发。

假设已经生成了参考连续波包和一个由两个态组成的束缚波包。为了让这两个波包产生干涉,需要电离束缚波包,并将其推至与参考波包相同能量的连续态。在这个过程中,有 3 种主要的路径组合可以产生干涉,如图 8.11 所示。

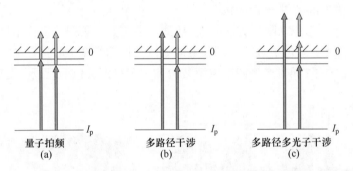

图 8.11 (a)量子拍频。两个束缚态都是由一个红外光子电离的(红外光子的频率略有不同,使得电离后最终能量相同),观测两个输出电子波之间的拍频。(b)多路径干涉测量。路径 1:由一个极紫外光子电离,路径 2:由一个极紫外光子和一个红外光子电离。(c)多路径多光子干涉测量。路径 1:由一个极紫外光子电离,路径 2:由一个极紫外光子和两个红外光子电离。

下面,考虑氦原子的振激/振离过程。对这一过程的表述也同样适用于阿秒脉冲直接激励的情况,但是会包含更多项。在振激过程中,原子势能的突变会产生一个微扰,将剩下的电子"振动"进入激发态和(振离)连续态。初始波包(束缚波包和参考波包)都是 s 态,可以表述为

$$\psi_{\text{ref}} = a(E)\, e^{-iE\tau}\, Y_{00}(\theta,\varphi)$$

为了简单起见,我们假设波包的径向分量被包含在 $a(E)$ 中。仍然假设束缚波包只由两个束缚能量分别为 E_1 和 E_2 的态组成。一旦波包被电离,它就可以表示为

$$\psi_{\omega_p} = \left[b_1(E)\, e^{-iE_1\tau} - b_2(E)\, e^{-iE_2\tau} \right] Y_{10}(\theta,\varphi)$$

参考波包和离化束缚波包中的态是正交的,初看似乎不会产生干涉。然而如果进行角分布测量,就会出现干涉现象。角分辨光电子分布,$F(E,\theta)$,可以分解为勒让德(Legendre)多项式:

$$F(E,\theta) = \int_0^{2\pi} d\varphi \ |\psi_{\text{ref}} + \psi_{\omega_p}|^2 = \sum_{\ell=0}^{2} \beta_\ell(E) \ P_\ell(\cos\theta)$$

其中
$$\beta_0 = \frac{1}{2}(|a|^2 + |b_1|^2 + |b_2|^2 + 2\text{Re}\{b_1 b_2^* \ e^{i\omega_b\tau}\})$$

$$\beta_1 = \sqrt{3}(\text{Re}\{a^* \ b_1 e^{i\Delta\omega_1\tau}\} + \text{Re}\{a^* \ b_2 e^{i\Delta\omega_2\tau}\})$$

$$\beta_2 = |b_1|^2 + |b_2|^2 + 2\text{Re}\{b_1 b_2^* \ e^{i\omega_b\tau}\}$$

在第一个奇数多项式(β_1)和偶次多项式中的拍频信号中发现直接和非直接路径之间的干涉项。拍频信号是两个不同态的波函数之间的干涉。$\Delta\omega_i$ 是第 i 个束缚态和探测到的电子能量的差,ω_b 是两个束缚态的能量差。总体而言,宇称不同的两条路径的干涉过程(图 8.11(b))以奇数勒让德多项式结束,宇称相同的两条路径的干涉过程(图 8.11(a)和图 8.11(b))以偶数勒让德多项式结束。奇数勒让德多项式的作用不影响电离产量,只影响电离的对称性,而偶数勒让德多项式的作用(如量子拍频)将改变整个电离信号,但不改变对称性。

由一个以上红外光子(图 8.11(c))对束缚态进行电离的过程可以用类似的方式处理。在两个红外光子的情况下,两条路径的宇称相同,干涉出现在偶数勒让德多项式中,量子拍频如图 8.12(e)和图 8.12(f)所示。此外这两个干涉过程(图 8.11(a)和图 8.11(c))包含相同的总光子数,因此能量可比拟,与激光强度的相关性也相同。将不同的勒让德多项式绘制为时间的函数,可以清晰地区分出不同的干涉。

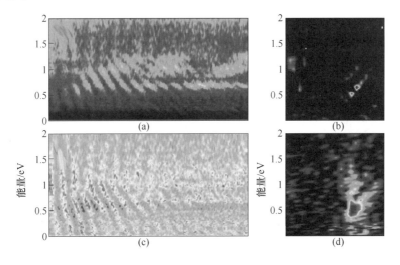

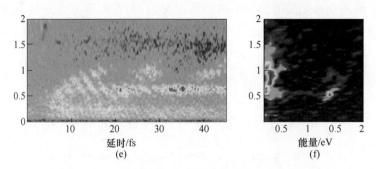

图 8.12　(见彩图)角分布实验数据的分波分析
(a)实验中记录沿偏振轴分布的光电子获取的干涉图;(b)对(a)数据的傅里叶变换。
主要由 4p 和 5p 态被激励发射的电子波产生的拍频,周期约为 13fs((a)中可以发现 3 个拍频周期)。
根据(b)的傅里叶分析,我们可以解析这两种状态以及它们之间的拍频,但也可以发现少量来自 3p 态的
影响,在实验中 3p 态也被轻微地激励了。通过分波分析可以分离不同的过程,直接-间接干涉主要体现在
奇数项的展开系数中,见(c)和(d);量子拍频信号只体现在偶数项系数中,见(e)和(f)。

8.6　小结

本章介绍了对束缚电子波包时间演化进行高光谱分辨率和高时间分辨率探测的实验方法。在氦气中测量双光子电离过程相位共振的实验方法可以应用于原子和分子中多共振和准共振过程的研究。我们相信对光子发射延时的测量工作将会促进后续的实验进展,进一步测量各种系统的光子发射延时,为更先进的理论计算提供实验对照数据。基于参考连续波包和延时探测激励的干涉测量技术可用于探测束缚电子波包或准束缚电子波包的时间演化,比如对自电离态进行高光谱分辨率和高时间分辨率测量,从而提高阿秒实验的精度。这些方法都不需要高强度的探测场,有利于阿秒技术在更复杂系统中的应用。

参考文献

[1] P. H. Bucksbaum, Science **317**, 766 (2007)
[2] F. Krausz, M. Ivanov, Rev. Mod. Phys. **81**, 163 (2009)
[3] M. Swoboda et al., Phys. Rev. Lett. **104**, 103003 (2010)
[4] K. Klünder et al., Phys. Rev. Lett. **106**, 143002 (2011)
[5] J. Mauritsson et al., Phys. Rev. Lett. **105**, 053001 (2010)
[6] P. M. Paul et al., Science **292**, 1689 (2001)

[7] M. Hentschel et al., Nature **414**, 509 (2001)

[8] Y. Mairesse et al., Science **302**, 1540 (2003)

[9] R. López-Martens et al., Phys. Rev. Lett. **94**, 033001 (2005)

[10] J. Mauritsson et al., Phys. Rev. Lett. **97**, 013001 (2006)

[11] P. Johnsson et al., Phys. Rev. Lett. **99**, 233011 (2007)

[12] A. L. Cavalieri et al., Nature (London) **449**, 1029 (2007)

[13] J. Mauritsson et al., Phys. Rev. Lett. **100**, 073003 (2008)

[14] S. Haessler et al., Phys. Rev. A **80**, 011404 (2009)

[15] M. Schultze et al., Science **328**, 1658 (2010)

[16] V. Véniard, R. Taïeb, A. Maquet, Phys. Rev. A **54**, 721 (1996)

[17] E. S. Toma, H. G. Muller, J. Phys. B **35**, 3435 (2002)

[18] J. Mauritsson, Phys. Rev. A **72**, 013401 (2005)

[19] K. Varju, Laser Phys. **15**, 888 (2005)

[20] K. J. Schafer, K. C. Kulander, Phys. Rev. Lett. **78**, 638 (1997)

[21] J. Caillat et al., Phys. Rev. Lett. **106**, 093002 (2011)

[22] E. P. Wigner, Phys. Rev. **98**, 145 (1955)

[23] F. T. Smith, Phys. Rev. **118**, 349 (1960)

[24] S. Nagele et al., J. Phys. B, At. Mol. Opt. Phys. **44**, 081001 (2011)

[25] C. H. Zhang, U. Thumm, Phys. Rev. A **82**, 043405 (2010)

[26] A. Kheifets, I. Ivanov, Phys. Rev. Lett. **105**, 233002 (2010)

[27] J. C. Baggesen, L. B. Madsen, Phys. Rev. Lett. **104**, 209903 (2010)

第9章
阿秒时钟：阿秒时间分辨的超快测量技术

Claudio Cirelli, Adrian N. Pfeiffer, Mathias Smolarski, Petrissa Eckle, Ursula Keller

摘要 超快激光技术近年来的发展使得捕获和控制电子成为可能，这是理解能量和电荷如何在原子中，乃至在更复杂的固态和分子系统中传输的关键。实现这一目标需要具有阿秒时间分辨率的新型测量技术的支持。"阿秒时钟"是一种相对简单的方法，它提供了阿秒时间分辨率，却不需要阿秒脉冲。本章中回顾了这一实验技术的细节，近年来它被应用于电子隧穿动力学研究，以及强场单电离和双电离电子运动的研究。

9.1 介绍

根据玻尔的氢原子模型，基态电子围绕原子核运行大约需要 $150as$（$1as = 10^{-18}s$）。因此电子运动的时间尺度为阿秒量级。对电子动力学行为引起的基本过程，如化学键断裂和形成、电荷迁移、能量传输现象等进行实时观测，需要具有阿秒时间分辨率的测量技术。在测量中使用阿秒时域的光脉冲是一种自然而然的选择：

C. Cirelli · A.N. Pfeiffer · M. Smolarski · P. Eckle · U. Keller
Physics Department, Institute for Quantum Electronics, ETH Zürich, Wolfgang-Pauli-Str. 16, 8093 Zurich, Switzerland
e-mail: cirelli@phys.ethz.ch

A.N. Pfeiffer
e-mail: apfeiff@phys.ethz.ch

U. Keller
e-mail: keller@phys.ethz.ch

Present address:
A.N. Pfeiffer
Chemical Sciences Division, Lawrence Berkeley National Laboratory, Berkeley, CA 94729, USA

阿秒脉冲可以"拍摄"电子动力学行为,就好比飞秒脉冲能够观测分子动力学行为一样[1]。

2001年,首次在实验中产生了阿秒量级的光脉冲[2-3],虽然这一技术仍颇具挑战性,但是现在许多实验室已能够运用不同方法产生单个阿秒脉冲[2,4-7]或阿秒脉冲串[3,8-9]。在飞秒研究领域发展起来的"泵浦-探测"技术[10]可应用于阿秒研究,实现阿秒时间分辨测量:第一个(泵浦)脉冲实现触发,第二个(探测)脉冲相对于泵浦脉冲经过一段确定、可控的延时后测量诱发的调制。如果这一过程在短于脉冲周期的时间内可重复,扫描两个脉冲的延时,就可以获知系统的全部动力学行为。

这种测量方法的时间分辨率是由阿秒脉冲宽度决定的。随着尖端激光技术的不断进步,目前在极紫外波段能够产生短于100as的脉冲[4]。

然而,由于实用阿秒光源的平均光子能流极低[12],这种传统的泵浦-探测技术在阿秒时域的应用[11]仍然非常有限。在飞秒时域中泵浦探测脉冲能量为几纳焦,脉冲重复频率约为100MHz。虽然在阿秒科学研究中释放到靶标上的脉冲能量能够达到这一量级[13-14],但是阿秒脉冲的重复频率只有1~10kHz量级。由于时间平均的泵浦-探测信号取决于激光功率的平方,低重频使得信号相对于高重频系统要低几个数量级,因此,要在统计意义上获得同样的信号需要长时间的数据采集,在实验上实现起来并不容易。此外,飞秒泵浦-探测技术中使用的激光脉冲为可见光或近红外光,而阿秒脉冲处于电磁波光谱中的极紫外区域,多光子相互作用的横截面远小于可见和近红外光子。

目前,在以单个阿秒脉冲或阿秒脉冲串为泵浦光,以飞秒红外脉冲为探测光的实验中,已经成功实现了超快电子动力学的探测[1,15-17]。在"条纹实验"[2]中,阿秒极紫外脉冲(泵浦)将靶原子的电子电离,随后同向传输的飞秒脉冲(探测)改变了释放电子的动量,其动量取决于电子释放的瞬时时刻[18-19]。电子释放进入连续态的时刻被映射到电子最终能量的变化上,因此时间被映射为能量。利用阿秒条纹实验已经测量到80as的光脉冲[4],并在固体中实时观测到电子电荷的传输[20],彰显了条纹实验在电子运动研究中的重要意义。然而,这项技术需要使用孤立阿秒脉冲触发条纹动力学。

9.2 阿秒时钟原理

在阿秒角条纹法[21-22]中采用了一种完全不同的方法。使用近圆偏振的激光脉冲,在偏振平面上旋转的电场矢量沿角空间方向电离电子并使其偏转,电离时刻被映射到动量向量的最终角度,因而时间被映射到角度。对于两个光学周期范围的脉冲宽度,可以假定大部分电离都限制在中间的光周期内,因此时间到角度的映射是单一性的[23]。这就是阿秒时钟的"分针",可以实现精细定时。对于脉宽更宽的激光脉冲的测量,由于是在多个光学周期中产生电离,如果只考虑"分针",时间就不再明确。然而,根据电子动量大小获取的"时针"可以进行精确的定时[24]。在多周期测量中,时间测量是通过"数周期"来实现的,就像在表盘上:在不同的小时,尽管分针指向相同的角度(角度的映射是单一的),通过时针的指向就能得出明确的时间信息。

与高次谐波产生[25]的三步模型相比较,作为阿秒时钟基础的激光-原子相互作用过程可分为两步:第一步(隧穿电离),在特定方向上原子势垒被激光电场压低,电子隧穿通过势垒;第二步(条纹),初始动能为零的电子在脉冲激光旋转电场的径向和角方向上被加速。

电离和条纹都对激光脉冲的电场十分敏感。单个激光脉冲的电场可以表示为(原子单位)

$$\boldsymbol{F}(t) = \begin{pmatrix} F_x(t) \\ F_y(t) \end{pmatrix} = \frac{f(t)\sqrt{I}}{\sqrt{1+\varepsilon^2}} \begin{pmatrix} \cos(\omega t + \varphi_{\text{CEO}}) \\ \varepsilon \sin(\omega t + \varphi_{\text{CEO}}) \end{pmatrix} \quad (9.1)$$

式中:ω 为中心频率;I 为峰值功率;$f(t)$ 为归一化的电场包络;ε 为椭偏度;φ_{CEO} 为载波包络偏移(CEO)相位[26],也称为载波包络相位(CEP)。

根据电场定义,xy 平面为偏振面,主偏振轴沿 x 方向。为了正确演绎阿秒时钟实验,需要精确控制峰值功率、脉冲包络、CEP、椭圆偏振的椭偏度和偏振方向。在瞬时时刻 t 释放的电子,初始动能为零,最终动量(在激光脉冲作用后)可以表示为(原子单位)

$$\boldsymbol{p}(t) = -\boldsymbol{A}(t) = -\int_t^\infty \boldsymbol{F}(t')\,\mathrm{d}t' \quad (9.2)$$

式中:$\boldsymbol{A}(t)$ 为矢势。

将式(9.1)代入式(9.2),在慢变包络近似[2]下($f'(t)/\omega \ll f(t)$)求积分,电子动量可表示为

$$\boldsymbol{p}(t) = \begin{pmatrix} p_x(t) \\ p_y(t) \end{pmatrix} \approx \frac{f(t)\sqrt{I}}{\omega\sqrt{1+\varepsilon^2}} \begin{pmatrix} \sin(\omega t + \varphi_{\text{CEO}}) \\ -\varepsilon\cos(\omega t + \varphi_{\text{CEO}}) \end{pmatrix} \quad (9.3)$$

由于电场为矢量,它的大小和角度在偏振面上沿给定轴线随时间变化,因此考虑在极坐标 $(r(t), \phi(t))$ 中表示电场分量:

$$\boldsymbol{F}(t) = \begin{pmatrix} E_r(t) \\ E_\varphi(t) \end{pmatrix} = \begin{pmatrix} (f(t)\sqrt{I}/\sqrt{1+\varepsilon^2})\sqrt{\cos^2(\omega t + \varphi_{\text{CEO}}) + \varepsilon^2\sin^2(\omega t + \varphi_{\text{CEO}})} \\ \arctan(\varepsilon\sin(\omega t + \varphi_{\text{CEO}})/\cos(\omega t + \varphi_{\text{CEO}})) \end{pmatrix}$$

$$(9.4)$$

同样,可以在极坐标中表示最终动量矢量:

$$\boldsymbol{p}(t) = \begin{pmatrix} p_r(t) \\ p_\theta(t) \end{pmatrix} \approx \begin{pmatrix} (f(t)\sqrt{I}/\omega\sqrt{1+\varepsilon^2})\sqrt{\sin^2(\omega t + \varphi_{\text{CEO}}) + \varepsilon^2\cos^2(\omega t + \varphi_{\text{CEO}})} \\ \arctan(-\varepsilon\cos(\omega t + \varphi_{\text{CEO}})/\sin(\omega t + \varphi_{\text{CEO}})) \end{pmatrix}$$

(9.5)

两个动量分量都携带粗略计时(时针)和精确计时(分针)信息。

9.2.1 分针

如果激光脉宽在两个光学周期范围内(800nm 激光,脉宽 6fs 或以下),电离会限制在中间的光周期内。对于圆偏振激光脉冲,在一个光学周期内电场矢量峰值旋转360°。如果激光中心波长为800nm,1°角分辨率对应7.4as。通过测量电子动量 p_θ(见式(9.5))的最终角度,可以获取远远优于一个光学周期的时间测量精度。由于可以高精度测量电子动量矢量,因此原则上没有理论上的测量精度下限。本节中将讨论限制该方法测量分辨率和测量准确度的不确定因素。无须阿秒脉冲,阿秒时钟的"分针"就能提供阿秒时间信息[28]。独立的测量使得我们可以准确认知脉冲中电场的时间演化,这是阿秒时钟测量所必需的。从式(9.5)可见,电子动量的最终角度取决于参数 ε(椭偏度)和 φ_{CEO}(CEO 相位)。

1. 准静态隧穿电离速率

阿秒时钟技术中,分针的精确定时是通过提取强场电离中光电子(或光离子)动量分布角度 p_θ(式(9.5))实现的。如果激光脉冲偏振态不同,将会导致动量分布产生质的变化。其原因在于隧穿电离速率对电场幅度瞬时值的高度依赖,$F_r(t) = |\boldsymbol{F}(t)| = \sqrt{F_x(t)^2 + F_y(t)^2}$。如果激光强度在 $(0.1 \sim 1) \times 10^{15}\text{W/cm}^2$ 范围内,大部分电离都是隧穿电离:光场使得原子的束缚势产生剧烈变形,电子得以隧穿通过势垒。隧穿理论由 Keldysh[30] 创立,Perelomov、Popov 和 Terentev(PPT)[29] 推进了这一理论的发展,Ammosov、Delone 和 Krainov(ADK)[31] 进一步概括总结,给出隧穿电离速率计算公式:

$$W_{\text{TI}}(F) = \frac{C_l^2}{2|m||m|!} \frac{(2l+1)(l+|m|)!}{2(l-|m|)!} \frac{1}{\kappa^{2Z/\kappa-1}} \left(\frac{2\kappa^3}{F}\right)^{2Z/\kappa-|m|-1} e^{-2\kappa^3/3F}$$

(9.6)

式中:C_l 表征隧穿区域内电子波函数的振幅,由模型势的基态波函数[32-33]计算而得;l、m 为角动量量子数;$\kappa = \sqrt{2I_p}$,I_p 为电离势。

当激光功率进一步提高时,隧穿理论就对静态场电离速率失效了,此时原子势能扭曲,需要考虑过势垒电离的作用。通过在式(9.6)中引入指数修正因子使其继续成立[32]:

$$W_{\text{TBI}}(F) = W_{\text{TI}}(F) e^{-\alpha(Z^2/I_p)/(F/\kappa^3)}$$

(9.7)

文献[32]列出了不同气体靶中参数 α 的经验值。在高强度激光作用下,电离速率很高以至于饱和效应凸显,引入生存率对电离速率加权来解释这一效应[34]：

$$W_{sat}(F) = W_{TBI}(F)\exp\left(-\int_{t_0}^{t} W_{TBI}(t')\mathrm{d}t'\right) \tag{9.8}$$

式(9.8)表明,保持其他参数不变,仅电场振幅10%的变化就能使电离速率几乎改变一个数量级。线性偏振光的电场振幅在载波频率上快速振荡,而圆偏振光的电场振幅随载波包络缓慢变化。结果就是在一个激光周期的时间尺度上,圆偏振光的电离速率变化比线偏振小得多。这就导致了偏振平面内不同的动量分布形态：对于线偏振光其分布表现为高斯型,最大值出现在平行偏振轴和垂直于偏振轴方向；对于圆偏振光其分布呈圆环面,如果没有稳定载波包络相位,在所有角度方向均匀分布。

2. 椭偏效应

激光脉冲的偏振态由椭圆偏振的椭偏度 ε 和角方向决定。宽带 $\lambda/2$ 波片和 $\lambda/4$ 波片可用于控制偏振,通过偏振测量可获得偏振方向角和椭偏度的值。图9.1所示为椭偏度 ε 和偏振角方向与 $\lambda/4$ 波片角度 α 的对应关系。理想情况下对于任何波长,$\lambda/4$ 波片快轴和慢轴之间的相位延迟应恰好为 $\pi/2$；然而并没有一种双折射材料能够在少周期激光脉冲覆盖的整个光谱范围内实现这种"平坦"的延迟特性。通常将多种材料组合在一起实现最优化的色差校正(称为消色差延迟片),然而仍无法避免存在与波长相关的偏离 $\pi/2$ 的延迟。与波长相关的相位延迟会将问题复杂化。

对于椭偏度接近于圆偏振的激光($\varepsilon \approx \pm 1$),必须将被测入射脉冲傅里叶变换到频域,然后通过偏振整形光学进行数值传播。激光脉冲投射到 $\lambda/4$ 波片的快轴和慢轴后,充分考虑材料色散,增加相移。再反向时域转换,计算结果与椭圆偏振激光场的全表征测量结果一致性极好[35]。

3. 载波包络相位效应

角条纹法中少周期激光脉冲的载波包络相位效应显著[28],原因在于载波包络相位决定电场波形(见式(9.1)和式(9.4))和最终的动量分布。

当激光为圆偏振光时($\varepsilon = \pm 1$),电场的时间演化 $E_r(t)$ 与载波包络相位相互独立。然而载波包络相位决定了最大电场矢量的角位置(图9.2)。式(9.4)表明,$\varepsilon = \pm 1$ 时,极化坐标系中的电场分量可以简化为

$$\begin{pmatrix} E_r(t) \\ E_\varphi(t) \end{pmatrix} = \begin{pmatrix} f(t)\sqrt{I/2} \\ \omega t + \varphi_{CEO} \end{pmatrix} \tag{9.9}$$

式(9.9)表明,如果载波包络相位改变 $\Delta\phi$,脉冲场将在空间旋转 $\Delta\phi$ (图9.2)。由于大部分电离产生在电场最大的方向(式(9.6)),载波包络相位可以控制偏振平面内电子发射的方向。

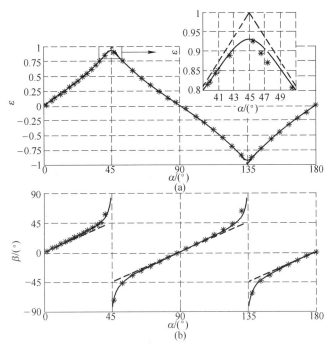

图9.1 偏振测量:椭偏度 ε 和椭圆偏振角 β。α 为入射线偏振脉冲的偏振平面和 $\lambda/4$ 波片快轴的夹角。考虑到不同波长激光在 $\lambda/4$ 波片中的不同相位延迟而计算的结果如图中实线所示,与实测数据(星号)十分一致。忽略波长影响的简单计算结果如图中虚线所示,在 $\varepsilon \approx \pm 1$ 处有明显误差

(见插图)

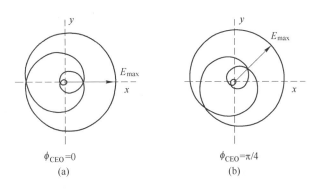

图9.2 在两种不同载波包络相位情况下,偏振面为 x-y 平面的圆偏振激光脉冲电场的空间演化。载波包络相位从 0(a) 到 $\pi/4$(b) 的改变使得脉冲电场发生 $\pi/4$ 的逆时针方向旋转

对于椭圆偏振激光脉冲,情况更加复杂。电场矢量跟随偏振椭圆,振幅在局域极小值和局域极大值之间变化。电场矢量朝向偏振椭圆的短轴时,振幅极小;电场矢量朝向偏振椭圆的长轴时,振幅极大。结果就是动量分布出现两个不同的峰,间隔约180°,当改变载波包络相位时,其相对强度相应变化,如图9.3所示。

当载波包络相位的取值使得电场矢量的最大值指向偏振椭圆的长轴方向(图9.3(a))时,电离率和电场在 A 点达到峰值,在电子动量分布图中其表现为一个波瓣,代表更高的强度。载波包络相位改变 $\pi/2$(图9.3(b)),电场矢量最大值

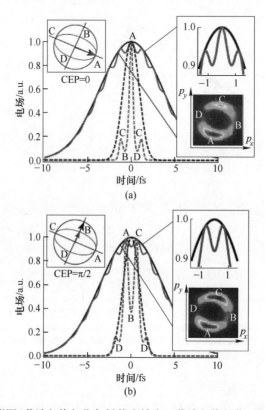

图9.3 (见彩图)载波包络相位与椭偏度效应。载波包络相位不同时,5.5fs脉冲的电场时域演化,(a)CEO=0,(b)CEO=$\pi/2$。图中实线表示电场,虚线表示相应的电离速率(式(9.8)),黑色部分代表圆偏振光情况,红色部分代表椭圆偏振光情况($\varepsilon=0.92$)。数据已归一化处理。左边的插图表示在圆偏振光情况下电场沿圆形旋转(黑线),在椭圆偏振光情况下电场沿椭圆旋转(红色),图中箭头指向电场最大值方向。右边的插图为光学周期中心处(大部分电离都发生在此处)的放大显示;电场振幅最大峰值处标记为 A 和 C,局部最小振幅处标记为 B 和 D,在左边的插图中也标记了这些点。这一演化过程也可直接用动量分布图形(p_x,p_y)表示[28]。

指向偏振椭圆的短轴方向,电离速率和电场出现两处相同的峰值(图9.3(b)中的A点和C点),相应地,在电子动量分布图中也出现两处相同的峰值强度分布。

4. 准确度和分辨率

如上文所述,在稳定载波包络相位的实验中运用圆偏振光进行测量能建立时间到动量的稳定映射。图9.2和式(9.4)表明载波包络相位控制了电离方向。而当激光为椭圆偏振时,时间到动量的映射取决于偏振椭圆,动量分布峰值的角位置随载波包络相位的改变较弱。然而,使用这样的时间定位方法对亚周期动力行为进行捕获,时间定位精度为20as。只要时间分辨率达到200as左右就可实现阿秒时钟[28]。

测量的时间分辨率和时间定位精度由下列因素决定:如图9.3插图所示,通过计算每个数据点的电子动量的角分量 $p_\theta = \arctan(p_y/p_x)$,得到完整的二维动量分布。通过双高斯函数拟合获取角分布峰值位置,如图9.4(a)所示。拟合过程的平均均方根误差决定了测量精度,即峰值位置定位的精度。如图9.4中的数据组所示,这一精度要比实际信号宽度小得多,约为2.5°,相当于16as。这里的误差源自统计误差,如果样本量无穷大,即数据采集时间无限长,原则上统计误差就会无穷小。然而,在测量技术中最关注的是准确度,即测量值对真值的接近程度。只要实验中不出现系统误差,准确度就与精度相同。为了验证我们的实验是否存在系统误差,需要将测量数据与模拟结果进行比较。

利用半经典模型模拟动量分布,光场中电子的经典传播遵循隧穿电离原理:在t时刻释放的电子,其动能为零,电子被光场驱动,其最终动量$p(t) = -A(t)$(见式(9.2))。对于不同的电离时间,根据式(9.3)或式(9.5)计算最终动量,电离速率由式(9.8)给出,计算得到动量分布,载波包络相位不同时峰值位置不同(图9.4(b))。这种简单的计算没有考虑电离后电子与母离子的库仑相互作用,但是通过扫描载波包络相位来观察峰值位置的变化,可以检测阿秒时钟的准确度。如果考虑离子的影响,可以通过数值求解复合激光-离子势中的运动方程来计算条纹中的经典电子轨迹。这会导致整个(p_x, p_y)分布产生$\Delta\theta$的角偏移旋转,这一现象与载波包络相位无关[36]。这意味着,库仑修正将表现为图9.4(b)中所示的虚线的向下移动(或向上移动,取决于旋光性)。不考虑电子-离子相互作用的情况下,尽可能减少峰值位置的均方根误差$\delta\theta$可以使得实验数据和拟合曲线重合,$\delta\theta$定义为

$$\delta\theta = \sqrt{\frac{1}{N}\sum(\theta_{1,2}^{\exp} - \theta_{1,2}^{\sim})^2} \quad (9.10)$$

$\delta\theta$可以评估最高测量准确度。这一数值没有考虑会导致固定角偏移的系统误差,但是包含其他可能导致峰值位置变化的系统误差,这些变化受载波包络相位的影响。如图9.4(b)所示,实验数据与仿真结果的一致性很好,定时准确度约为3°或20as。

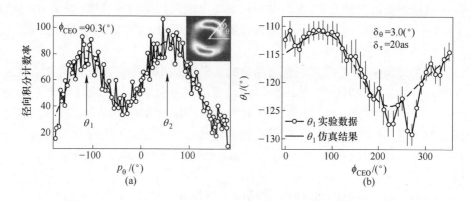

图 9.4 定时准确度

(a) 径向积分的动量分布。载波包络相位为 π/2 时,由残余椭偏度($\varepsilon=0.92$)引起的双峰结构很明显。图中虚线为双高斯拟合曲线,拟合出条纹角 θ_1 和 θ_2;
(b) θ_1 的角位置与载波包络相位对应关系,空心圆为测量结果,虚线为模拟结果。误差条为拟合过程中产生的均方根误差。通过与模拟结果比较,定时准确度为 20as[28]。

  阿秒时钟必须区分两个时间特性参数:定时准确度(跟踪电离速率峰值)和时间分辨率(区分可能发生在同一光学周期内的两个独立电离事件的最小时差)。前面已经分析过定时准确度,下面讨论时间分辨率。通过计算隧穿效应和隧道出口电子波包初始动量分布引起的角不确定度,可以得到时间分辨率的估值。一级近似下可以假定初始电子动量为零,但在更精细的计算中必须将电子视为波包。通过轨道系综的半经典仿真,可以模拟电子波包传播,波包传播导致了角不确定度。关键是要在轨道的起点分配一定的初始动量分布。如果选择的初始速度与 ADK 隧道理论[31]预测的分布相匹配,则根据径向动量分布的波峰宽度可以得到角不确定度。时间不确定度可以用角宽度来计算,其来源是纯量子性的(因为它是由固有电子波包传播引起的)。可以认为这是阿秒时钟时间分辨率的下限。仿真结果表明,脉冲强度和椭偏度对时间分辨率影响较大,而脉冲宽度影响不大。图 9.5 所示为 740nm 中心波长激光脉冲作用下氦的电离,也验证了上述结论。此外,实验中还存在其他不确定度会进一步降低时间分辨率。一般来说,检测器的分辨率约为 $10°$,相当于 70as(见 9.3.2 节)。f-to-2f 干涉仪可以测量脉冲载波包络相位起伏,影响一般为 $6°$ 或 40as。气体靶的气流温度会导致径向和角方向的动量分布展宽,影响有 $8°$(50as)。这些不确定度来自实验中的不同部分,是相互无关的,它们会增加电离后电子波包的估算宽度,如图 9.5 所示,当激光峰值功率密度为 $0.4\text{PW}/\text{cm}^2$,椭偏度 $\varepsilon=0.92$ 时,其平均值约为 240as。

  隧穿电离后电子波包的宽度可以通过量子力学原理估算。在原子核处安放一个脉冲电子源,由薛定谔方程求解 $1\times10^{14}\text{W}/\text{cm}^2$ 峰值功率下圆偏振光场中的氦原

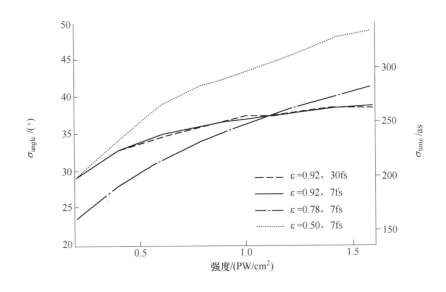

图9.5 不同椭偏度激光脉冲(中心波长740nm)作用下的角不确定度(左轴)和相应的波包宽度(右轴)的对应关系。图中曲线表明,σ_{time}与椭偏度和激光强度有很大关系,但与激光脉宽关系不大

子的演化。可以设定脉冲源发射电子方向与激光诱导隧穿方向一致,从而模拟强场电离过程。电子源可以快速开关,不会对原子势波函数产生非绝热效应。根据这一方法得到自由电子最窄角分布为35°,对应于240as的时间分辨率(激光中心波长740nm)[28]。

在椭圆偏振、载波包络相位稳定的激光脉冲作用下的测量结果证明了阿秒时钟技术的潜力:由偏振面内电离电子的动量分布可以获得隧穿电离引起的亚周期动力行为。实验数据与仿真结果的良好一致性表明,半经典模型非常适用于描述电离和条纹过程,其提取时间信息的精度能够达到数阿秒[22,24]。

如果载波包络相位不稳定,记录的是所有随机载波包络相位下的数据总和,图9.3中所示时域场调制将会被掩盖。然而动量分布仍存在两个主峰,其在偏振面上的位置取决于偏振椭圆。后者空间位置固定,不受载波包络相位影响。从实验角度来看,对于圆偏振光,计数作为角度的函数是均等分布的,将时间-动量映射反转会更加稳定。只要知道椭圆偏振的椭偏度和方向,就有可能将该技术推广到椭圆偏振脉冲[35]。在这种情况下,剩余椭偏度甚至有利于"绝对"定时法的测量。椭圆偏振方向为电场最大值方向提供参考,而不需要确认或锁定载波包络相位[22]。

在半经典模型的支持下,可以利用测量的电子动量提取电离过程自身的时间。

通过偏振测量获得的脉冲电场(图9.1),可以追溯激光-电势组合场中的经典电子轨道,确定轨道起始时间。Eckle等开展了这方面的工作[22],他们采用阿秒时钟技术研究量子力学的一个基本问题:粒子势垒隧穿通过禁止区的可能性。强场原子电离可以解决可能存在的真实、可测量的隧穿延时问题。

将测量的动量分布与模拟结果进行比较,模拟过程包括库仑相互作用的影响,但不包括任何假定的隧穿延时,通过比较得出结论,隧穿过程几乎是瞬时的(平均上限确定为12as[22])。实际上,除了电子和母离子相互作用引起的角偏移,没有观测到其他角偏移量。实际隧穿延时Δt_D其实是角偏移。忽略库仑修正以简化问题。对式(9.2)解析计算可求出最终的电子动量。如果考虑实际隧穿延时Δt_D,t_0时刻穿过隧道势垒的电子条纹角度会有所不同,最终动量为$-A(t_0-\Delta t_D)$,而不是$-A(t_0)$。

9.2.2 时针

如果脉冲宽度和强度使得电离率并不局限于中间的光周期内,由分针提供的精细定时估值就会不准确。图9.6(a)所示为激光脉宽30fs、峰值功率密度4.5PW/cm^2、椭偏度0.77条件下的电离情况。图9.6中图形与图9.3中的类似,不过图9.6中表示的是多周期电离,根据式(9.8)计算的隧穿电离速率(绿色曲线)跨越5个光学周期。在t_1和t_2时刻释放的两个电子,时差为一个光学周期,动量角度相同,$p_{\theta,1}=p_{\theta,2}$,这是因为在电离瞬间,电场$E_{r,1}$和$E_{r,2}$指向相同方向。这意味着,一对一的角度映射被破坏了。然而,如图9.6(b)所示,径向电子动量大小不同,可从中获取时间信息[24]。

对于圆偏振光($\varepsilon=\pm1$),式(9.5)规定$p_r(t)$与载波包络相位无关,简化为$p_r(t)=f(t)\sqrt{I/2}/\omega$。假设$f(t)=\exp[-t^2/(2\tau_p^2)]$,其中$\tau_p$是激光脉宽,可以得到动量-时间映射关系:

$$t_{\text{coarse}} = \pm\tau_p\sqrt{2\ln\left(\frac{\sqrt{I}}{p_r\omega\sqrt{2}}\right)} \tag{9.11}$$

一般来说,这种映射并不是单一的,根据式(9.11),对于相同的径向动量p_r,t_{coarse}有两个解。如果电离限制于时段$[-\infty,0]$,那么式(9.11)只能有负解,动量-时间映射是单一的。式(9.11)解出的时间相当粗略,因为$p_r(t)$跟从激光脉冲场包络随时间缓慢变化,因此由阿秒时钟的分针得到的时间结果与激光脉冲光学周期都是飞秒量级的。

对于椭圆偏振情况,径向动量仍然跟从电场包络,但由于椭偏度影响会产生亚周期振荡(见9.2.1节)。但如果已知椭圆偏振的椭偏度和方向,就有可能对非完

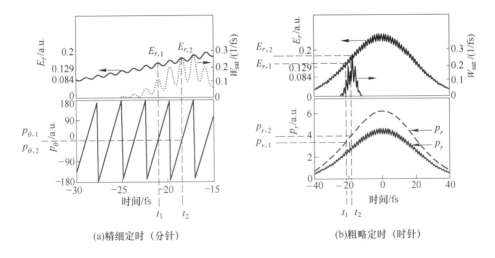

图 9.6 阿秒时钟的指针

(a)分针指数由最终电子动量角度 p_θ 给出,这一角度跟从激光载波频率 ω 随时间快速变化,能达到阿秒分辨率,见 9.2.1 节。根据式(9.8)由电场(实线)计算出电离速率(虚线),如果电离率跨越多个光学周期,一对一的时间-角度映射就被破坏了。不过通过最终动量的径向分量,对于超过激光周期的时间间隔,仍可获取明晰的时间信息。(b)阿秒时钟的时针。一般来说,由于椭偏度引发的振荡,p_r(图(b)下图中的实线)不是时间的单射函数,但是如果电子在脉冲峰值前被释放,"椭偏度修正"径向动量 p_r' (图(b)下图中的虚线)能保持单一映射

全圆偏振进行补偿。在这种情况下可以计算"椭圆修正"径向动量:

$$p_r' = \sqrt{(1+\varepsilon^2)p_x^2 + \frac{1+\varepsilon^2}{\varepsilon^2}p_y^2} \approx \frac{f(t)\sqrt{I}}{\omega} \quad (9.12)$$

假定电子在脉冲峰值前释放,p_r' 就是时间的单射函数。

9.3 实验装置

在阿秒时钟技术中,电离瞬间被映射到动量矢量,因此需要一个在 4π 立体角上具备一定动量分辨率的动量成像探测器。冷目标反冲离子动量光谱仪(cold target recoil ion momentum spectroscopy,COLTRIMS)能够观察从单个原子或分子分裂出来的电子或离子的完整运动,几乎不受动量矢量的方向与幅度的限制[38]。最优动量分辨率为一个原子单位的百分之几,相应离子能量分辨率为几十微电子伏。复杂延时线探测系统的发展使得对多个电子和离子的动量矢量符合测量成为可能,这一探测装置被重新命名为多粒子符合成像谱仪,目前已成为非常通用的光

谱仪[39]。已有综述文章总结了这种探测器的主要特性及其大多数应用[38-42]。下面的讨论范围限定于和阿秒时钟技术相关的方面,即动量矢量的计算过程、离子和电子的动量分辨率、两三个粒子的符合测量等。

9.3.1 动量矢量的计算

高动量分辨率是通过在尽可能窄的动量分布下制备原子或分子靶来实现的。用液氮预先冷却气体,然后使其经过 30μm 的喷嘴喷出。冷却气体经过"静默区"离子挑选器形成气体喷流,该区域内部气体温度很低,紧邻喷嘴。气流经过狭缝进一步准直,在相互作用区其直径约 1mm,气流与激光相交,激光在气流中聚焦。多粒子符合成像谱仪具有独立的时间和位置传感器,并由微通道板(micro channel plates,MCP)检测带电粒子,这些探测器安装在光谱仪的两端。光谱仪轴线方向(以 x 表示)与气流(y)及激光传播方向(z)垂直,激光偏振面为 x-y 平面。有关实验细节详见文献[21,43]。

在相互作用区产生的带电碎片被沿光谱仪轴线(x 轴)的均匀电场和磁场推动到探测器处。真空靶室外的亥姆霍兹线圈产生磁场,引导电子运行在螺旋轨道上,确保从全立体角度收集电子(达到最大初始动量)。离子碎片的质量与电子相比大得多,因此离子碎片在磁场作用下只能产生小幅旋转。与激光脉冲相比,光谱仪的电场强度要小 7~8 个量级。因此,在激光脉冲作用时(电离后几飞秒),光谱仪的电场作用可以忽略不计。在这段时间内,电子的位移(比离子更快)为几纳米。假设在激光脉冲作用后的 t_0 时刻,粒子处于 $(x=0, y=0, z=0)$ 位置,动量 $p = (p_x, p_y, p_z)$。当 $t = t_0$ 时,带电粒子进入运行轨道,在光谱仪电场作用下移动,经过几百纳秒到几十微秒的飞行时间(TOF)后到达探测器检测面,质量 m、电荷 q 的粒子在 (y,z) 位置碰撞探测器,其动量为

$$\begin{cases} p_x = \dfrac{mx}{t-t_0} - \dfrac{1}{2}Eq(t-t_0) \\ p_y = -\dfrac{1}{2}Bq\left[z - \dfrac{y}{\tan(Bq(t-t_0)/2m)}\right] \\ p_z = \dfrac{1}{2}Bq\left[y + \dfrac{z}{\tan(Bq(t-t_0)/2m)}\right] \end{cases} \quad (9.13)$$

式中:E、B 分别为光谱仪的电场强度和磁场强度,$t-t_0$ = TOF。式(9.13)右侧的参数都是已知的,TOF、y 和 z 由时间和位置传感器测量,x 是激光焦点和探测器检测面之间的距离。因此可以得到激光脉冲作用后粒子的动量矢量。

通过分析原始数据可以确定 E 和 B 的值。原始数据根据延时线信号的"时间求和"来筛选:不论粒子在何处撞击探测器,电子信号传递到每个延时线终点的时

间之和必须保持不变,这就保证了记录的信号都是真实粒子而不是电子噪声。经过筛选后,在离子飞行时间光谱中可以鉴别不同的粒子,由于其质量不同,它们到达探测器的时差可分辨(在标准光谱仪场强下为几微秒量级)。相对于目标气体,背景气体(主要是氢,还有水、氮和氧)在飞行时间光谱中的峰更小、更宽。将每个离子峰值与不同的原子相关联,通过以下方程(t_{ion}至少有两个值)可以计算出光谱仪的电场强度 E 和电离时刻 t_0:

$$E = \frac{2 m_{ion} x}{q (t_{ion} - t_0)^2} \tag{9.14}$$

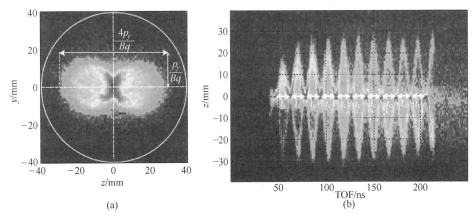

图9.7 (见彩图)磁场校准

(a)电子检测图像:对于给定的光谱仪磁场 B,根据式(9.16)可在探测器上成像的最大动量
(80mm 直径,白色圆圈);(b)在每一个回旋加速周期 t_c 后,电子会适时地重新聚焦并返回
$y=0$、$z=0$ 位置,从而在所谓的"鱼谱"上产生周期性节点。根据式(9.15),由 t_c 的估值
(图中所示为 15.77ns)可确定磁场强度($B=2.266$mT)。电子是在近圆偏振光作用下
(椭偏度为0.95)由氩原子产生的。

磁场 B 可通过电子的数据来计算。实际上,磁场对电子轨道的影响远大于对离子的影响。洛伦兹力 $F = q[E + (v \times B)]$ 将约束电子在螺旋轨道上,因此电子沿飞行时间轴线周期性地重新聚焦,通过初始位置($y=0,z=0$)。通过确定飞行时间光谱各节点之间的回旋加速周期(图9.7(b)),可以用下面的方程推算磁场值:

$$B = \frac{m_{el}}{q} \frac{2\pi}{t_c} \tag{9.15}$$

周期性的重新聚焦会导致某些初始动量的分辨率损失。TOF$=t-t_0=t_c$,根据式(9.13),p_y 和 p_z 的发散导致无法重建初始动量矢量。为解决这一问题,可以降低磁场强度,从而增加 t_c 和减少节点的数量,或是增加电场强度,将电子分布限制在两个节点内,代价就是在 x(TOF)方向的动量分辨率稍微差一些。然而使用强

电场和弱磁场的方法不一定可行。高动量电子约束了磁场的最小值,不能将所有电子分布压缩在回旋加速周期内。磁场强度越低,能够在探测器上成像的 y 方向最大允许动量就越低。y 方向动量满足下式[图 9.7(a)]:

$$p_y^{\max} < \frac{BqD}{4} \tag{9.16}$$

式中:D 为电子探测器的直径(通常为 80mm 或 120mm)。

对于阿秒技术的某些应用,需要使用 80mm 的探测器在 x 和 y 方向上检测动量达 3 个原子单位的电子。这要求磁场最小值达到 2mT(可以在亥姆霍兹线圈通 30A 电流产生,对应 1kW 功率),回旋加速周期为 18ns。

由于某些初始时刻的分辨率损失,无法完全重建偏振平面(x,y)上的电子分布。如图 9.8(a)所示,箭头标注了一些 p_x 的值,而无法得到对应的 p_y 值。这些是图 9.7 中 TOF 节点的动量。如图 9.8(b)所示,可以剔除这些数据,但会致使动量映射不准确。通过在不同电场下获取更多数据可以解决这一问题,仍然存在 TOF 节点(位置由磁场决定),但它们对应于动量的不同区域。取 3~4 组数据,就可以完全重建电子的动量分布,如图 9.8(c)所示。

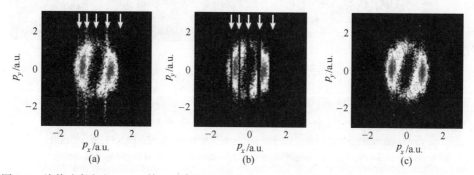

图 9.8 峰值功率密度 3.5×10^{14}W/cm² 的椭圆偏振光($\varepsilon=0.78$)作用下氩原子的单电离电子动量分布。(a)和(b)表示 $E=418$V/m 时的电子分布:白色箭头标注的一些初始动量由于分辨率的损失而无法存取,在(b)中被剔除。(c)表示不同电场下的测量结果,可以重建全部动量分布。

9.3.2 单电离和动量分辨率

在阿秒时钟分析中利用离子动量分布代替电子动量分布,可以规避某些初始电子动量分辨率损失问题。根据离子质量,其回旋加速周期比飞行时间大得多;对于氩来说,在相对较强的磁场下,t_c 在 100μs 范围内,比离子飞行时间要长得多,离子飞行时间通常为几微秒。另外,离子质量可能是离子动量分布分辨率欠佳的原因:离子越重,初始热分布导致的误差就越大,因为越重的离子在电离过程中速度越小。此外,对较重的原子和分子来说,超声冷却的情况更糟。因此,气体喷射方向 y 的动量分辨率变得更差。圆偏振光作用下的动量分布不再是圆环状,角条纹分析毫无意义。这就要求必须按照图 9.8 中总结的步骤,对重气体(如氩)的电子动量进行分析。至于轻气体(如氦)可以任意选择离子动量或电子动量。一般来说,电子动量分辨率比离子动量分辨率更高。然而,电子动量更容易受到光谱仪参数误差的影响,如场强、电离时刻或传输距离,因此校准过程必须非常准确。

同时检测到离子和电子是多粒子符合成像谱仪的优势,这就是"符合测量"的原理。对于单电离情况,动量守恒要求这两个分布必须是反演对称的。离子动量矢量 p_{ion} 必须相当于电子动量矢量 $p_{electron}$,因为这两个粒子在电离过程中加速度方向相反,原因在于两者电性相反。因此 $p_{ion}+p_{electron}$ 的极值必然出现在零点。图 9.9 所示为氦的单电离符合光谱。对 x、y 和 z 轴的分布进行高斯拟合,获得峰值位置及分布宽度。峰值位置必定为零点,可用于微调式(9.13)中的参数,如电场强度 E(由式(9.14)估算)或成像谱仪的臂长 x(迭代获取)。谱宽可衡量成像谱仪(对电子和离子)的总动量分辨率,一般来说,在不同的方向是不一样的。那么,图 9.9 中影响动量分布宽度的最重要效应是什么?

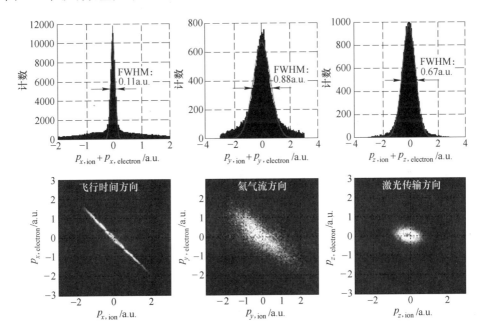

图 9.9 峰值功率密度 $8\times10^{14}\,\mathrm{W/cm^2}$ 激光作用下氦的单电离符合光谱。$(p_{ion}+p_{electron})$ 分布宽度由高斯曲线拟合估算,可衡量成像谱仪不同方向的动量分辨率。二维图像可用于校准和评估伪符合,因为分布应该是沿反对角线直线方向的[43]。

1. 热扩散

如图 9.9 所示,y 方向的分辨率比 x 或 z 方向上的分辨率更低,这主要是气流的热扩散造成的。初始热速度对离子检测比电子检测的影响更大,因为在电离过程中电子被光场加速得更多,因此其初速度分布的影响权重更小。

2. 电离原点的不确定性

式(9.13)中假定电子(或离子)轨道的原点恰好位于坐标系的中心。然而实际情况可能是原子电离时稍微偏离原点,尤其是沿激光传播方向(z)偏移,这是受激光聚焦的空间范围影响。这种偏移量有助于扩大动量总体分布,但采取紧聚焦方式可以减少偏移。

3. 探测器分辨率

此外,不确定性可能源自时间和位置传感器的分辨率(通常为 $\Delta x = \Delta t = 0.5\text{ns}; \Delta y = \Delta z = 0.5\text{mm}$),以及谱仪的电场和磁场指向误差和不均匀性。

4. 探测器饱和

如果有太多的粒子同时撞击到微通道板(MCP),可能会导致探测器饱和,由于电路的死时间限制,后续撞击到探测器同一位置的粒子不会被检测到,伪符合导致动量总分布变宽且不均匀(见 9.3.3 节)。这是多粒子符合成像谱仪常见的问题:为了获得合理的动量分辨率和可靠的测量数据,每个激光脉冲激发的电离事件数必须 $\ll 1$,通过减少气流密度可以满足这一要求,但这导致了数据采集时间的增加。

阿秒时钟技术最重要的可观察量是偏振平面中动量的角分量,$p_\theta = \arctan(p_y/p_x)$(图 9.4(a))。对 p_x 和 p_y 进行高斯拟合评估其不确定度(图 9.9),进而得到角不确定度。角不确定度取决于 p_θ 的值,p_θ 为 0、π 时最大,p_θ 为 $\pi/2$、$3\pi/2$ 时最小。取所有 σ_{p_θ} 的平均值能有效评估角不确定度。对于单一符合测量这一特殊情况,σ_{p_x} 和 σ_{p_y} 的值导致最终 σ_{p_θ} 的不确定度约为 10°,等效于 70as(中心波长 740nm)。通过改进喷气装置构造,可以压缩 y 方向的分布,不确定度收窄为 20as(见第 9.2.1 节和文献[22])。

除了估算动量分辨率,图 9.9 还可提供更多的信息。在单电离通道中,为满足动量守恒,同一母原子产生的离子必须满足 $p_{\text{ion}} = -p_{\text{electron}}$。这是"真"符合与随机符合(或"伪"符合)的区别。通过校验图 9.9 中的动量守恒曲线就能加以区分:二维图中反对角线外的扩散背景或零峰两侧相等的本底是由不同的原子或电子噪声产生的随机符合。跟动量分辨率一样,低离子(电子)计数率有利于降低伪符合的影响。如果计数率太高,意味着每个激光脉冲中不止一个原子被电离,因此在每个激光脉冲作用过程记录的数据中都会发现一个带电离子和两个(或更多)电子。在这种情况下,必须同时考虑"真""伪"符合,两者都能形成符合光谱,但两者中必然有一个是"伪"符合(如果某种原因未探测到"真"电子,那么两个都是"伪"符合),如图9.9中二维图像反对角线外的数据。当探测到"伪"电子时,情况会变得更糟。

9.3.3 双电离

延时线阳极探测器可以在每个激光脉冲作用过程中检测到不止一个粒子,这样就有可能研究原子或分子的双电离作用。利用阿秒时钟技术,根据动量矢量的相对角度(分针)和振幅大小(时针),可以获知释放第一个电子和第二个电子的时刻(见9.2.1节和9.2.2节)。双电荷离子和两个电子的动量需要符合测量。如果三个粒子均来自某个原子的分裂,根据动量守恒定律 $p_{ion} + p_{electron1} + p_{electron2} = 0$。

当检测双电离通道时,有以下两种不同的数据处理方法:

(1) 三粒子符合。在每一次激光脉冲作用下探测到的所有粒子中,只选择由一个双电荷离子和两个电子构成的粒子组合。与单电离情况类似,利用动量守恒方程 $p_{ion} + p_{electron1} + p_{electron2} \approx 0$ 查验数据质量,评估伪符合的数量,如图9.10所示。双电离的问题更加复杂,因为必须同时检测三个粒子。这种"完全探测"方法能将"伪"符合的影响保持在很低的水平:如图9.10所示的数据,激光功率较低时"伪"符合占10%,激光功率较高时"伪"符合占20%。该方法的缺点是检测率不均匀。如果两个电离电子的动量矢量相等,$p_{electron1} \approx p_{electron2}$,那么它们会同时在同一位置撞击电子检测器,两个电子中只有一个会被检测到。当第一个电子撞击MCP时,由于死时间影响在撞击位置周围形成盲区,第二个电子撞击到盲区时就无法被检测到。因此,由一个双电荷离子和一个电子构成的粒子组合,其检测数据会被剔除。换句话说,与具有不同矢量动量的两个电子相比,对具有相同动量矢量的两个电子的检测效率要低得多。

(2) 双粒子符合。在这种方法中,对数据的剔除不那么严格。由一个双电荷离子和一个电子构成的粒子组合会被保留,由动量守恒方程 $p_{electron2} = -(p_{ion} + p_{electron1})$ 计算第二个电子的动量矢量。该方法的优点是相较于三粒子符合测量,其检测率更加均匀,而且用这种方法可以分析电离后动量矢量相同的电子,只需直接测量一个电子,第二个电子可以间接计算。缺点是"伪"符合的影响更大,这可以从单电离通道的动量和(图9.9)以及探测器的电子检测率[44]来估算。在类似于图9.10的实验条件下,激光功率较低时"伪"符合占20%,激光功率较高时"伪"符合占27%。

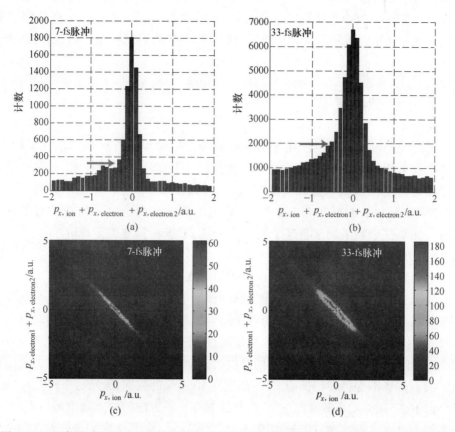

图 9.10 （见彩图）氩原子双电离符合频谱。(a)和(c)激光脉宽 7fs，峰值功率密度 3.5PW/cm^2，(b)和(d)激光脉宽 33fs，峰值功率密度 6PW/cm$^{2[24]}$。在脉宽较宽而功率密度较高的激光作用下，"伪"符合数量较多，箭头所指为伪符合测量导致的本底高度，在(b)中要高于(a)。

9.4 小结和展望

根据阿秒时钟技术的特性，可以利用飞秒脉冲分析阿秒电子动力学行为。目前已经在氦和氩的强场单电离[22,36]及双电离[24,45]实验中实现了阿秒尺度的时间信息提取。单次阿秒脉冲或阿秒脉冲串的光子在 XUV 波段，强度很小，无法启动强场过程。然而它们可以在条纹实验中作为触发或时序参考，与线性偏振飞秒脉冲结合使用，提供阿秒时间分辨率。

最近有两个实验研究了氖和氩的单光子电离，试图解答量子力学的一个基本问题[46,47]：光能以多快的速度从原子、分子或固体中移除束缚电子？根据实验结果得出结论,单光子电离耗费一定时间,与强场电离阿秒时钟实验结果形成对照[22]。

阿秒时钟原则上也可以采用类似的方式:单次阿秒脉冲引起电离,随后用椭圆偏振飞秒脉冲进行探测,相比于线性偏振脉冲,这种方式更"纯净",因为可以防止电子多次返回产生的影响[48]。

只要引入双色方案(极紫外+红外),阿秒时钟技术就可能成为研究电子或更复杂系统,如分子和固体动力学的优选方法。

参考文献

[1] F. Krausz, M. Ivanov, Rev. Mod. Phys. **81**, 163 (2009)
[2] M. Hentschel et al., Nature **414**, 509 (2001)
[3] P. M. Paul et al., Science **292**, 1689 (2001)
[4] E. Goulielmakis et al., Science **320**, 1614 (2008)
[5] X. M. Feng et al., Phys. Rev. Lett. **103**, 183901 (2009)
[6] E. Goulielmakis et al., Science **305**, 1267 (2004)
[7] G. Sansone et al., Science **314**, 443 (2006)
[8] T. Remetter et al., Nat. Phys. **2**, 323 (2006)
[9] J. Mauritsson et al., Phys. Rev. Lett. **100**, 073003 (2008)
[10] A. H. Zewail, J. Phys. Chem. A **104**, 5660 (2000)
[11] P. Tzallas et al., Nat. Phys. **7**, 781 (2011)
[12] U. Keller, IEEE Photonics J. **2**, 225 (2010)
[13] M. J. Abel et al., Chem. Phys. **366**, 9 (2009)
[14] F. Ferrari et al., Nat. Photonics **4**, 875 (2010)
[15] E. Goulielmakis et al., Nature **466**, 739 (2010)
[16] H. Wang et al., Phys. Rev. Lett. **105**, 143002 (2010)
[17] M. Holler et al., Phys. Rev. Lett. **106**, 123601 (2011)
[18] J. Itatani et al., Phys. Rev. Lett. **88**, 173903 (2002)
[19] M. Kitzler et al., Phys. Rev. Lett. **88**, 173904 (2002)
[20] A. L. Cavalieri et al., Nature **449**, 1029 (2007)
[21] P. Eckle, *Attosecond Angular Streaking* (Südwestdeutscher Verlag für Hochschulschriften, (2008)
[22] P. Eckle et al., Science **322**, 1525 (2008)
[23] P. Dietrich, F. Krausz, P. B. Corkum, Opt. Lett. **25**, 16 (2000)
[24] A. N. Pfeiffer et al., Nat. Phys. **7**, 428 (2011)
[25] P. B. Corkum, Phys. Rev. Lett. **71**, 1994 (1993)

[26] H. R. Telle et al., Appl. Phys. B **69**, 327 (1999)

[27] T. Brabec, F. Krausz, Phys. Rev. Lett. **78**, 3282 (1997)

[28] P. Eckle et al., Nat. Phys. **4**, 565 (2008)

[29] A. M. Perelomov, V. S. Popov, M. V. Terentev, Zh. Eksp. Teor. Fiz. **50**, 1393 (1966)

[30] L. V. Keldysh, Sov. Phys. JETP **20**, 1307 (1965)

[31] M. V. Ammosov, N. B. Delone, V. P. Krainov, Sov. Phys. JETP **64**, 1191 (1986)

[32] X. M. Tong, C. D. Lin, J. Phys. B **38**, 2593 (2005)

[33] X. M. Tong, Z. X. Zhao, C. D. Lin, Phys. Rev. A **66**, 033402 (2002)

[34] C. M. Maharjan et al., Phys. Rev. A **72**, 041403 (2005)

[35] M. Smolarski et al., Opt. Express **18**, 17640 (2010)

[36] A. N. Pfeiffer et al., Nat. Phys. **8**, 76 (2012)

[37] A. Guandalini et al., J. Phys. B, At. Mol. Opt. Phys. **39**, S257 (2006)

[38] R. Dörner et al., Phys. Rep. **330**, 95 (2000)

[39] J. Ullrich et al., Rep. Prog. Phys. **66**, 1463 (2003)

[40] J. Ullrich et al., Comments At. Mol. Phys. **30**, 285 (1994)

[41] J. Ullrich et al., J. Phys. B, At. Mol. Opt. Phys. **30**, 2917 (1997)

[42] R. Dörner et al., in *Advances in Atomic, Molecular, and Optical Physics*, vol. **48** (Academic Press, San Diego, 2002), p. 1

[43] A. N. Pfeiffer, Attosecond electron kinematics in strong field single and double ionization, vol. **53**. Dissertation at ETH Zurich, Nr. 19565 (2011)

[44] T. Weber et al., Nature **405**, 658 (2000)

[45] A. N. Pfeiffer et al., New J. Phys. **13**, 093008 (2011)

[46] M. Schultze et al., Science **328**, 1658 (2010)

[47] K. Klünder et al., Phys. Rev. Lett. **106**, 143002 (2011)

[48] P. Dietrich et al., Phys. Rev. A **50**, R3585 (1994)

第10章
基于高次谐波光谱的分子电子结构研究

D. M. Villeneuve, J. B. Bertrand, P. B. Corkum, N. Dudovich,
J. Itatani, J. C. Kieffer, F. Légaré, J. Levesque, Y. Mairesse, H. Niikura,
B. E. Schmidt, A. D. Shiner, H. J. Wörner

摘要 高次谐波光谱学是研究原子和分子价带电子结构的工具。它利用了高次谐波产生这一技术,即飞秒激光电离气体以后释放极紫外辐射。极紫外光子的强度、相位和偏振包含有电子出射的相关轨道信息。高次谐波光谱能够揭示电子-电子相互作用、电子波包运动的细节,并能跟踪化学反应。

D. M. Villeneuve · J. B. Bertrand · P. B. Corkum
Joint Attosecond Science Laboratory, National Research Council of Canada and University
of Ottawa, 100 Sussex Drive, Ottawa, Ontario K1A 0R6, Canada
e-mail: david.villeneuve@nrc.ca
Corkum@nrc-cnrc.gc.ca

N. Dudovich
Department of Physics of Complex Systems, Weizmann Institute of Science, Rehovot 76100,
Israel
e-mail: Nirit.Dudovitch@weizmann.ac.il

J. Itatani
Institute for Solid State Physics, The University of Tokyo, Kashiwa, Chiba 277-8581, Japan
e-mail: jitatani@issp.u-tokyo.ac.jp

J. C. Kieffer · F. Légaré · B. E. Schmidt
Institut National de la Recherche Scientifique INRS-EMT, 1650, boul. Lionel-Boulet, Varennes,
Quebec J3X 1S2, Canada
J. C. Kieffer
e-mail: kieffer@emt.inrs.ca
F. Légaré
e-mail: legare@emt.inrs.ca
B. E. Schmidt
e-mail: schmidtb@emt.inrs.ca

10.1 介绍

近年来,高次谐波产生(high harmonic generation,HHG)发展成为阿秒科学的主要研究手段。它能够产生阿秒脉冲[1],并能观测分子的动力学过程[2],对分子轨道进行埃($1Å = 10^{-10}$m)级空间分辨率的成像[3]。HHG 的原理可以简单地理解为三步模型:强激光场中的分子被隧穿电离,释放出的电子在场的振荡下被加速,接着被激光场驱使和母离子重新碰撞[4]。重碰撞是大部分强场过程的常规步骤,借助它,可以在阿秒的时间分辨率和埃的空间分辨率下观察动力学过程[5]。

超快激光科学的一大目标是在物质的自然时间尺度下测量与理解物质的电子结构和相关动力学过程。理解多电子的关联是主要的科学挑战之一[6]。电子关联会影响复杂系统的重要特性,比如分子中的组态相互作用和固体中的协同现象(如超导)。关于物质电子结构的知识来源于几十年来光电离和光电子光谱的研究[7-9],这些研究主要是由同步辐射光源推动的。近年来,强场物理学开辟了探测分子中的电子结构和动力学的新途径——台面级别的激光源。这些新方法依赖于电子的碰撞,即在激光场的作用下,从分子中释放出的电子再和该分子(母离子)碰撞。通过光致复合矩阵元的相位和振幅,复合分子的电子结构被写入辐射出的高次谐波光谱中[11, 13-15]。

对于强激光场这一过程的理解基于强场近似[16],但这一模型不够定量。当电子远离离子核时,运动由激光场主导,这种情况下,波函数就可以用平面波或者含时 Volkov 函数来表示。Coulomb-Volkov 的耦合问题通常使用库仑场的微扰进行处理[17]。下面将会给出另一种非常准确的方法,即在复合过程中使用准确的离子势并忽略掉激光场的效应,这一方法至少对于原子和小分子是成立的。

10.2 氩气中的库珀极小值

氩原子光电离截面在 50eV 的光子能量附近有一个显著的极小值,这个极小值在氩气的高次谐波光谱中很明显[13],复合过程中存在的强场并不影响极小值的位置。这一结果意味着,高次谐波实验能够直接测量无外场下靶原子或分子的电子结构。我们研究了氩气中的高次谐波和阿秒脉冲产生,实验结果表明,激光强度和波长并不影响极小值的位置。我们开发了一种从有效势的无外场连续函数计算高次谐波光谱的理论方法。使用散射函数可以计算高次谐波产生过程中的复合截面[18],可用于预测从稀有气体[19]和 H_2^+ [20] 中产生的高次谐波的光谱。氩气中观察到的高次谐波极小值和光电子光谱的极小值(库珀极小值[21])很接近。实际上,高次谐波产生的最后一步,与电子和离子的光致复合过程很类似。我们的方法能够定量重现观察到的极小值的位置,而其他一些使用平面波或者库仑波的方法无法得到这样的结果。

实验装置由三部分组成:采用啁啾脉冲放大技术的钛宝石激光系统(KM Labs),用于脉冲压缩的空芯光纤,用于产生和诊断高次谐波的真空腔体。激光系统提供能量2mJ、脉宽35fs、重复频率1kHz的激光。脉冲被聚焦进入充有氩气的空芯光纤中以实现自相位调制[22],输出的脉冲用啁啾镜进行压缩。压缩后的脉冲典型脉宽是6~8fs。这些脉冲被聚焦到脉冲气体喷嘴下面大约1mm处,喷嘴可以产生超声速膨胀的氩气。这套装置使得相位失配及高次谐波的再吸收最小化,有利于观测单原子响应。产生的高次谐波被送入经相差修正的凹面光栅组成的光谱仪。光栅将高次谐波从光谱上色散开,并且将其成像至微通道板探测器上。CCD相机获取光谱的图像并且将信号传至计算机中,对图像进行空间积分得到高次谐波光谱。

图10.1所示为中心波长780nm的8fs激光脉冲在氩气中产生的高次谐波的光谱。低能量部分的光谱为基频光的奇次谐波,在靠近截止区域光谱变成连续谱。显著的特征是33阶次附近出现一个很深的极小值。

高次谐波光谱中的极小值可能有不同的起源:一种可能是来自原子或分子的结构。如果是双中心干涉的结果,极小值的位置就和激光强度无关[24]。另外一种可能性来自连续态的电子或隧穿电离之后的离子的动力学过程,或(和)强激光场作用。将氦气和氖气的混合气体作为非线性介质,可以观测到这种连续态的动力学行为[25]。这样的极小值与定义明确的重碰撞时间有关,因此,极小值的能量和激光强度成线性关系。极小值也会很强地依赖于基频光的波长。

如图10.1所示,高次谐波的截止区能量随着激光强度的增加而增加,但是极小值的位置不变。使用长波的激光,极小值也位于相同的光子能量处[26]。这些结果可以证明,这个极小值与原子的电子结构有关,而与激光场中的动力学过程、激光源无关。

氩气中的极小值位于(53 ± 3)eV,这接近于单光子电离效率中的库珀极小值位置[27]。自高次谐波被发现以来,氩气中的这个极小值已经被报道多次[28-29]。在我们测得的光谱中,这个极小值很深,这是因为实验中使用的是超短脉冲,将截止区扩展至高光子能量,极小值就位于平台区了。

采用光电离光谱中普遍使用的无外场单电子的方法,我们能够准确地模拟高次谐波产生中电子复合的这一过程。原子势用来产生束缚基态和连续态的波函数,忽略掉复合时刻的激光场。没有激光场的情况下,系统是球对称的,电子波函数可以写成简化的径向波函数$\phi_l(r)$和球谐函数的乘积形式:

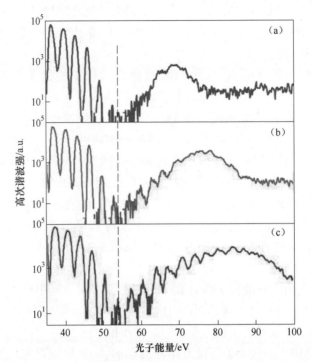

图 10.1 使用中心波长 780nm 的 8fs 激光脉冲在氩气中产生的高次谐波光谱。三幅图对应 3 种不同的激光强度：(a) 2.5×10^{14} W/cm²；(b) 2.9×10^{14} W/cm²；(c) 3.5×10^{14} W/cm²。[23]

$$\Psi(r,\theta,\phi) = \frac{1}{r}\phi_l(r)Y_l^m(\theta,\phi) \qquad (10.1)$$

式中：l 为电子的角动量量子数；m 为投影量子数。

有效的单电子势写为[30]

$$V_l(r) = \frac{l(l+1)}{2r^2} - \frac{1}{r} - \frac{Ae^{-r} + (17-A)e^{-Cr}}{r} \qquad (10.2)$$

式中：$A = 5.4$；$C = 3.682$。

自旋轨道相互作用被忽略。通过对角化在数值网格上的哈密顿量（$l=1$）得到基态波函数（3p）。使用 Numerov 算法[31]，对给定动能（正值）的电子的薛定谔方程数值积分，得到连续态波函数。考虑库仑势，在渐进大径向坐标下进行归一化计算[32]。

图 10.2 所示为氩气束缚态和连续态的波函数。通过数值积分式（10.2）的有效势，可以得到 $l = 0 \sim 50$ 的部分波函数，对它们求和就可以得到连续态波函数的二维切面。连续波函数由沿着 x 轴从左到右传播的平面波及散射波组成，后者强

烈地扭曲了平面波。这说明用平面波代表连续态波函数是有问题的,后面的章节将讨论这一内容。

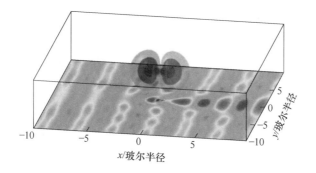

图 10.2 （见彩图）氩气的 $3p_x(m_l = 0)$ 轨道波函数及连续态波函数（$k = 1.8$ a.u.）实部的二维切面。原子轨道是通过量子化学计算得到,其中使用了 Hartree-Fock 方法和 cc-pVTZ 基矢。两种颜色对应波函数的不同符号,颜色深浅反映了振幅大小。在有效势（见正文）的基础上,添加了 $l=0\sim50$ 的成分,可以计算得到连续态波函数。伪彩色显示振幅的强度[23]。

图 10.3 中的曲线 1 表示光电离偶极动量的平方（以 10 为底取对数）,55eV 附近的极小值很明显。从图中曲线 2 可以看到光电离相位在库珀极小值附近数十电子伏范围内渐变。这是由于跃迁的 d 波部分波函数在极小值附近改变符号,但是振幅不够强,因此不能对相位造成一个突变的影响。

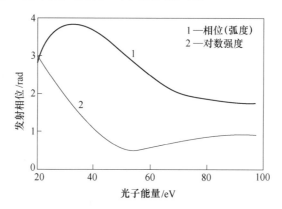

图 10.3 曲线 1:计算得到的光电离截面。55eV 附近的库珀极小值在图中十分明显。曲线 2:光电离偶极矩的相位。在库珀极小值处表现出小于 π 的相位渐变。

对于特定动能的电子,复合碰撞的总偶极矩通过一个极小点,因此高次谐波光谱上会出现一个极小值。这是因为跃迁到 d 波对应的径向波函数改变了符号。偶极矩的相位在通过极小值时变化很快,这就导致了高次谐波相位的类似变化。使用双光子跃迁干涉阿秒拍频重建(RABBITT)技术[33-34]或者混合气体[25]可以观察到这样的相位变化。

通过这一样例可以直接比较高次谐波光谱信息和光电子实验结果。两种情况下,径向积分都是一样的。但光电离截面是角度积分的测量,因此是出射部分波的非相干叠加,而高次谐波本质上是复合部分波函数的相干叠加。这就解释了高次谐波光谱中看到的极小值要比光电离中的深。

在最近的研究工作中可以看到关于电子动能(原子单位制,$k^2/2$)到光子能量(Ω)的传递的争论,有人认为$\Omega = k^2/2$,另一些人认为$\Omega = k^2/2 + I_p$[3,35-36]。这是电子被离子势加速而使得在重碰撞时刻的电子动能定义不清晰所致。使用平面波和$\Omega = k^2/2 + I_p$预测的氩气中极小值在21eV附近。使用其他的色散关系,极小值会移动到5eV,和实验结果偏离更大。使用严格的连续态函数,当电子到离子的距离远到离子的势场可以被忽略时(渐进距离),此时的电子动量就是k,色散关系只能使用$\Omega = k^2/2 + I_p$表示。

目前的近似方法主要是忽略激光场。使用半经典模型比较这一过程中涉及的能量的振幅大小,可以证明这种近似是合理的。极小值位置的电子动能是35eV,离子势是15.8eV。在复合区域,激光场电静势的变化仅仅是数电子伏,这意味着,在复合时刻,激光场对电子的效应可以忽略,因此,可以使用无外场的连续态波函数描述这一过程。

10.3 氙气中电离通道间的耦合和巨共振

如10.2节所述氩气中光电离截面的结构特征在高次谐波光谱中有很明显的表现。本节将这一结果扩展到150eV,在高次谐波光谱中可以观察到光复合中(特别是多通道之间)多电子过程的特征。

使用高次谐波光谱去研究新的一类电子集体运动,这类过程由复合电子导致并可以利用其进行探测。返回电子的动能通常远远大于母离子的电子能级,因此碰撞复合之后很可能发生非弹性散射(图10.4(b))。以氙气为例,可证实这样的过程确实能够发生,而且这可以将高次谐波产生效率增强一个量级以上。这样复杂的路径对相位匹配过程有显著贡献。这揭示了高次谐波光谱的另一种效用,即观察电子关联。这表明,高次谐波光谱中电子-电子关联无处不在。通过光谱特征,可以利用高次谐波研究多电子动力学。这和光电离的方法类似,但是其具有阿秒时间分辨的潜力。

直到最近,高次谐波的产生一直用单电子近似来描述。在预制过渡金属等离

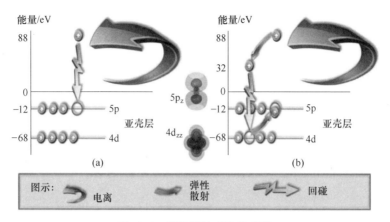

图 10.4 高次谐波产生的步骤

(a) 在通常的三步模型中,电子从价带隧穿电离,在连续态中加速,然后和其产生的态复合。
(b) 非弹性散射的情况下,返回的电子会激发一个处于更低能级的电子到价带,
该能级就会留下一个空位,电子和这个空位复合。上述两种情况下,电子的复合过程,
(a)复合到5p,(b)复合到4d,都会导致100eV光子的发射。

子体中的高次谐波产生实验中,可以观察到明显的单个高次谐波的增强[37]。Frolov 等[38]认为,这是由于 Fano 自电离共振和 3d-3p 跃迁所致,这些都说明了高次谐波产生过程中多电子效应的重要性。

我们在实验中使用新的激光源,激光参数(1.8μm,脉宽短于 2 个光周期)对于光谱研究来说很理想[40-42]。长波激光可以在低电离势的系统(比如小的有机分子)中产生能量超过 100eV 的重碰撞电子。

使用相位匹配的气体细喷嘴,在惰性气体(氩气、氪气、氙气)中产生高次谐波[39]。实验结果如图 10.5 所示,在新激光源的激励下得到光滑的光谱。160eV 是光谱仪的探测极限。下面讨论如何使用高次谐波光谱测量光电离截面。高次谐波产生的三步模型[4]可以近似拆分成三项[3,15,43-44]:电离 I、电子的传播 $W(E)$ 和复合碰撞 σ^r。尽管这一表述的有效性还没有被深入研究过,其准确性已足以比较 Xe 和 Kr 中产生的高次谐波光谱。两种气体中产生的高次谐波都涉及从 p 轨道的电离:

$$S(E_\Omega) = I(F,\omega)W(E)\sigma^r(E) = \mathbb{W}(E)\sigma^r(E) \tag{10.3}$$

式中:$S(E_\Omega)$ 为高次谐波的光谱强度,$E_\Omega = E + I_p$ 为辐射出的光子的能量 I_p 为电离势;E 为电子动能;ω 为激光频率;F 为激光场。

光复合截面 σ^r 通过细致平衡和光电离截面 σ^i 关联在一起[43,45]。光电子沿着平行于电磁场偏振矢量方向发射,对应的光电离截面的微分是光复合的适当组成部分。微分截面由各向异性参数 β 决定。根据算式

$$\partial\sigma^i/\partial\Omega = \sigma^{\text{total}}(1 + \beta P_2(\cos\theta))/4\pi$$

可以通过光电离实验测量 β，其中 $\theta = 0$。

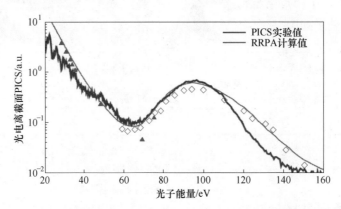

图 10.5 （见彩图）图中蓝线表示实验得到的氙气中的高次谐波光谱，使用的激光参数：波长 $1.8\mu m$，脉宽 11fs（约 1.8 周期），光强 $1.9\times10^{14}W/cm^2$，光谱数据已经过校准。图中绿线表示氙气中 RRPA 计算结果[47]。红色三角形[48]和绿色菱形[49]表示 PICS 测量结果，两者使用非对称参数[47]加权处理[39]。

我们使用氪气中测量到的高次谐波光谱 $S_{K_r}(E_\Omega)$ 和文献[46]的光电离截面 $\sigma^i_{X_e}(E_\Omega)$ 对系统进行标定。重碰撞电子波包的光谱可以通过公式 $\mathbb{W}(E) = S_{K_r}(E_\Omega)/\sigma^i_{X_e}(E_\Omega)$ 确定。这和文献[3]使用的方法类似。将测量到的氙气中的高次谐波光谱和这一项相除，提取光电离截面 $\sigma^i_{X_e} = S_{X_e}(E_\Omega)/\mathbb{W}(E)$。由于两项相除，因此消除了光栅反射率和探测器响应的影响。而且当电离势相似时，σ^i 和 σ^r 的比例系数也近似抵消了[43,45]。在整个光谱范围内，修正系数几乎总是 2，这说明重碰撞电子波包在整个光谱能量内几乎是平的。图 10.5 给出了实验得到的 $\sigma^i_{X_e}$ 和同步辐射得到的光电离截面。两者极好的符合说明了高次谐波光谱中包含有电子结构的详细信息，这些信息通过光复合截面写入了高次谐波中。值得注意的是，强激光场可以被忽略。

图 10.5 中最显著的特征是 100eV 附近的峰。围绕这一特征的广泛研究促使了光电离中电子-电子关联理论的发展[50]。由于形状共振，4d 电子在这个区域有着很大的电离截面，因此导致了 100eV 的峰。能量分辨的测量[49]显示，由于 4d 亚壳层电子-电子的相互作用，5p 壳层的光电离截面在 100eV 附近被极大地增强。

高次谐波产生的第一步是最弱的束缚电子的隧穿电离，对于氙气来说是 5p 电子。4d 电子（束缚势 68eV）隧穿电离的概率非常小（10^{-51}）。4d 壳层如何才能影响高次谐波产生过程中的光复合？图 10.4(b) 中显示了回归的连续态电子和束缚 4d 电子的库仑相互作用，这一过程中的能量交换导致 4d 电子被推上去填充了 5p

的空穴。连续态电子因此失去56eV(两个亚壳层的束缚能量差),适当的动能大小使得电子处于准束缚连续态,可以增强4d截面。被减速的电子和4d空穴复合,发出一个光子,由于能量守恒,光子能量和直接路径一样。包含了所有亚壳层贡献的多电子计算结果如图10.5中的绿线所示。

我们成功地预测了氙气中观察到的高次谐波光谱,但这并不能说明4d通道的高次谐波辐射是相位匹配的。电子-电子相互作用是否导致相干性的缺失?这样的相干性是相位匹配的必要条件。常规高次谐波产生模型[39]显示,在这一过程中,相干性确实能被保持。在强场近似中,离子演化的相位由其总能量决定;连续态电子相位由经典作用量决定。碰撞激发之后,离子和连续态电子交换能量,总能量保持不变,这就意味着激发时间不影响辐射相位,因此相干性得以保持。

氙气高次谐波光谱中的100eV峰意义重大,它证明了高次谐波光谱的形状很大程度上是由光电离截面决定的[15,23,43]。实际上,Frolov等[15]预测了氙气中高次谐波光谱的巨共振。我们测量的光谱和之前测量的光电离截面具有很高的一致性,这一结果非常重要,它说明了高次谐波产生过程中的电子关联和离子的激发。在这一实验中,使用小于两个周期的红外激光,在高次谐波光谱中直接观察到碰撞激发之后伴随着电子往内壳层的复合,这很可能是高次谐波产生过程中的普遍现象。

10.4 准直分子的高次谐波

从准直分子产生的高次谐波中可以看到,光谱形状很大程度上由最高分子占据轨道(highest occupied molecular orbital, HOMO)决定[51]。高次谐波产生过程可以用于对N_2的单电子轨道波函数成像[3],稀有气体的这些轨道决定了高次谐波光谱[36]。理论计算也支持这样的结论,即高次谐波依赖于HOMO[52-55]。本节将展示准直N_2、O_2和CO_2的高次谐波光谱,可以看到不同气体对应的光谱具有由电子结构决定的独特特征。

实验装置见文献[3,57]。N_2、O_2和CO_2通过一个脉冲超声阀门注入真空腔体,气体密度大约为$10^{17}cm^{-3}$,转动温度大约为30K,激光脉冲宽度为30fs,波长为800nm,光强为$5\times10^{13}W/cm^2$。激光造成了多个转动态的叠加,导致分子指向的周期性恢复。使用半波片,可以旋转分子轴的准直方向。在旋转恢复的峰值时刻,典型时间是在第一个脉冲之后4~20ps,第二个更强的脉冲被聚焦进入气体,产生高次谐波。光强是$(1\sim2)\times10^{14}W/cm^2$,XUV光谱仪(由变刻线光栅、MCP和CCD相机组成)用于记录高次谐波光谱。

以5°为步长,在±100°的范围内改变分子的准直方向(相对于激光偏振方向),

并记录高次谐波光谱。光谱 $S(\Omega)$ 如图 10.6 所示。

三步模型中,高次谐波光谱相应是电离、传播和复合的乘积。把前两步整合到一起变成一项,用来描述复合时刻的连续态波函数 $a(\omega)$。辐射的信号 $S(\Omega)$ 表示为

$$S(\Omega) = \Omega^4 |a(\Omega)D(\Omega)|^2 \quad (10.4)$$

式中:Ω 为辐射出的 XUV 的频率;D 为复合偶极矩矩阵元。

使用 Ar 作为参考原子,测量谐波谱 $S_{\text{ref}}(\Omega)$,从而得到连续态波函数的光谱振幅 $a(\Omega)$。只使用 Ar,而不是用不同的参考原子去匹配分子的电离势。这是由于不同原子(He、Ne、Ar)的连续态波函数的振幅几乎都相同[36]:

$$a(\Omega) = \frac{S_{\text{ref}}(\Omega)^{\frac{1}{2}}}{\Omega^2 D(\Omega)}$$

根据氩气 3p 轨道,由 GAMESS 方法计算 D[60]。

经过标定的 $\Omega^2 a(\Omega)$ 在半对数坐标下[36]近似是一条直线(图 10.7)。将其拟合成一个线性方程 $\Omega^2 a(\Omega) = a_1 e^{-a_2 \Omega}$,这就避免了由于氩气光谱结构导致的任何小的偏移,比如 H31 附近的库珀极小值[13, 21]。在图 10.6 中画出曲线 $S(\Omega)^{1/2}/(\Omega^2 a(\Omega))$。

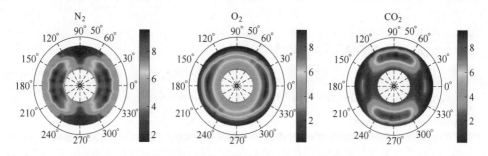

图 10.6 (见彩图)实验得到的相对于分子轴和激光偏振方向夹角的 N_2、O_2 和 CO_2 的高次谐波光谱。伪彩色表征每一阶次谐波强度的平方根除以连续态波函数的振幅 $\Omega^2 a(\Omega)$,极坐标的半径表示谐波的阶次(17~43),极坐标的角度表示分子轴和激光偏振方向的夹角[56]。

需要说明的是,这些测量中已经包含了电离率对分子准直角度的依赖性。例如,平行于分子轴时,N_2 最容易被电离;而对于 CO_2 和 O_2,最容易电离的角度是 $45°$[61],测量结果对准直分子中所有角度进行了积分。

实验结果表明,每一个分子都具有独特的特征。这一结果支持了我们的观点:分子的价带电子结构对高次谐波辐射有影响。在 N_2 中最强的辐射在 $0°$ 附近,而在 CO_2 中是 $90°$。O_2 中高次谐波辐射随角度变化不大,不过还是可以看到峰值在 $0°$ 附近。

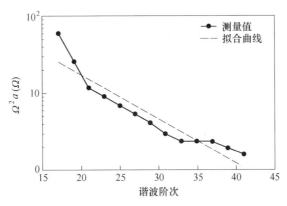

图 10.7　基于参考氩气光谱的连续波函数 $\Omega^2 a(\Omega)$ 振幅的标定。测量得到的氩气中的高次谐波光谱除以计算得到的氩气 3p 轨道的复合偶极矩。半对数坐标下的拟合直线用于归一化图 10.6 中的光谱[56]。

在 CO_2 中的测量清晰地显示了辐射过程中的双中心干涉导致的 0° 附近的振幅极小值[62-64]。随着分子角度的增大,极小值的位置朝着高阶次移动。在简单的平面波模型中,当 $\sin(k \cdot R/2) = 0$ 时,来自每一个氧原子的辐射会干涉相消。$R = 2.3 \text{Å}$ 是氧气原子之间的距离,k 是相应的谐波阶次对应的电子波数(原子单位制下的动量),可以写作 $\cos\theta_{mol} = 2\pi/kR$。当 $\theta_{mol} = 0$ 时,最小值出现在 H27。假设色散关系是 $\Omega = k^2/2 + I_p$,使用 RABBITT 法[65]测量谐波的相位,可以看到在这个区域有一个 2rad 的相位跃变,相位跃变的具体位置随着分子角度的增加而增加。这一结果看起来与分子指向依赖的双中心干涉一致。然而必须指出的是,在干涉极小值的位置上两者有些不一致。Kanai 等[64]观察到极小值在 H25,而 Vozzi 等[63]的观察结果在 H33,这是强度依赖的干涉所导致的。简单的理论模型没有考虑这一特性,因此还需要更深入的理论探索。现在已经发现,这种不一致来源于 CO_2 中不同分子轨道的干涉,当激光偏振平行于分子轴时,对应的轨道是 HOMO 和 HOMO-2[11,66]。

氮气中的极小值位置在 H25 附近,有趣的是,当相对于激光偏振方向旋转分子的时候,极小值的位置并不朝着高阶次移动,甚至在非准直的分子中也能观察到这个极小值。N_2 分子准直与[65]否[67],并不影响开始于 H25 的相位跃变,其与分子角度也无关。这些观测结果都和简单的双中心干涉模型的预测相冲突,双中心干涉模型预测谐波振幅和相位强烈依赖于分子的角度。

为了测量 XUV 辐射的偏振态,在光栅和 MCP 之间插入一对银镜,角度分别是 20° 和 25°。这些镜片相当于 XUV 的偏振片[69],尽管偏振消光比并不完美。上一节已经提及,分子轴的方向可以通过波片 HWP1 控制,可以以 5° 为步长在 ±100° 的范围内改变。泵浦和探测光的偏振可以通过旋转 HWP2 来改变。在典型的偏振测量中,需要旋转偏振片;在这个实验中,保持偏振片不动,旋转分子的方向和探测光偏振方向。实验细节详见文献[68]。

图 10.8 所示为不同准直分子中偏振测量的结果[68]。偏振方向相对于实验室坐标系,其中激光是垂直偏振。在对谐波强度的测量过程中,每一种分子显示出了独特的结构。

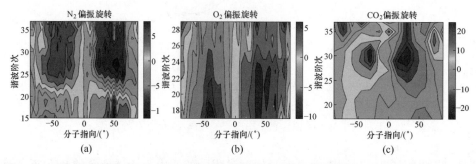

图 10.8　(见彩图)准直 N_2、O_2 和 CO_2 产生的高次谐波的偏振旋转测量。颜色代表着相对于垂直方向的旋转角。正值(红色)意味着辐射出的 XUV 偏振沿分子轴相对于探测激光偏振方向的偏移。对于原子来说,旋转角度为 0°。在实验的准确度范围内,XUV 辐射是线性偏振的[68]。

图 10.8(b)所示为 O_2 中偏振旋转的测量结果,和其他分子相比,这一结果并不明显。XUV 的偏振沿着分子轴向旋转,但是与分子角度和谐波阶次的相关度很低。这意味着,复合偶极矩矢量的符号没有改变。

图 10.8(c)所示为 CO_2 中偏振旋转的测量结果。在 3 种分子中,CO_2 中的结果最为明显。其方向相对于 O_2 是相反的,最大旋转角对应的谐波阶次正是谐波光谱极小值的位置。因此,通过偏振测量可以把振幅极小值归因于平行于激光偏振方向的偶极矩的相应成分。

图 10.8(a)中 N_2 的测量结果显示低阶次和高阶次谐波与分子转向之间的关系不同。对于低阶次谐波来说,偏振沿着激光偏振方向旋转;而高阶次朝着相反的方向。这一显著的特征在最近的其他实验中也被观察到[70]。旋转方向的改变发生在 H21 附近,而且这与角度无关。振幅极小值在 H25 附近,也与角度无关。振幅的极小值对应于复合偶极矩矩阵元的极小值。偏振方向的改变对应于复合偶极矩矢量的垂直成分符号的变化。在理论模型中,如果平行成分符号改变,那么也可以得出和实验相符的结果。因为取模,测量结果的取值范围是[0, 2π],20°有可能实际上是−160°。因此,振幅和偏振测量包含了复合偶极矩互补的信息。

10.5 分子轨道的断层成像

量子力学的一些解释认为波函数在现实中并不存在,只有波函数的模方具有意义。然而,波函数的概念可以使原子和分子中的电子结构可视化[71]。目前,单电子分子轨道波函数作为一种数学的架构,用来描述分子的多电子波函数。由于最高占据轨道与分子的化学特性相关,人们对其非常感兴趣。但是,在实验中还不能观测这些轨道。使用高强度飞秒近红外激光可以激发隧穿电离这一高非线性过程,从而可以选择性地移除最高占据轨道的电子,大约2fs之后,这个电子和分子复合。在这个过程中,分子会释放包含有分子轨道形状信息的高次谐波。将气相分子沿着一组角度准直,利用断层成像的方法,辐射出的高次谐波光谱可以转化出二维轨道波函数的图像。自由电子波函数和分子轨道波函数的相干干涉可以给出实际的波函数,而非波函数的模方。这种方法是一种零差检测[3]。

只有电子动量谱仪[72]和扫描隧道显微镜[73-75]等少数方法能够显现最高分子轨道。这些实验得到的宝贵数据可以用来和几种理论模型进行比较,如Hartree-Forck、Kohn-Sham和Dyson轨道[76]。电子散射和X射线衍射等其他一些方法可以测量分子的总电子密度,而不能测量特定的轨道。然而,分子的化学性质是由前线轨道所决定的。

高次谐波作为一种阿秒极紫外光子源,可以用来探测超快动力学过程。在这里将分子高次谐波产生作为一种对分子轨道结构灵敏的标识物而非探针。从以往的研究中可以发现,分子的高次谐波光谱含有核间距的信息[77-78]。通过记录从固定角度的分子产生的一系列高次谐波光谱,可以断层重构最高电子轨道的形状,其中包括了波函数的相对相位。

使用非共振激光可以在空间准直气相分子[79]。使用椭圆偏振光可以将中型尺寸的分子固定在三维空间中[80]。绝热脉冲的瞬间关停效应能够实现无外场的分子准直[81]。使用短脉冲可以产生周期性同相的旋转波包[82],而且极性分子被旋转到一个特定的方向[83-84]。

在N_2中我们进行了验证性的实验。N_2的最高占据轨道(HOMO)是$2p\sigma_g$。这个轨道是Dyson轨道,对应于电离N_2至阳离子的基态。次高轨道是$2p\pi_u$,能量低于HOMO 1eV,具有不同的对称性。已经有实验报道了从N_2较低轨道辐射的高次谐波[85]。

实验中[3]使用的是钛宝石激光系统(10mJ、27fs、800nm、50Hz),激光被分成延时可变的两束光:第一个脉冲使得从喷嘴出射的氮气中产生旋转波包[82],光强低于$10^{14} W/cm^2$,不能产生高次谐波;第二个脉冲(光强$3\times10^{14} W/cm^2$)产生的高次谐波用极紫外光谱仪探测。

旋转恢复的过程中存在两个明显的时间点,分子有着清晰的空间取向:相对于激光偏振方向平行(4.094ps)和垂直(4.415ps)[82]。利用平行方向的时间点,使用半波片旋转分子轴取向相对于高次谐波脉冲的偏振方向。为了消除极紫外光谱仪的敏感性和其他系统效应,根据 Ar 中产生的高次谐波将 N_2 中产生的高次谐波谱归一化处理。氩气和氮气的电离势几乎相同,因此电离过程会很类似。标定方法与图 10.7 类似。

高次谐波产生的三步模型[4]可以分解为三项[3,15,43-44]。高次谐波的光谱正比于回归电子导致的偶极动量的平方:

$$d = <\Psi_m(r)|r|\Psi_e(r)> \quad (10.5)$$

式中: Ψ_m 为电离的分子轨道波函数。

向外传播的电子波函数是复 Volkov 波[86],而回归波函数 $\Psi_e(r)$ 用平面波(e^{ikx})描述。最新的模型将连续态描述成无外场的散射态。为了简化分析,使用平面波模型。对于每一个谐波 n,回归电子对应的动量 k_n 满足 $\hbar k_n = \sqrt{2m_e(nE_L - E_i)}$。

图 10.9 所示为准直 N_2 分子产生的高次谐波光谱,这些光谱都除以氩气中的参考光谱。分子轴以 5°为步长旋转。每一个光谱振幅都不同,说明实现了对分子不同角度的准直。下面说明怎样将高次谐波信号层析地转换成分子轨道的图像。假设激光偏振方向沿 x 方向,分子轴相对于 x 轴成 θ 角度。对于非平面分子,这个角度可以用欧拉角代替。欧拉角可以完全描述分子的取向。使用旋转后的波函数描述旋转分子 $\psi_m(r,\theta)$。

由式(10.5),n 阶高次谐波对应的偶极矩振幅可以写成积分形式:

$$d_n(\theta) = \int_{-\infty}^{+\infty}\int_{-\infty}^{+\infty} \psi_m(r,\theta)\hat{r}e^{ik_nx}dxdy \quad (10.6a)$$

$$= FT\{\int_{-\infty}^{+\infty} \psi_m(r,\theta)rdy\} \quad (10.6b)$$

为清晰起见,这里舍去了第三个维度 z。d 为复矢量,是分子波函数沿 y 方向的积分的空间傅里叶变换(沿 x 方向)。

根据傅里叶切片定律[87],投影 P 的傅里叶变换等同于沿着 θ 角对目标的 2 维傅里叶变换的切片。这是基于反 Radon 变换的计算机层析成像的基础。偶极矩是波函数投影的傅里叶变换,高次谐波产生过程和计算机层析成像之间的这种类似性使人感到不可思议。

层析反卷积的结果如图 10.10 所示,图(a)是对实验结果的重建,图(b)是 N_2 的 $3\sigma_g$ 轨道的计算结果。图中数据既有正值也有负值,意味着这是波函数而不是

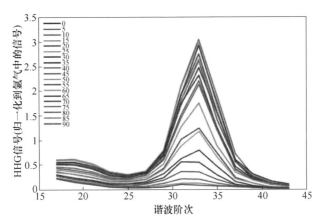

图 10.9　（见彩图）N_2 中的高次谐波光谱。以 5° 为步长改变分子轴和激光偏振方向的夹角。为了去除重碰撞电子波包的振幅，每一个光谱都除以线性化的氩气参考光谱[56]。

波函数的模方。重建中很好地复现了波函数过 0 点的节点。

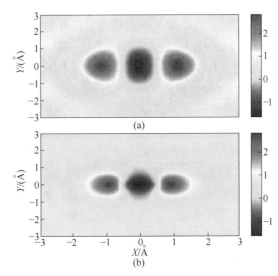

图 10.10　（a）用高次谐波（数据来自图 10.9）重构出的 N_2 的最高占据分子轨道。重构中假定了辐射高次谐波的偏振方向，同时假设在 H25 附近有一个相位突变。（b）N_2 的 $3\sigma_g$ 轨道的从头计算结果[3]。

通常认为，量子力学不允许对波函数进行测量[71]。尽管不能测量单个量子系统，但能测量一组量子系统的集合[88]。我们记录了系统两个态的偶极跃迁矩阵元（式(10.5)）。作为哈密顿算符的期望值，它是量子力学的可观测量。由是零差测量,因此得到的分子轨道波函数具有一定的不确定性:任意的相位、归一化常数和直流项;部分束缚态电子波函数被激光移走,之后在复合阶段和没被移走的部分干涉。

空间分辨率受最高阶次谐波对应的电子波长限制。这由电离势 E_i 和电离分子的光强决定(并不一定是峰值光强)。如果 800nm 激光的光强 $I = 2 \times 10^{14} W/cm^2$, $nE_L = 38eV$, 电子波长 $\lambda_e = 2Å$, 使用长波激光(比如参量放大器)可以增加截止能量。对于 1.8μm 的激光, $\lambda_e = 0.9Å$, 最高空间频率成分 $k = 7Å^{-1}$, 通常来说足以空间分辨分子轨道。

重建技术的数学基础详见文献[90-91]。相比于仅仅考虑单个分子轨道,更缜密的研究方法认为系统里的所有电子是不可分辨的,这就导致 Dyson 轨道和复合时电子交换的概念。这些因素会对重建的解释产生影响,并且使得实验和理论结果更加一致。

10.6 对 CO_2 分子轨道的层析重建

10.5 节介绍了如何重建 N_2 中单个分子轨道波函数的图像,本节将利用类似方法研究 CO_2 分子。CO_2 的 HOME(Π_g)轨道的形状和对称性与 N_2 分子(Σ_g)很不一样。Π_g 对称性中节点平面的存在使得对实验结果的解释变得很困难。而且,对于沿着 0°完美准直的分子,沿着节点平面方向的电离会导致进入连续态的电子波函数有一个节点。因此,返回的连续态波函数有一个节点平面,这就和平面波的假设相冲突。这种冲突在 0°和 90°以外的情形不会发生。然而,这使得重建变得更加复杂。Vozzi 等对 CO_2 分子的 HOMO 进行了重建[92]。

为了克服这一困难,使用 800nm 椭圆偏振的激光准直 CO_2 分子[93]。记录不同分子角度、不同激光椭偏度下的高次谐波。改变激光椭偏度,当高次谐波强度下降至 1/3 时,记录下高次谐波光谱。计算左旋椭圆偏振和右旋椭圆偏振情况下的平均值。实验结果如图 10.11 所示。

与重建 N_2 波函数一样,CO_2 中得到的高次谐波光谱除以氩气中的参考光谱,得到归一化的高次谐波信号。将信号的平方根绘制在图 10.12 中,这和图 10.6 使用线偏振光在 CO_2 中产生的高次谐波有些不同。使用椭圆偏振光时,90°的位置上出现极小值;而使用线偏振光时,90°的位置出现的是极大值。这很可能是 HOMO 波函数的节点平面所致。

我们将使用和 10.5 一节略有不同的方法重构束缚态波函数。和前面一样,高次谐波信号被写成复合时刻的偶极矩乘以重碰撞电子波包的振幅,即

$$S(\omega;\theta) = |a(\omega)|^2 |d_L(\omega;\theta)|^2$$

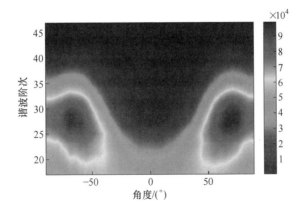

图 10.11 （见彩图）使用椭圆偏振光在 CO_2 中产生的高次谐波强度。改变椭偏度，当谐波强度下降至 1/3 时，记录下光谱。光谱数据是左旋椭圆偏振和右旋椭圆偏振情况下的平均值。由于重碰撞波包沿着一个角度回到节点平面，节点平面的效应被消除。

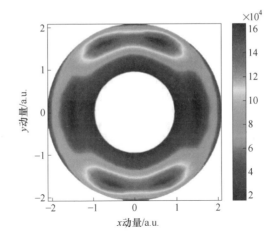

图 10.12 （见彩图）极坐标下 CO_2 中产生的信号（图 10.11）的平方根，归一化到氩气中的参考光谱。

前面使用长度规范描述束缚态到连续态波函数的跃迁偶极矩矩阵元，可以近似写成平面波形式：

$$d_L(\omega;\theta) = <\Psi(r;\theta)\mid r\mid k(\omega)> \quad (10.7)$$
$$= \int dr \Psi(r;\theta) r e^{ikr}$$

使用速度规范可以得到

$$d_v(\omega;\theta) = \Omega < \Psi(r;\theta) \mid \hat{p} \mid k(\omega) > \quad (10.8)$$

$$= \Omega \int dr \Psi(r;\theta) \hat{p} e^{ikr}$$

$$= \Omega k \Psi(p;\theta)$$

由于动量算符 $\hat{p}$ 作用于动量为 k 的平面波得到 k，因此在速度规范下跃迁偶极矩阵元正比于动量空间的束缚态波函数，即实空间波函数的空间傅里叶变换。使用速度规范的优点是不需要辐射出的高次谐波两个偏振成分的信息，但这样也无法获得偏振提供的其他信息。目前的实验中，使用椭圆偏振光无法得到 XUV 辐射的偏振信息。

我们缺少 XUV 辐射的相位信息，这一信息至关重要。在 N_2 的实验中，假设波函数是实数，也就是说，相位是 0 或 π，因此，归一化信号的平方根(图 10.12)乘以 ±1 就是波函数，如图 10.13 所示。假设 H25 处有一个相位跃变，这个位置谐波强度极小(图 10.12)。同样，假设 0°、90°、180°和 270°的位置存在相位跃变。上述相位跃变的假设基于束缚态波函数对称性的假设。对图 10.13 反傅里叶变换，就得到了 CO_2 束缚态波函数的空间图像，如图 10.14 所示，这和对 CO_2 的 Π_g 轨道的预期相符。

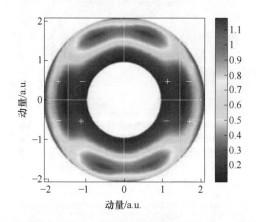

图 10.13　根据相位跃变情况，将图 10.12 中不同部位的数据乘以 ±1

以上轨道重建的问题在于相位跃变的假设。通过假设每一象限的相位跃变，实际上假定了波函数的对称性。如果不假设 90°和 270°的位置上存在相位跃变，重建的轨道对称性就变成 Π_u，在图 10.12 中，如果每一点的强度赋值为 1，保持相位不变依然能得到看起来像 Π_g 的波函数。因此，使用这一方法重建的 CO_2 的 HOMO 波函数令人质疑。

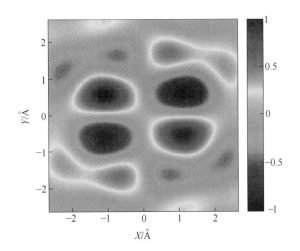

图 10.14 （见彩图）速度规范下跃迁动量(图 10.13)的反傅里叶变换。这是 CO_2 的 HOMO 波函数的重构图像，显示出和预期一样的 Π_g 对称性。相位跃变假设见图 10.13，这种跃变决定了对称性。如果假设其他跃变形式，对称性也会相应发生变化。

10.7 使用高次谐波光谱跟踪化学反应

现代超快科学的一大研究目标是对化学反应中的分子进行几何形貌和电子结构的同时成像。基于衍射的技术[94-95]可以对分子内部的原子位置进行高精度的测量，但是这个方法对于电子结构不太灵敏，特别是对引发化学变化的价带电子来说更是如此。新型互补方法利用强激光移除分子中的电子，然后探测这个电子的再散射以获得分子的结构[96]。其中电子重碰撞过程会导致高次谐波的产生，这一过程会将轨道的结构信息编码写入返回复合的电子中[3,97]。到目前为止，这个方法仅被应用于分子的电子基态[35,98-100]。分子中的超快动力学主要发生在电子激发态，这些态仅能被少量的制备，同时要避免多光子过程。

将高次谐波光谱学从测量静态分子结构扩展到测量光致化学反应的动力学过程。使用分子溴的脉冲光解离，分子基态和激发态产生的高次谐波会在阿秒的时间尺度上发生电磁干涉。尽管激发态的布居数很小，辐射的相干叠加会使得激发态动力学行为获得很高的可见度。

高次谐波产生过程中的光复合步骤本质上是光电离的逆过程。在描述高次谐波产生实验之前，需要对这两个过程进行对比。在飞秒光电子光谱中，单光子吸收会产生一个光电子，光电子光谱中含有分子的电子结构信息[101-102]。在飞秒高次谐波光谱中,辐射出的光子携带有类似的详细的信息[23,43]。在光电子光谱中,不同的初始电子态(中性)和终态(离子)可以通过光电子能量区分开。在高次谐波光谱中,宽带的重碰撞电子波包只能和空位的态复合,这个空位是在隧穿电离步骤被有选择性地创造的。隧穿电离率对每一个电离通道的束缚能量成指数关系。通过高次谐波光谱可以简单地同时测量宽光子谱和隧穿导致的对探测态的选择。然而,辐射出的光子来源于不同的初始电子态,这些态相互重叠导致对高次谐波光谱的解释变得复杂。然而,相对于要测量的激发态动力学过程,非激发分子可以作为本地的振荡器,因此这种复杂性反而成为一种优点。和微波接收器一样,本地振荡器产生信号很弱,很难被观测到。而且,相干探测法对辐射的相位信息高度敏感,相位反映了电离势沿着解离坐标的演化。

实现装置由钛宝石啁啾脉冲放大激光系统和高次谐波产生的腔体组成,后者包含一个脉冲喷嘴和极紫外光谱仪。激光系统提供800nm、32fs(FWHM)的激光。使用半波片和偏振器,将激光分成能量可调的两部分。低能量的部分通过2:1的望远镜,在一块厚60μm的BBO上产生一类相位匹配的倍频400nm激光。高能量部分通过计算机控制的延时装置后,由一个双色分束片将其和400nm的光合束。合并后的光束被50cm焦距的球面镜聚焦至腔体中。

在2bar氦气中,溴气作为种子超声速膨胀,并和激光作用产生高次谐波。作为载体的氦气穿过保持在室温的液态溴。溴分子通过400nm的单光子吸收被激发至排斥态 $C^1\Pi_{1u}$ (图10.15),随后在800nm激光作用下产生高次谐波。两束激光被聚焦至脉冲分子喷嘴前1mm处。喷嘴直径为250μm。这一装置使得相位失配效应和高次谐波的再吸收最小化,因此能观察到单分子响应[103]。典型的脉冲能量是1.5mJ(800nm)和5μJ(400nm)。光强分别是1.5×10^{14} W/cm^2(800nm)和5×10^{11} W/cm^2,400nm光束的直径是800nm光束的一半。喷嘴下面10cm处放置线网,用来测量产生的离子的总数。离子探测器的响应是线性的。使用相差修正的极紫外光栅,可以实现高次谐波的光谱分辨。使用微通道板探测器对光谱成像,微通道板后面是作为荧光屏的CCD相机。对图像进行空间和光谱的积分就可以得到谐波的强度。

图10.15为Br_2和Br_2^+相应的势能曲线。$X^1\Sigma_g^+$基态在400nm的单光子激发下产生的态几乎全是排斥态$C^1\Pi_{1u}$,该态分解成两个处在自旋轨道基态的溴原子($^2P_{3/2}, m_J=1/2$)[104]。图中还显示了处在基态的振动波包和计算得到的处于激发态表面的核波包。激发态由40fs、800nm的泵浦脉冲产生。根据图中Br_2^+的$^2\Pi_{3/2g}$基态曲线,可以发现电离势随着核间距改变而变化。

使用偏振方向相互垂直的两束光进行泵浦-探测实验,观察到的高次谐波和离子信号如图10.16所示。H19的强度在激发过程中下降,在400nm脉冲的峰值之后达到最小值,之后又慢慢恢复到初始的强度。相对地,离子产量不断增加,在400nm峰值之后达到最大值,之后减少至初始值。离子产量增加的最大值为7%,

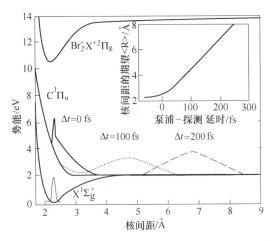

图 10.15　Br_2 的势能曲线($X^1\Sigma_g^+$ 基态和 $C^1\Pi_{1u}$ 激发态)。
图中还显示了给定延时 Δt 之后处于激发态的核波包的形状。波包由数值传播程序计算而得。在计算中,激光波长 400nm、脉宽 40fs。插图显示了核间距的期望值和泵浦光-探测光延时之间的函数关系[105]。

此时,高次谐波的耗空达到 30%。H19 和离子产量归一化到负延时处(图 10.16 延时-0.3ps 的位置)的值。此时信号的强度对应于所有分子处于基态电子态的情形。800nm 和 400nm 脉冲的时间重叠导致偶次谐波的出现[106],这提供了时间参考点,高阶互相关的时间宽度是 50~60fs。

当 Br_2 被激发至 $C^1\Pi_{1u}$ 时,移除最弱的束缚态电子,电离势从 10.5eV 下降至 7.5eV,这就可以解释为什么离子产量会增加。离子产量曲线的上升反映了在激发脉冲作用下激发态布居的增加。由于 Br_2 沿着排斥态 $C^1\Pi_{1u}$ 解离,电离势从 7.5eV 增加至 11.8eV,这导致了激发态电离速率的降低。由于电离速率在延时较小时增加,高次谐波产量也应当增加。然而,我们观测到相反的结果。而且,高次谐波信号的变化比离子信号的变化要大,超过激发态变化的 2 倍。

这些结果说明从分子激发态和基态发射的高次谐波相消干涉,这就是离子和高次谐波产量行为相反的原因。由于这样的干涉会影响高次谐波的振幅和相位,不可能在单次实验中同时确定这两个参数。10.8 节将使用不同的实验方案获取相位和振幅。

10.8　瞬态光栅高次谐波光谱

基于强场的分子成像需要使用强飞秒激光场(约 10^{14} W/cm²)。价轨道电子

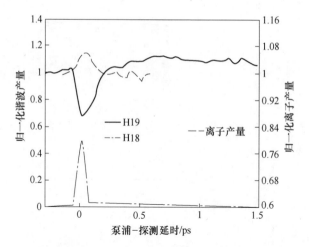

图 10.16 处于激发态的溴分子产生的高次谐波 H19(实线)和 H18(点划线)的强度与 400nm 泵浦脉冲-800nm 正交偏振脉冲之间延时的关系。左轴对应于两束光一同作用产生的高次谐波。400nm 和 800nm 脉冲的时间重叠会导致偶次高次谐波的产生,比如 H18。右轴对应于总的离子产量(虚线),测量条件相同但是计数更高[105]。

从核中被拉出,然后在激光驱动下回到核中,和初始的束缚电子态干涉。电子和母离子复合后,会释放出极紫外阿秒脉冲串。样品中所有的分子以相位匹配的形式辐射出光子,光子和驱动激光是相干的。本节将介绍基于高次谐波的化学反应的实时观测[89,107]。

使用两束光穿过介质,激发态分子会形成正弦形式的光栅(图 10.17)。激发分子的水平面和未激发分子的平面交替相间。使用经过一定延时的 800nm 激光(探测光)在这一光栅上产生高次谐波。通过偶次谐波能够得到延时的 0 点以及 50fs 的互相关时间。

从 0 阶和 1 阶衍射信号可以得到激发态相对于基态的谐波振幅 d_e/d_g 和相位 $|\phi_e-\phi_g|$,$d_{g,e}$ 和 $\phi_{g,e}$ 是基态(g)和激发态(e)谐波的振幅和相位。实验结果如图 10.18 所示,其中,泵浦和探测脉冲相互平行图(a)或者垂直图(b)。

振幅和相位具有非常不同的时间演化。相位在 150fs 之后达到渐近值,而振幅在 300fs 以后才到达。此外,振幅的时间响应和激发脉冲与高次谐波产生脉冲的相对偏振密切相关。虽然在不同的偏振下时变相位不同,但最终相位会在同一时间延时处达到同样的渐近值。下面先研究相位,再讨论振幅。

高次谐波的相位主要来自两方面的贡献:①在电离时刻和复合时刻之间,电子和离子会积累相对相位。由于电离势的差值 ΔI_p,从两个电子态辐射出的同一阶次 q 高次谐波的相移可以写成 $\Delta\phi_q \approx \Delta I_p \tau_q$[25],其中 τ_q 是在连续态电子的平均跃迁时间。②电子复合时,跃迁矩阵会影响辐射的振幅和相位[11,23]。第一项主要依赖于电子轨道(由激光参数决定)和电离势;第二项来源于分子的电子结构,依赖于辐射出的光子能量和在分子坐标系下电子的复合角度[3]。

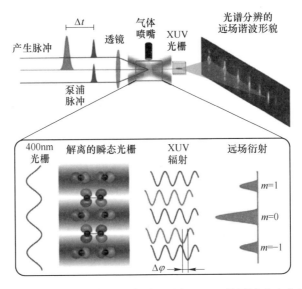

图10.17　瞬态光栅激发方案的示意图。两束400nm的泵浦光在分子束中激发出瞬态光栅。延时之后的800nm脉冲产生高次谐波。近场高次谐波振幅和相位的周期调制导致远场的一阶衍射[107]。

重建相位的时间演化(图10.18)可以分成两个区域:在前面的150fs,相位快速变化;之后,相位值平坦,几乎不变,此时,相位不依赖于相对的偏振。相位的快速变化反映了电离势随着延时的快速变化。相位对相对偏振的强烈依赖(图10.18(a)、(b))说明相位能够跟踪分子解离过程中电子结构的演化。这一快速变化是电子复合时静电势显著变化导致的。在渐进延时处测量相对于基态分子的Br原子,相移与复合方向无关,这和Br_2解离成处于$|m_j|=1/2$磁亚能级的原子这一事实相一致。H13的相移是1.8rad。由$\Delta\phi_q \approx \Delta I_p \tau_q$,得到$\Delta I_p = 1.3 eV$,这与已知的$Br_2$和$Br$的电离势一致。

下面讨论振幅的时间演化。如图10.18(a)插图所示,随着延时增大,在小延时区域,奇次谐波会经过一个极小值,具体时间位置取决于谐波的阶次(见插图)。最小值在$(51\pm5)fs$(H21)和$(78\pm5)fs$(H13)之间。这测量了由于分子解离导致的轨道的拉伸。在小延时区域,电离选择了平行于激光场的分子,在两个偏振方向获得了几乎完全一样的结果。当电子和初态复合的时候,它的德布罗意波长λ_q会和初态波函数相消干涉。对于σ_u轨道来说,相消干涉发生于$R=(2n+1)/2\lambda_q$[24]。取$n=1$,由$\Omega=k^2/2$(Ω是光子能量,k是电子动量),H21的最小值对应键长3.3Å,

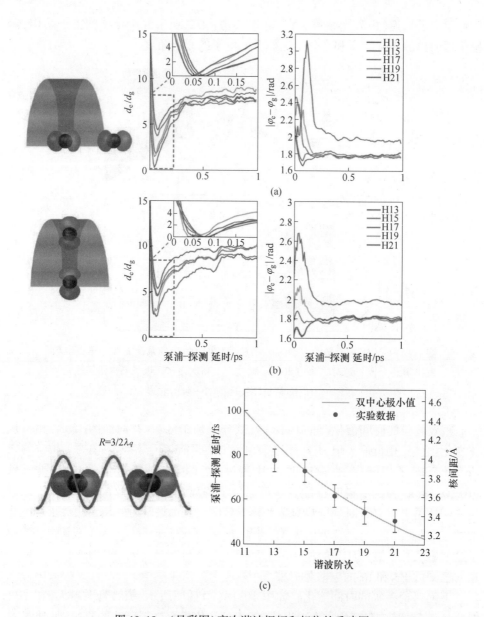

图 10.18 （见彩图）高次谐波振幅和相位的重建图

(a)、(b)，激发态相对于基态的重建振幅(中)和相位(右)。400nm 激发脉冲的偏振和 800nm 高次谐波产生脉冲的偏振方向在图(a)中平行，在图(b)中垂直。(c) 测量到的由每个阶次谐波双中心干涉决定的核间距[107]。

H13 对应于 3.9Å。这与波包计算的结果一致。因此，能够使用量子干涉在时间上跟踪键长的变化。

由于分子解离,可能出现 $n>1$ 的其他相消干涉的极小值。和这个预测相反,在实验中观察到振幅缓慢升高。当延时长于150fs的时候,Br 的 4p 原子轨道形成了 4 个 Br_2 的分子价轨道,它们几乎是简并的,高次谐波显示出原子特性。在这个区域,离子的偶宇称态和奇宇称态是简并的,因此,在电离时刻和复合时刻都不应该有量子干涉。只有电子在激光场中的传播会被第二个原子影响。对于泵浦光和探测光偏振垂直的情况,由于隧穿和复合间的电子轨道在解离原子的平面内,电离后的电子和其附近原子的相互作用最大。图10.18(b)中缓慢恢复的振幅就反映了这一事实。这一高次谐波光谱的特性和扩展的X射线吸收精细光谱(X-ray absorption fine structure, XAFS)类似,可以用于探测低电离势样品的化学环境(如氦液滴的分子)。

Br_2 解离过程中时间分辨的光电子测量完美地阐明了原子分离时束缚能量的变化。在参考文献[102, 108-109]中,对于类原子的光电离谱,时间延迟在40~85fs,在高次谐波光谱中,相对于单一轨道的束缚能量,重碰撞的光电子对分子的电子结构更敏感。50~85fs之间的极小值说明了电子复合至一个双中心的分子波函数。在100~150fs之间不存在极小值,这说明在延时较长的情况下,电子主要复合至一个原子。类似的从双中心到一中心变化的特征可以参考最近有关静止分子的内壳层光电离实验[110]。

测量光电子复合时相对于参考态(已经完成诊断的基态)的振幅和相位[3]可以对化学反应中的分子轨道进行动态成像。高次谐波光谱的独特特征可以发展出飞秒化学中的其他应用,从简单的解离动力学到质子输运、非绝热反应动力学、复杂的光化学过程等。例如,圆锥形截面的电子结构的改变将可以映射至谐波的辐射中[111-112]。在所有的这些应用中,高次谐波光谱对于电子结构的敏感性将为我们的研究提供新的视角。

10.9 小　　结

希望读者能够认识到高次谐波光谱学这一新型光谱技术的潜力。利用这一技术能够观察原子和分子的电子结构,并能重构单分子的轨道波函数,跟踪化学反应。NO_2[113] 和 SO_2 中的研究结果表明,相较于核波包运动,大分子(相对于双原子分子)的高次谐波光谱对于激发态电子结构更加敏感,这可能是一个普遍性质。期待中红外少周期脉冲源的出现能够进一步帮助人们将高次谐波光谱学应用于低电离势的大分子中。

参考文献

[1] E. Goulielmakis, M. Schultze, M. Hofstetter, V. S. Yakovlev, J. Gagnon, M. Uiberacker, A. L. Aquila, E. M. Gullikson, D. T. Attwood, R. Kienberger, F. Krausz, U. Kleineberg, Singlecycle nonlinear optics. Science **320**(5883), 1614 (2008). doi:10.1126/science.1157846

[2] S. Baker, J. S. Robinson, C. A. Haworth, H. Teng, R. A. Smith, C. C. Chirila, M. Lein, J. W. G. Tisch, J. P. Marangos, Science **312**, 424 (2006)

[3] J. Itatani, J. Levesque, D. Zeidler, H. Niikura, H. Pépin, J. C. Kieffer, P. B. Corkum, D. M. Villeneuve, Nature (London) **432**, 867 (2004)

[4] P. B. Corkum, Phys. Rev. Lett. **71**, 1994 (1993)

[5] H. Niikura, F. Légaré, R. Hasbani, A. D. Bandrauk, M. Y. Ivanov, D. M. Villeneuve, P. B. Corkum, Nature **417**, 917 (2002)

[6] Committee on AMO2010, Controlling the Quantum World: The Science of Atoms, Molecules and Photons (The National Academies Press, Washington, 2006)

[7] J. Berkowitz, Photoabsorption, Photoionization and Photoelectron Spectroscopy (Academic Press, New York, 1979)

[8] K. Kimura, S. Katsumata, Y. Achiba, T. Yamazaki, S. Iwata, Handbook of HeI Photoelectron Spectra (Japan Scientific Societies Press, Tokyo, 1981)

[9] U. Becker, D. A. Shirley (eds.), VUV and Soft X-Ray Photoionization (Plenum, New York, 1996)

[10] R. Torres, N. Kajumba, J. G. Underwood, J. S. Robinson, S. Baker, J. W. G. Tisch, R. de Nalda, W. A. Bryan, R. Velotta, C. Altucci, I. C. E. Turcu, J. P. Marangos, Phys. Rev. Lett. **98**(20), 203007 (2007)

[11] O. Smirnova, Y. Mairesse, S. Patchkovskii, N. Dudovich, D. Villeneuve, P. Corkum, M. Y. Ivanov, Nature (London) **460**(7258), 972 (2009)

[12] H. J. Wörner, J. B. Bertrand, D. V. Kartashov, P. B. Corkum, D. M. Villeneuve, Nature (London) **466**, 604 (2010)

[13] H. J. Wörner, H. Niikura, J. B. Bertrand, P. B. Corkum, D. M. Villeneuve, Phys. Rev. Lett. **102**(10), 103901 (2009). doi:10.1103/PhysRevLett.102.103901

[14] A.-T. Le, R. R. Lucchese, M. T. Lee, C. D. Lin, Phys. Rev. Lett. **102**(20), 203001 (2009)

[15] M. V. Frolov, N. L. Manakov, T. S. Sarantseva, M. Y. Emelin, M. Y. Ryabikin, A. F. Starace, Phys. Rev. Lett. **102**(24), 243901 (2009). doi:10.1103/PhysRevLett.102.243901

[16] M. Lewenstein, P. Balcou, M. Y. Ivanov, A. L'huillier, P. B. Corkum, Phys. Rev. A**49**, 2117 (1994). doi:10.1103/PhysRevA.49.2117

[17] O. Smirnova, M. Spanner, M. Ivanov, Phys. Rev. A **77**(3), 033407 (2008). doi:10.1103/

PhysRevA. 77. 033407

[18] Z. B. Walters, S. Tonzani, C. H. Greene, J. Phys. B **40**(18), 277 (2007)

[19] T. Morishita, A.-T. Le, Z. Chen, C. D. Lin, Phys. Rev. Lett. **100**(1), 013903 (2008). doi:10. 1103/PhysRevLett. 100. 013903

[20] M. F. Ciappina, C. C. Chirila, M. Lein, Phys. Rev. A **75**(4), 043405 (2007). doi: 10. 1103/PhysRevA. 75. 043405

[21] J. W. Cooper, Phys. Rev. **128**, 681 (1962)

[22] J. S. Robinson, C. A. Haworth, H. Teng, R. A. Smith, J. P. Marangos, J. W. G. Tisch, Appl. Phys. B **85**, 525 (2006)

[23] H. J. Wörner, H. Niikura, J. B. Bertrand, P. B. Corkum, D. M. Villeneuve, Phys. Rev. Lett. **102**(10), 103901 (2009)

[24] M. Lein, N. Hay, R. Velotta, J. P. Marangos, P. L. Knight, Phys. Rev. Lett. **88**, 183903 (2002)

[25] T. Kanai, E. J. Takahashi, Y. Nabekawa, K. Midorikawa, Phys. Rev. Lett. **98**, 153904 (2007)

[26] P. Colosimo, G. Doumy, C. I. Blaga, J. Wheeler, C. Hauri, F. Catoire, J. Tate, R. Chirla, A. M. March, G. G. Paulus, H. G. Muller, P. Agostini, L. F. Dimauro, Nat. Phys. **4**, 386 (2008)

[27] J. A. R. Samson, W. C. Stolte J. Electron Spectrosc. Relat. Phenom. **123**, 265 (2002)

[28] A. L'Huillier, P. Balcou, Phys. Rev. Lett. **70**, 774 (1993)

[29] S. Minemoto, T. Umegaki, Y. Oguchi, T. Morishita, A.-T. Le, S. Watanabe, H. Sakai, Phys. Rev. A **78**(6), 061402 (2008)

[30] H. G. Muller, Phys. Rev. A **60**, 1341 (1999)

[31] D. J. Tannor, Introduction to Quantum Mechanics: A Time-Dependent Perspective (University Science Books, Sausalito, 2007)

[32] A. F. Starace, Theory of atomic photoionization, inHandbuch der Physik, vol. **31**, ed. By W. Mehlhorn (Springer, Berlin, 1981), pp. 1-121

[33] P. M. Paul, E. S. Toma, P. Breger, G. Mullot, F. Augé, P. Balcou, H. G. Muller, P. Agostini, Science **292**, 1689 (2001)

[34] Y. Mairesse, A. de Bohan, L. J. Frasinski, H. Merdji, L. C. Dinu, P. Monchicourt, P. Breger, M. Kovacev, R. Taieb, B. Carré, H. G. Muller, P. Agostini, P. Salières, Science **302**, 1540 (2003)

[35] C. Vozzi, F. Calegari, E. Benedetti, J.-P. Caumes, G. Sansone, S. Stagira, M. Nisoli, R. Torres, E. Heesel, N. Kajumba, J. P. Marangos, C. Altucci, R. Velotta, Phys. Rev. Lett. **95**(15), 153902 (2005). doi:10. 1103/PhysRevLett. 95. 153902

[36] J. Levesque, D. Zeidler, J. P. Marangos, P. B. Corkum, D. M. Villeneuve, Phys. Rev. Lett. **98**(18), 183903 (2007). doi:10. 1103/PhysRevLett. 98. 183903

[37] R. A. Ganeev, J. Phys. B, At. Mol. Phys. **40**, R213 (2007). doi:10. 1088/0953-4075/40/

[38] M. V. Frolov, N. L. Manakov, A. F. Starace, Phys. Rev. A **82**(2), 023424 (2010). doi: 10.1103/PhysRevA.82.023424

[39] A. D. Shiner, B. Schmidt, C. Trallero-Herrero, H. J. Wörner, S. Patchkovskii, P. B. Corkum, J.-C. Kieffer, F. Légaré, D. M. Villeneuve, Nat. Phys. **7**(7), 464 (2011)

[40] M. Giguère, B. E. Schmidt, A. D. Shiner, M.-A. Houle, H. C. Bandulet, G. Tempea, D. M. Villeneuve, J.-C. Kieffer, F. Légaré, Opt. Lett. **34**(12), 1894 (2009)

[41] B. E. Schmidt, P. Béjot, M. Giguère, A. D. Shiner, C. Trallero-Herrero, É. Bisson, J. Kasparian, J. Wolf, D. M. Villeneuve, J. Kieffer, P. B. Corkum, F. Légaré, Appl. Phys. Lett. **96**(12), 121109 (2010). doi:10.1063/1.3359458

[42] B. E. Schmidt, A. D. Shiner, P. Lassonde, J.-C. Kieffer, P. B. Corkum, D. M. Villeneuve, F. Légaré, Opt. Express **19**, 6858 (2011)

[43] A.-T. Le, R. R. Lucchese, S. Tonzani, T. Morishita, C. D. Lin, Phys. Rev. A **80**(1), 013401 (2009). doi:10.1103/PhysRevA.80.013401

[44] M. V. Frolov, N. L. Manakov, T. S. Sarantseva, A. F. Starace, J. Phys. B, At. Mol. Opt. Phys. **42**(3), 035601 (2009)

[45] L. D. Landau, E. M. Lifshitz, Quantum Mechanics Non-relativistic Theory, 3rd edn. Course of Theoretical Physics, vol. **3** (Pergamon, New York, 1977), p. 553 188 D. M. Villeneuve et al.

[46] K.-N. Huang, W. R. Johnson, K. T. Cheng, At. Data Nucl. Data Tables **26**(1), 33 (1981). doi:10.1016/0092-640X(81)90010-3

[47] M. Kutzner, V. Radojević, H. P. Kelly, Phys. Rev. A **40**(9), 5052 (1989). doi:10.1103/PhysRevA.40.5052

[48] A. Fahlman, M. O. Krause, T. A. Carlson, A. Svensson, Phys. Rev. A **30**(2), 812 (1984). doi:10.1103/PhysRevA.30.812

[49] U. Becker, D. Szostak, H. G. Kerkhoff, M. Kupsch, B. Langer, R. Wehlitz, A. Yagishita, T. Hayaishi, Phys. Rev. A **39**(8), 3902 (1989). doi:10.1103/PhysRevA.39.3902

[50] M. Y. Amusia, J.-P. Connerade, Rep. Prog. Phys. **63**, 41 (2000)

[51] R. Torres, N. Kajumba, J. G. Underwood, J. S. Robinson, S. Baker, J. W. G. Tisch, R. de Nalda, W. A. Bryan, R. Velotta, C. Altucci, I. C. E. Turcu, J. P. Marangos, Phys. Rev. Lett. **98**, 203007 (2007)

[52] X. X. Zhou, X. M. Tong, Z. X. Zhao, C. D. Lin, Phys. Rev. A **71**, 061801 (2005)

[53] X. X. Zhou, X. M. Tong, Z. X. Zhao, C. D. Lin, Phys. Rev. A **72**, 033412 (2005)

[54] T. Morishita, A.-T. Le, Z. Chen, C. D. Lin, Phys. Rev. Lett. **100**, 013903 (2008)

[55] M. Lein, J. Phys. B **40**, 135 (2007)

[56] Y. Mairesse, J. Levesque, N. Dudovich, P. B. Corkum, D. M. Villeneuve, J. Mod. Opt. **55**(16), 2591 (2008)

[57] J. Itatani, D. Zeidler, J. Levesque, M. Spanner, D. M. Villeneuve, P. B. Corkum, Phys.

Rev. Lett. **94**, 123902 (2005)

[58] F. Rosca-Pruna, M. J. J. Vrakking, Phys. Rev. Lett. **87**, 153902 (2001)

[59] P. W. Dooley, I. Litvinyuk, K. F. Lee, D. M. Rayner, M. Spanner, D. M. Villeneuve, P. B. Corkum, Phys. Rev. A **68**, 023406 (2003)

[60] M. W. Schmidt, K. K. Baldridge, J. A. Boatz, S. T. Elbert, M. S. Gordon, J. J. Jensen, S. Koseki, N. Matsunaga, K. A. Nguyen, S. Su, T. L. Windus, M. Dupuis, J. A. Montgomery J. Comput. Chem. **14**, 1347 (1993)

[61] D. Pavicic, K. F. Lee, D. M. Rayner, P. B. Corkum, D. M. Villeneuve, Phys. Rev. Lett. **98**, 243001 (2007)

[62] M. Lein, N. Hay, R. Velotta, J. P. Marangos, P. L. Knight, Phys. Rev. A **66**(2), 023805 (2002)

[63] C. Vozzi, F. Calegari, E. Benedetti, J.-P. Caumes, G. Sansone, S. Stagira, M. Nisoli, R. Torres, E. Heesel, N. Kajumba, J. P. Marangos, C. Altucci, R. Velotta, Phys. Rev. Lett. **95**, 153902 (2005)

[64] T. Kanai, S. Minemoto, H. Sakai, Nature **435**, 470 (2005)

[65] W. Boutu, S. Haessler, H. Merdji, P. Breger, G. Waters, M. Stankiewicz, L. J. Frasinski, R. Taieb, J. Caillat, A. Maquet, P. Monchicourt, B. Carre, P. Salieres, Nat. Phys. **4**(7), 545 (2008)

[66] H. J. Wörner, J. B. Bertrand, P. Hockett, P. B. Corkum, D. M. Villeneuve, Phys. Rev. Lett. **104**(23), 233904 (2010). doi:10.1103/PhysRevLett.104.233904

[67] H. Wabnitz, Y. Mairesse, L. J. Frasinski, M. Stankiewicz, W. Boutu, P. Breger, P. Johnsson, H. Merdji, P. Monchicourt, P. Salières, K. Varju, M. Vitteau, B. Carré, Eur. Phys. J. D **40**, 305 (2006)

[68] J. Levesque, Y. Mairesse, N. Dudovich, H. Pépin, J.-C. Kieffer, P. B. Corkum, D. M. Villeneuve, Phys. Rev. Lett. **99**(24), 243001 (2007)

[69] P. Antoine, B. Carré, A. L'Huillier, M. Lewenstein, Phys. Rev. A **55**(2), 1314 (1997)

[70] Y. Mairesse, S. Haessler, B. Fabre, J. Higuet, W. Boutu, P. Breger, E. Constant, D. Descamps, E. Mével, S. Petit, P. Salières, New J. Phys. **10**, 025028 (2008)

[71] W. H. E. Schwarz, Angew. Chem., Int. Ed. Engl. **45**, 1508 (2006)

[72] C. E. Brion, G. Cooper, Y. Zheng, I. V. Litvinyuk, I. E. McCarthy, Chem. Phys. **270**, 13 (2001)

[73] M. F. Crommie, C. P. Lutz, D. M. Eigler, Science **262**, 218 (1993)

[74] L. C. Venema, J. W. G. Wildöer, J. W. Janssen, S. J. Tans, H. L. J. T. Tuinstra, L. P. Kouwenhoven, C. Dekker, Science **283**, 52 (1999)

[75] J. I. Pascual, J. Gómez-Herrero, C. Rogero, A. M. Baró, D. Sánchez-Portal, E. Artacho, P. Ordejón, J. M. Soler, Chem. Phys. Lett. **321**, 78 (2000)

[76] E. K. U. Gross, R. M. Dreizler, Density Functional Theory (Plenum Press, New York, 1995)

[77] M. Lein, N. Hay, R. Velotta, J. P. Marangos, P. L. Knight, Phys. Rev. Lett. **88**, 183903

(2002)

[78] M. Lein, P. P. Corso, J. P. Marangos, P. L. Knight, Phys. Rev. A **67**, 23819 (2003)

[79] H. Stapelfeldt, T. Seideman, Rev. Mod. Phys. **75**, 543 (2003)

[80] J. J. Larsen, K. Hald, N. Bjerre, H. Stapelfeldt, T. Seideman, Phys. Rev. Lett. **85**, 2470 (2000)

[81] J. G. Underwood, M. Spanner, M. Y. Ivanov, J. Mottershead, B. J. Sussman, A. Stolow, Phys. Rev. Lett. 90, 223001 (2003)

[82] P. W. Dooley, I. V. Litvinyuk, K. F. Lee, D. M. Rayner, M. Spanner, D. M. Villeneuve, P. B. Corkum, Phys. Rev. A **68**, 23406 (2003)

[83] H. Sakai, S. Minemoto, H. Nanjo, H. Tanji, T. Suzuki, Phys. Rev. Lett. **90**, 083001 (2003)

[84] L. Holmegaard, J. H. Nielsen, I. Nevo, H. Stapelfeldt Phys. Rev. Lett. **102**, 023001 (2009)

[85] B. K. McFarland, J. P. Farrell, P. H. Bucksbaum, M. Gühr, Science **322**, 1232 (2008)

[86] M. Lewenstein, P. Balcou, M. Y. Ivanov, A. L'Huillier, P. B. Corkum, Phys. Rev. A **49**, 2117 (1994)

[87] A. C. Kak, M. Slaney, Principles of Computerized Tomographic Imaging (SIAM, Philadelphia, 2001)

[88] A. Royer Found. Phys. **19**, 3 (1989)

[89] V. -H. Le, A. -T. Le, R. -H. Xie, C. D. Lin, Phys. Rev. A **76**(1), 013414 (2007)

[90] S. Patchkovskii, Z. Zhao, T. Brabec, D. M. Villeneuve, Phys. Rev. Lett. **97**, 123003 (2006)

[91] S. Patchkovskii, Z. Zhao, T. Brabec, D. M. Villeneuve, J. Chem. Phys. **126**, 114306 (2007)

[92] C. Vozzi, M. Negro, F. Calegari, G. Sansone, M. Nisoli, S. De Silvestri, S. Stagira, Nat. Phys. **7**, 822 (2011)

[93] Y. Mairesse, N. Dudovich, J. Levesque, M. Y. Ivanov, P. B. Corkum, D. M. Villeneuve, New J. Phys. **10**, 025015 (2008)

[94] R. Neutze, R. Wouts, D. van der Spoel, E. Weckert, J. Hajdu, Nature **406**(6797), 752 (2000)

[95] H. Ihee, V. A. Lobastov, U. M. Gomez, B. M. Goodson, R. Srinivasan, C. -Y. Ruan, A. H. Zewail, Science **291**(5503), 458 (2001). doi:10.1126/science.291.5503.458

[96] M. Meckel, D. Comtois, D. Zeidler, A. Staudte, D. Pavičić, H. C. Bandulet, H. Pépin, J. C. Kieffer, R. Dörner, D. M. Villeneuve, P. B. Corkum, Science **320**, 1478 (2008)

[97] S. Baker, J. S. Robinson, M. Lein, C. C. Chirila, R. Torres, H. C. Bandulet, D. Comtois, J. C. Kieffer, D. M. Villeneuve, J. W. G. Tisch, J. P. Marangos, Phys. Rev. Lett. **101**(5), 053901 (2008)

[98] T. Kanai, S. Minemoto, H. Sakai, Nature (London) **435**(7041), 470 (2005)

[99] N. L. Wagner, A. Wüest, I. P. Christov, T. Popmintchev, X. Zhou, M. M. Murnane, H. C.

Kapteyn, Proc. Natl. Acad. Sci. USA **103**(36), 13279 (2006). doi:10.1073/pnas.0605178103

[100] W. Li, X. Zhou, R. Lock, S. Patchkovskii, A. Stolow, H. C. Kapteyn, M. M. Murnane, Science **322**(5905), 1207 (2008)

[101] L. Nugent-Glandorf, M. Scheer, D. A. Samuels, A. M. Mulhisen, E. R. Grant, X. Yang, V. M. Bierbaum, S. R. Leone, Phys. Rev. Lett. **87**, 193002 (2001)

[102] P. Wernet, M. Odelius, K. Godehusen, J. Gaudin, O. Schwarzkopf, W. Eberhardt, Phys. Rev. Lett. **103**(1), 013001 (2009). doi:10.1103/PhysRevLett.103.013001

[103] A. D. Shiner, C. Trallero-Herrero, N. Kajumba, H.-C. Bandulet, D. Comtois, F. Légaré, M. Giguere, J.-C. Kieffer, P. B. Corkum, D. M. Villeneuve, Phys. Rev. Lett. **103**(7), 073902 (2009)

[104] T. P. Rakitzis, T. N. Kitsopoulos, J. Chem. Phys. **116**(21), 9228 (2002)

[105] H. J. Wörner, J. B. Bertrand, P. B. Corkum, D. M. Villeneuve, Phys. Rev. Lett. **105**(10), 103002 (2010). doi:10.1103/PhysRevLett.105.103002

[106] H. Eichmann, A. Egbert, S. Nolte, C. Momma, B. Wellegehausen, W. Becker, S. Long, J. K. McIver, Phys. Rev. A **51**(5), 3414 (1995)

[107] H. J. Wörner, J. B. Bertrand, D. V. Kartashov, P. B. Corkum, D. M. Villeneuve, Nature **466**(7306), 604 (2010). doi:10.1038/nature09185

[108] L. Nugent-Glandorf, M. Scheer, D. A. Samuels, A. M. Mulhisen, E. R. Grant, X. Yang, V. M. Bierbaum, S. R. Leone, Phys. Rev. Lett. **87**(19), 193002 (2001). doi:10.1103/PhysRevLett.87.193002

[109] L. Nugent-Glandorf, M. Scheer, D. A. Samuels, V. M. Bierbaum, S. R. Leone, J. Chem. Phys. **117**, 6108 (2002)

[110] B. Zimmermann, D. Rolles, B. Langer, R. Hentges, M. Braune, S. Cvejanovic, O. Geszner, F. Heiser, S. Korica, T. Lischke, A. Reinkoster, J. Viefhaus, R. Dörner, V. McKoy, U. Becker, Nat. Phys. **4**(8), 649 (2008). doi:10.1038/nphys993

[111] W. Domcke, D. R. Yarkony, H. Köppel (eds.), Conical Intersections: Electronic Structure, Dynamics and Spectroscopy. Adv. Ser. in Phys. Chem., vol. **15** (World Scientific, Singapore, 2004)

[112] P. H. Bucksbaum, Science **317**(5839), 766 (2007)

[113] H. J. Wörner, J. B. Bertrand, B. Fabre, J. Higuet, H. Ruf, A. Dubrouil, S. Patchkovskii, M. Spanner, Y. Mairesse, V. Blanchet, E. Mével, E. Constant, P. B. Corkum, D. M. Villeneuve, Science **334**, 208 (2011)

第11章
极紫外谐波辐射的阿秒分子光谱学

R. Guichard, J. Caillat, S. Haessler, Z. Diveki, T. Ruchon,
P. Salières, R. Taïeb, A. Maquet

摘要 在高强度红外激光的照射下,分子会辐射出泵浦光频率谐波组成的相干频率梳,频率范围覆盖紫外到软 X 射线波段。这些谐波的辐射在极短的阿秒时间窗口内产生。当涉及原子、分子以及光物理领域内的应用时,这些谐波的性质极为重要。对这些性质的探索在阿秒物理学内开创了新的研究领域。在频域,分析高次谐波光谱可以得到产生这些谐波的外层轨道电子的结构信息。在时域,人们将极紫外阿秒脉冲应用于泵浦探测的实验架构中,发展出了一种独特的研究瞬态分子激发态时间分辨光谱的方法。本章将会介绍此领域的最新进展,并着重讨论相较原理验证更深层次的研究内容。

11.1 介 绍

借助最近出现的基于高次谐波的极紫外辐射源,人们可以在前所未有的阿秒时间分辨率下获取化学反应的时间演化信息。目前,这种光源有两个主要应用

R. Guichard · J. Caillat · R. Taïeb · A. Maquet
Laboratoire de Chimie Physique-Matière et Rayonnement(LCPMR),UPMC Université Paris 6,
UMR 7614,11 rue Pierre et Marie Curie,75231 Paris Cedex 05,France
e-mail:alfred. maquet@ upmc.fr

Z. Dirveki · T. Ruchon · P. Salières
Service des Photons, Atomes et Molécules, CEA-Saclay, IRAMIS, 91191 Gif-sur-Yvette, France

S. Haessler
Photonics Instiute, Vienna University of Technology, Gusshausstrasse 27/387, 1040 Vienna,
Austria

(按照时间顺序):一是准直分子产生的高次谐波的光谱分析。从中可以得到谐波产生过程涉及的电子分子态(外层的价态主导)的信息。对于一个正在经历化学变化的系统,这样的时间分辨光谱分析可以让人们以新的视角去观察这一变化中电子的动力学过程。二是使用高次谐波作为光电离的探针,去扩展以往使用同步光源进行的极紫外波段的测量。典型的例子是研究原子或分子连续态中的共振:同步光源的测量中显示了自电离态的光谱指纹(又称为形状共振)。本章将会介绍基于高次谐波测量的更令人关注的特点:在时域直接诊断这些现象。

在这一系列使用相干极紫外辐射进行的阿秒时间分辨测量中,可以直接测量高次谐波的强度,但是很难获取它们的相位。精确测量相位是在时域开展研究的关键,相位对能量求导可以获得阿秒精度的时间延迟信息。目前,已有多种技术成功应用于谐波相位测量,本章主要讨论其中基于多色 IR-XUV 光电离的双光子跃迁干涉阿秒拍频重建(reconstruction of attosecond beating by interference of two photon transitions,RABBITT)技术[1-3]。下面从实验和理论两方面介绍此项技术的最新进展。

首先讨论准直分子的高次谐波光谱,谐波的强度和相位对产生过程中的分子态十分敏感,通过分析相对于激光偏振方向不同取向的氮气分子的谐波辐射实现分子轨道断层成像,是这一研究方向的奠基性工作。基于谐波相位假设,分析经过标定的高次谐波强度,可以对产生过程中占主导作用的 σ_g 最高占据分子轨道(highest occupied molecular orbital,HOMO)成像[4]。进一步分析谐波辐射,可以发现高次谐波产生过程同时源自 σ_g HOMO 和最近的下一轨道 π_u HOMO-1[5]。如果激光强度达到一个特定值,所有的相位贡献的净值接近 $\pi/2$,这两条轨道的信息就会被分别写入谐波偶极矩的实部和虚部,它们对高次谐波的贡献就能够被分开。然而,如果激光强度改变,这两种贡献混在一起,显示出对光谱和强度的依赖,它们之间的区别就会变得不明显[6]。

关于准直分子高次谐波的另外一个重要问题是,通过改变分子响应控制阿秒辐射的可能性。其基本思想源于谐波辐射和分子取向相对于激光偏振方向的相关性。举例来说,双中心系统中会发生干涉现象,并随着分子核的间距、分子取向和复合电子的德布罗意波长的改变而发生变化。这些参数可以控制高次谐波的强度和相位,从而在特定的光谱范围对阿秒辐射进行整形。多轨道贡献导致的干涉同样可以对脉冲进行整形,这一技术已在线性 CO_2 分子中得到实现[7]。

探索辅助气体喷嘴中分子对极紫外阿秒脉冲的响应是一个较新的研究领域。在这种条件下,分子会经历电离和解离等各种激发过程。然而,如果谐波脉冲具有独特的时域特性,就有可能分辨被激发的振动分子态。这意味着能够分离反应物的电子和核的自由度。RABBITT 技术能够实现这一目标[8-9]。

RABBITT 技术是实现上述研究的关键,这一技术已经应用于不少实验中,实现对谐波振幅和相位的测量。11.2 节将简要介绍 RABBITT 技术。11.3 节介绍如何通过分析准直分子产生的高次谐波,得到分子的数据,主要讨论谐波辐射的多通道(多轨道)贡献和谐波辐射时间的控制。11.4 节介绍新近发展的分子激发态极紫外阿秒光谱及在接近阈值的跃迁情况下,RABBITT 得到的相位和光电子发射时间之间的关系。11.5 节将简要讨论这些最新进展的研究前景。

11.2 谐波光谱的 RABBITT 分析

RABBITT 最初用来测量中心对称系统中产生的奇次谐波的相对相位。辅助原子或分子气体在经过衰减的红外光场和极紫外谐波共同作用下被电离。红外场的频率是 ω_L,谐波的频率 $\Omega_\pm = (2q \pm 1)\omega_L$[1-3]。光电离光谱中显示出等间隔的谱线。奇次谱线($\cdots$, H_{2q-1}, H_{2q+1}, $\cdots$)来源于单个谐波光子的吸收,如果在此基础上再交换一个红外光子,就能产生偶次边带($\cdots$, SB_{2q}, $\cdots$)。在适中的红外光强下,边带来自红外-极紫外的双光子电离跃迁。

两条不同的量子路径对边带 SB_{2q} 有主要贡献:①先吸收 H_{2q-1} 阶的光子,后吸收一个基频光光子;②先吸收 H_{2q+1} 阶的光子,后受激辐射放出一个基频光光子。这种极紫外-红外过程对应于双光子"阈上电离"(above-threshold ionization, ATI)跃迁。另外两条时序相反的路径也对边带有贡献,但是在本书考虑的参数范围内,这种贡献很弱[1-3]。改变红外-极紫外光的延时,记录下对应的边带振幅,就完成了 RABBITT 测量。两条量子路径的干涉导致边带 S_{2q} 随着 τ 的变化呈周期性振荡:

$$S_{2q} = \alpha + \beta\cos(2\omega_L\tau + \Delta\phi_\Omega + \Delta\theta) \tag{11.1}$$

式中:α 和 β 为实数;$\Delta\phi_\Omega = \phi_{2q+1} - \phi_{2q-1}$ 为两个相邻谐波的内禀相位差;$\Delta\theta$ 来自电离系统的贡献。

具体来说,ATI 跃迁对应的二阶跃迁振幅是复数,其相位取决于量子路径以及之后系统达到的边带。和红外光周期正好反向,式(11.1)中周期性变化的余弦项包含谐波的相位信息以及 $\Delta\theta$ 一项中的内禀分子数据。如果系统的连续态结构光滑,那么 $\Delta\theta \approx 0$,从边带振荡测量到的数据直接得到谐波的相对相位 $\Delta\phi_\Omega$,这等同于得到阿秒分辨率的谐波发射时间[10-11]。

为了更加清楚地说明相位差和时间延迟之间的关系,式(11.1)被重新写为

$$S_{2q} = \alpha + \beta\cos\left[2\omega_L(\tau + \tau_{2q} + \tau_I)\right] \tag{11.2}$$

式中:$\tau_{2q} = (\phi_{2q+1} - \phi_{2q-1})/2\omega_L$ 为群延迟 $GD = \partial\phi/\partial\omega$ 在给定频率下的差分近似,也称为"发射时间";$\tau_I = \Delta\theta/2\omega_L$ 为源自双光子 ATI 跃迁振幅解析结构的内禀时间延迟。下面简要介绍这项附加相位(延时)的起源。

在 RABBITT 测量中,激光强度适中,因此能够使用最低阶的时域微扰理论进行处理。这个过程中起主导作用的跃迁振幅的结构是双光子 ATI 跃迁的二阶矩阵元的一项。每个矩阵元包含可能是复数的角度因子,但是,在对振幅的平方进行角度积分(以复现光电子信号)以后,这个角度因子就被平均了。式(11.1)中的相位差 $\Delta\theta$ 来源于 ATI 跃迁振幅的径向部分(复数)。

这些性质在初始束缚态到终态连续态的跃迁中可以体现出来。初态的径向部分是 $|R_{n_i,l_i}>$,能量是 ε_i ($\varepsilon_i<0$);终态为 $|R_{k_{2q},l_f}>$,其与边带 SB_{2q} 的光电子有关。光电子动能为 $\varepsilon_{2q}=k_{2q}^2/2=\varepsilon_i+2q\omega_L$。跃迁的发生是先吸收一个高次谐波光子 $\Omega_\pm$,接下来交换一个红外光光子 ω_L。跃迁振幅的径向成分可以写为

$$T_{l_f,l,l_i}^\pm(\varepsilon_i+\Omega_\pm)=\sum_n \frac{<R_{k_{2q},l_f}|r|R_{n,l}><R_{n,l}|r|R_{n_i,l_i}>}{\varepsilon_i+\Omega_\pm-\varepsilon_n}$$
$$+\lim_{\epsilon\to 0+}\int_0^{+\infty}d\varepsilon_k \frac{<R_{k_{2q},l_f}|r|R_{k,l}><R_{k,l}|r|R_{n_i,l_i}>}{\varepsilon_i+\Omega_\pm-\varepsilon_k+i\epsilon} \quad (11.3)$$

在上面的表达式中,通过分离能量为 ε_n ($\varepsilon_n>\varepsilon_i$,$\varepsilon_n<0$)且径向部分是 $|R_{n,l}>$ 的离散态和能量为 ε_k 且径向部分是 $|R_{k,l}>$ 的连续态的贡献,明确了对全部原子光谱求和的结构。角动量的代数结构要求选择定则:$l=l_i\pm 1$ 以及 $l_f=l_i,l_i\pm 2$。径向波函数是实数,因此,第一项对所有离散态的求和也是实数,分母恒正,$\Omega_\pm>|\varepsilon_i|$。由于能量实轴存在两个极点 $\varepsilon_k=\varepsilon_i\pm\Omega_\pm$,第二项对连续光谱的求和是复数,这也就意味着积分会得到一个虚数的部分:

$$\lim_{\epsilon\to 0+}\int_{-\infty}^{+\infty}\frac{dx}{x+i\epsilon}=P\int_{-\infty}^{+\infty}\frac{dx}{x}-i\pi\delta(x) \quad (11.4)$$

第一项的柯西主值是实数,而包含 delta 函数的第二项是纯虚数,每条量子轨道的振幅会导致边带获得一个相位:

$$T_{l_f,l,l_i}^\pm(\varepsilon_i+\Omega_\pm)=|T_{l_f,l,l_i}^\pm(\varepsilon_i+\Omega_\pm)|e^{i\theta_\pm} \quad (11.5)$$

式(11.1)中的 $\Delta\theta$ 是贡献给定边带的量子路径的相位差,$\Delta\theta=\theta_+-\theta_-$。下面介绍如何利用高次谐波去探索阿秒物理中的有趣现象,RABBITT 振幅的解析结构对于这些探索必不可少。

11.3 准直分子的谐波辐射

11.3.1 谐波辐射的多通道贡献

原子辐射出的谐波随着阶次的变高具有以下特点:在低阶次区域,谐波的强度

快速衰减;之后是一个平台区,谐波的强度变化不大;在截止阶次之后,谐波强度快速衰减为零。在分子辐射出的高次谐波中,可以观察到强度极小值以及对应的相位跃变。由于分子结构或产生过程的动力学会导致3种强度极小值。一种典型的结构导致的极小值发生在双中心分子中[12-13],原因是双中心产生的XUV辐射干涉相消。极小值的频率取决于分子指向和激光偏振方向的夹角及核间距。这个现象可以和贡献高次谐波的每条通道[7,14-15]的复合偶极动量的角分布联系起来,极小值位置和激光参数没有关系[12,16]。另外一种和光电离截面极小值相关的谐波强度极小值被称作"类库珀"(Cooper-like),起源于非束缚波包和其初态复合时不同角动量成分之间的相消干涉[17],或者起源于初态的节点结构。这类型的极小值与激光参数无关,特别是与光强无关[18]。第三种类型的谐波极小值与谐波产生的动力学过程有关,涉及高次谐波的多条分子轨道。如果两条轨道对高次谐波的辐射有贡献,它们之间相位差为 π,这样就会发生相消干涉,从而在谐波光谱中产生极小值。改变激光参数(光强或波长),相位差的值会相应地发生变化,因此光谱极小值的位置也会动态地发生变化[19-20]。

实验参数 θ 和 I_L 可以用来区分不同类型的极小值。动态极小值意味着多条轨道的能量足够高,对高次谐波产生的第一阶段隧穿电离有贡献。这些轨道主要是靠近并低于最高占据态(HOMO)的分子价态轨道(HOMO-1,…)。在电子处于连续态加速的第二阶段,分子离子会处于基态(X)和激发态(A,B,…)的叠加态中。所有的电离通道都会贡献最后的谐波辐射[20-21],而这些高次谐波包含了辐射过程中分子离子的超快动力学信息,即在短于一个光周期的时间内电子壳层内发生的重新排列[22-23]。

对谐波辐射进行诊断可以分离不同通道的贡献,诊断过程中不仅要测量谐波的强度[14-15,19,21,23-24],而且需要测量相位。如11.2节中所述,使用RABBITT技术可以测量相位。图11.1所示为实验中测量的谐波强度和相位的角度分布,该实验使用N_2作为产生介质,光强固定为 $1.2\times10^{14}W/cm^2$[5],贡献25次谐波的HOMO和HOME-1轨道的总相位差接近 $\pi/2$,因此,它们对归一化分子偶极矩的贡献被分别分成虚部和实部。进一步分析复偶极矩结构,根据测量数据可以开展以下研究:①模拟辐射的阿秒脉冲的时域结构;②使用层析成像的方式对涉及的轨道进行重构;③在复合时刻对相干电离通道导致的动态空穴进行成像[5]。

改变激光强度,研究截止区附近高次谐波变化。在N_2的实验中,激光光强I_L在 $0.7\times10^{14}W/cm^2$(截止阶次H_{21})和 $1.3\times10^{14}W/cm^2$(截止阶次H_{29})之间变化。在谐波强度极小值和激光强度无关的区域,谐波相位随着阶次快速变化,如图11.2所示[6]。

通过两种机制可以解释测量到的非平凡相位变化。首先,两个通道在连续态动态变化的不同控制了截止区谐波的相位;其次,通道A阿秒时间尺度(亚周期)

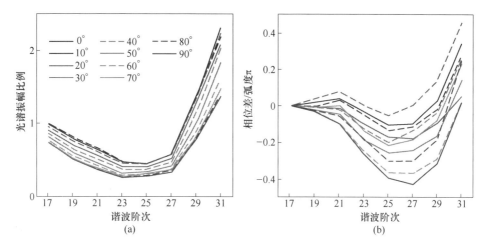

图11.1 （见彩图）实验得到的 N_2 分子的复合偶极矩。N_2 分子不同取向下产生的软 X 射线的 (a)振幅和(b)相位。数据相对 Ar 归一化处理。当分子取向垂直时（$\theta = 90°$），谐波H_{27}的相位比H_{17}少 $\pi/2$。逐渐将分子取向转至平行于激光偏振方向（$\theta=0$），这种相位差就渐渐消失了。对于所有的取向角度，H_{27}之后的阶次，相位逐渐增加 $\pi/2$，这很可能是一个很大的跃变的开始，我们的光谱测量范围无法覆盖更高的阶次。最低阶次H_{17}的相位被设为 0。

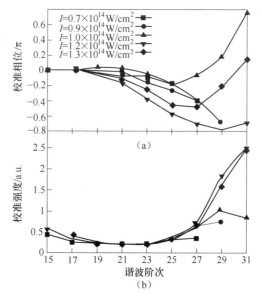

图11.2 (a)谐波相位；(b)强度和激光强度的关系。N_2的取向是 $\theta = 90°$，激光强度为 $10^{14} W/cm^2$ 量级，数据由 Argon 中产生的谐波标定。H_{15}的相位被设为 0。

的快速核动态变化强烈影响对高次谐波的贡献。N_2中非平凡谐波随着阶次的相位变化起因于通道 X 和 A 相对振幅和相位的改变。直到 A 通道的贡献显著减小,这种相位变化才会消失。这一实例说明,通过精细调节激光强度,可以控制不同轨道(这里主要是 HOMO 和 HOMO-1)对高次谐波的贡献强弱。

11.3.2 谐波发射时间的控制

在准直分子中产生阿秒脉冲串不仅能提供分子结构和产生过程中系统动力学的信息,而且是一种控制 XUV 辐射的阿秒时域形貌的方法,这已经在 CO_2 分子的实验中得到证实[7]。和之前关于 N_2 分子的实验类似,激光光强是控制不同轨道贡献的重要参数。

实验中使用 RABBITT 方法在准直后的 CO_2 分子中测量谐波的光谱强度和发射时间,图 11.3 所示为不同分子准直角度 θ(双核连线的轴和激光偏振方向的夹角)下的测量数据。激光脉宽为 55fs,光强为 $0.95 \times 10^{14} W/cm^2$。23 次和 25 次附近的高次谐波光谱强度强烈地依赖于分子的准直角度,相比垂直于激光偏振方向 ($\theta = 90°$),平行情况下 ($\theta = 0°$)谐波的强度要低一个量级。通常,发射时间和阶次成线性关系,而在 $\theta = 0°$ 时观察到发射时间曲线的隆起结构,对于短轨道更加明显。发射时间是谐波相位关于频率的导数,也就是群延迟。隆起结构来源于相位的快速变化或者相位跃变。在 $\theta = 0°$ 情况下进行 8 次独立测量,测得相位跃变为 (2.0 ± 0.6)rad。角度依赖的强度极小值和相位跃变的相关性明显对应于高次谐波产生过程中的相消量子干涉。在文献[7]中,60eV 附近出现的极小值最初被认

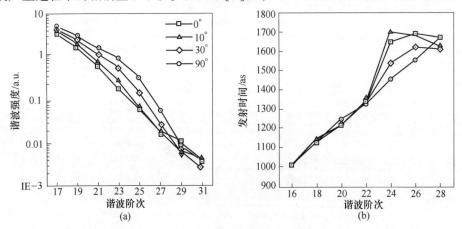

图 11.3　准直后的 CO_2 分子中的 (a)谐波强度和 (b)谐波发射时间。
正方形:$\theta = 0°$,三角形:$\theta = 10°$,菱形:$\theta = 30°$,圆形:$\theta = 90°$。
这些数据和文献[7]中的图 3 来自同一组测量结果。

为是结构干涉所致[24-25]，后来发现，产生过程中 CO_2 分子 HOMO 和 HOMO-2 双通道的动力学干涉才是最有可能的原因。

事实上，无论背后的物理过程是什么，通过选择不同的分子、准直方向和激光强度可以控制相消干涉，从而控制出射阿秒脉冲的时域结构。我们改变 CO_2 分子的准直角度（$\theta = 0°, 10°, 20°, \cdots, 90°$），重建了两个不同光谱区域的阿秒脉冲的时域强度包络，如图 11.4（a）和（b）所示。重建使用的数据来自同一系列 RABBITT 的扫描，图 11.3 展示了其中的一些数据。如果只选择相位跃变以下的谐波，重建的阿秒脉冲的形状和时间与分子准直情况无关。它们的脉宽（FWHM）都是 320as，相对于参考原子 Kr（电离势和 CO_2 一样），脉冲产生时间也相同。然而，如果仅仅使用相位跃变附近的谐波，$\theta = 0°$ 的情况下，相对于 Kr，谐波发射时间有 150as 的延时。当准直角度逐渐转向 $\theta = 90°$ 时，这个延时就渐渐消失了[7]。延时来源于相位跃变在几个谐波阶次的扩散，导致对应的发射时间有较大改变。假设使用光谱滤波器能够将光谱强度压平，并在重建中使用全部光谱（H_{17}—H_{29}），得到的脉冲时域波形会强烈扭曲，如图 11.4（c）所示。对于 $\theta = 0°$ 的情况，由于很强的相位跃变，跃变前后的光谱成分干涉相消，导致时域上出现一个低谷结构。低谷结构的位置就是 $\theta = 90°$，没有相位跃变的情况下，所有光谱成分干涉相长的位置，旋转分子能够将脉冲的时域波形从单峰改变为双峰。

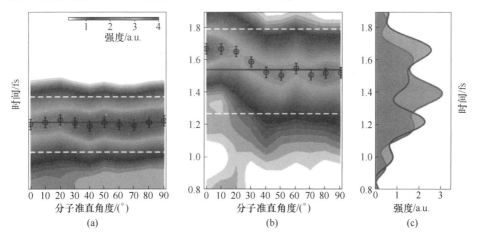

图 11.4 （见彩图）脉冲串中典型的阿秒脉冲的强度和准直角 θ、时间 t 的函数关系。$t = 0$ 时激光场最大。图中圆圈表示一系列 RABBITT 扫描中脉冲的峰值位置，误差条表示边带 SB_{16} 辐射时间的标准偏差，也就是阿秒脉冲绝对时间的误差。黑线和白色虚线分别表示同样实验条件下氪气中产生的阿秒脉冲的峰值和半高。（a）使用相位跃变以下的谐波，H_{17}—H_{29}。（b）使用相位跃变附近的谐波，H_{23}—H_{29}。（c）使用 H_{17}—H_{29} 并假设它们的光谱振幅相同。蓝色，$\theta = 0°$；橙色，$\theta = 90°$。[7]

这种脉冲整形有哪些可能的应用？使用滤波器或者特殊设计的镜子可以对XUV脉冲的光谱振幅整形。在APT重建中仅仅选择特定的高次谐波是一种"虚拟"振幅整形。基于准直分子高次谐波的APT源有一个特点：根据不同分子的特征、准直角度和激光强度，可以在选定的光谱位置开启或关闭相位跃变。脉冲整形的关键是在特定的光谱位置增加一个接近于π的相位跃变[25]。直到最近，人们才能在XUV波段实现这样的相位调制。如果相位跃变的能量对应于跃迁能量，那么这样的相位跃变就可以用来瞬时增强共振跃迁[26]，这就是一种最简单的相干控制。共振能量上下对激发态布居数的贡献干涉相消，因此这个过程又称为瞬时相干。准直分子XUV辐射的相位跃变可以用来瞬态增强XUV波段的大共振的布居数。

11.4 阿秒极紫外高次谐波作用下的分子光电离

RABBITT方法通过获取谐波相位$\Delta\phi_\Omega$（式(11.1)）来诊断高次谐波产生的XUV脉冲串。为达到这一目标，RABBITT技术假设谐波的探测发生在参考气体中，其中原子/分子对相位的贡献$\Delta\theta$已知或者可以忽略。

然而，最近这种方法以非传统方式被应用。使用诊断后的谐波电离气体，这样就可以从RABBITT测量中获取原子或分子的相位$\Delta\theta$[8-9,27-28]。这就出现了一个有关实验数据解释的新问题：$\Delta\theta$中含有什么样的信息？更具体来说，从电离动力过程中的这些相位能获取什么？到目前为止，人们提出了并不矛盾的两个答案。如果电离阈值附近$\Delta\theta$随着能量平稳变化，那么可以探测时间延迟τ_I（又称为维格纳时间延迟）的特征[30]。维格纳时间延迟是光电子波函数的散射相移关于能量的导数[29]。本节讨论一种互补的解释[9]，这一解释将θ关于光谱的导数和边带的延迟联系起来。

11.4.1 RABBITT相位和时间延迟

导致边带的两条路径可以看作量子双缝，通过双缝形成相干的量子波包。$\Delta\theta$是波包（通过两条路径）形成过程中积累的相位差，与IR和XUV的相位无关。

这反映在时域上，就是导致边带SB_{2q}的每条路径都有一个"普遍化的时间延迟"：

$$\tau_\pm = \frac{1}{2q\pm 1}\frac{\partial\theta_\pm}{\partial\omega_L} \tag{11.6}$$

式中：$\theta_\pm$为每条路径相关的双光子矩阵元的相位（文献[32]中的式(11.5)）。这些延时就出现在边带 SB_{2q} RABBITT 相位的光谱变化中：

$$\frac{1}{2q}\frac{\partial \Delta\theta}{\partial \omega_L} = \frac{1}{2q}\left(\frac{\partial \theta_+}{\partial \omega_L} - \frac{\partial \theta_-}{\partial \omega_L}\right) \tag{11.7}$$

$$= \frac{2q+1}{2q}\tau_+ - \frac{2q-1}{2q}\tau_- \tag{11.8}$$

对于足够大的阶次 q，后边一项可以近似为

$$\frac{1}{2q}\frac{\partial \Delta\theta}{\partial \omega_L} \approx \tau_+ - \tau_- \tag{11.9}$$

RABBITT 相位的导数就提供了通过每条干涉路径的边带的群延迟差。

11.4.2 延时的物理解释

文献[94]中，将 RABBITT 仿真得到的延时和波包 TOF 法进行了比较（式(11.9)）。在仿真中，分子模型考虑了实验中报道过的氮气的主要振动特征，其中一条对边带有贡献的路径和其他路径有很大的不同[8]。

这里用与之类似但相对简单的一维模型来阐述这一方法（图 11.5）。模拟电势使得电离阈值之上 $\varepsilon_r = 1.22eV$ 的位置产生一个尖锐的共振，也就是高于基态（$\varepsilon_0 = -15.65eV$）能量 17eV 处，这个能量差对应于 800nm 钛宝石激光器（$\omega_L \approx 1.55eV$）的 11 次谐波。在模拟过程中，导致边带 SB_{12} 的谐波 H_{11} 受到共振的影响，

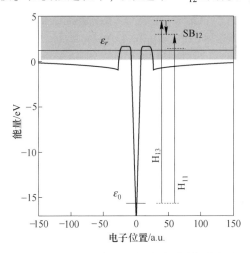

图 11.5 仿真模型。势能（黑实线）由软库仑束缚项表示，基态能量 $\varepsilon_0 = -15.65eV$，引入对称势垒，在能量 $\varepsilon_r = 1.22eV$ 处产生线宽 $\Gamma_r \approx 10meV$ 的尖锐共振。800nm 激光的 11 次谐波接近共振，13 次谐波到达平稳的连续态。这一模拟势能对应于文献[9]中更复杂分子模型的势能的一部分。

而能量更高的H_{13}经历了一个平稳的连续区。从头求解含时薛定谔方程得到模拟结果。对激光频率的选择要求共振附近的场强足够低,使得双光子以上的跃迁过程可以被忽略。

首先在1.5eV和1.6eV之间改变激光频率ω_L,仅计算H_{11}的电离率。结果如图11.6(a)所示(虚线),展现了共振附近的光谱结构。我们感兴趣的共振对应于最明显的峰,频率为$\omega_r = (\varepsilon_r - \varepsilon_0)/11 \approx 1.53(\text{eV})$,宽度由$H_{11}$的光谱宽度决定,超过了共振线宽$\Gamma_r$大约一个数量级。当$\omega_L \approx 1.6\text{eV}$的时候,还在高能量区域观察到了共振展宽。

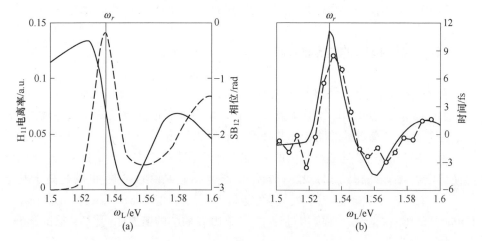

图11.6 (a)虚线表示用H_{11}光电离系统的概率和激光频率ω_L的关系;实线(曲线)表示用H_{11},H_{13}和基频场光电离系统得到的SB_{12} RABBITT相位与激光频率ω_L的关系。(b)实线(曲线)表示数值微分RABBITT相位(式(11.9))得到的群延迟差$\tau_+ - \tau_-$;虚线连接的空心圆圈表示类TOF法探测SB_{12}波包得到光电离延时差$\tilde{\tau}_+ - \tilde{\tau}_-$;垂线表示频率$\omega_r$,此时,$H_{11}$正好和尖锐的共振重叠。

接下来模拟了在11次和13次极紫外谐波及IR共同作用下系统的光电离。通过对终态波函数进行傅里叶分析可以得到电子光谱。根据SB_{12}随XUV-IR延时τ的振荡复现RABBITT的相位(见11.2节)。对感兴趣的频率成分采用同样的分析方法,结果如图11.6所示。垂线表示共振频率ω_r,而$\Omega_- = 11 \times \omega_L = 16.87$(eV)。给出了当$\Omega_-$的能量穿过共振时的RABBITT相位发生$\pi$跃变(图11.6(a))。式(11.3)中给出了共振态$n=r$对应的双光子跃迁矩阵元,这一项目前起主导作用,上面的相位跃变对应于这一项分母符号的改变。当H_{11}进入到第二个更宽的共振时,会出现另一个负相位跃变,这一过程并不起主导作用。第三个跃变(正)发生在共振之间,大概在$\omega_L = 1.56\text{eV}$附近。这是由于双光子跃迁概率几乎为0,来自相邻共振的贡献相互抵消,只剩下来自平稳连续谱的贡献。需要指出的是,文献[9]中定义的两个振动共振对应于两个和同一电子共振相关的共振态,而在简单的一维模型中它们对应于两个不同的电子态。对于设定的激光频率范围,在典型的无共振区域,RABBITT 相位变化小于数百毫弧度,我们验证了这一结论。

对 RABBITT 相位进行数值微分,可以得到式(11.9)的普遍化的群延迟 $\partial\Delta\theta/(12\partial\omega_L)$,如图11.6(b)中实线(曲线)所示。相位的每一个跃变都对应于一个数飞秒的延时差,在 ω_r 达到最大值,约10fs。在光电离的时间尺度下,这是一个非常大的改变。维格纳类型的延迟典型值不超过数十阿秒[30,31]。

从 RABBITT 的相位中可以获得延时差,为了考察这样的延时差是否具有现实的物理意义,我们进行了一系列的仿真。其中使用的模型系统在 H_{11}(或者 H_{13})和基频光的共同作用下被电离,这分别对应于前面 RABBITT 仿真中导致 SB_{12} 的两条路径。H_{11}(H_{13})能量低(高)于 SB_{12}。对于每一条路径,设定到核的距离,通过电子的通量模拟电子飞行时间。这个距离设定得足够远,保证当 SB_{12} 对应的电子波包到达虚拟探测器时,XUV 和 IR 场之间的相互作用已经结束。对于每一个频率,通量的时间分布反映了脉冲的形状(图中没有显示)。极大值的时间点对应于 SB_{12} 电子波包到达虚拟探测器的时间。$\tilde{\tau}_+$($\tilde{\tau}_-$)代表能量高(低)的路径。需要特别指出的是,由于两个电子波包具有同样的总能量,沿着同一势场演化,因此虽然 $\tilde{\tau}_+$ 和 $\tilde{\tau}_-$ 的值随着探测器位置的不同会显著变化,但是它们的差 $\tilde{\tau}_+ - \tilde{\tau}_-$ 不变。

图11.6(b)中给出了到达时间差 $\tilde{\tau}_+ - \tilde{\tau}_-$ 和 ω_L 的函数关系(虚线连接的空心圆圈),与 RABBITT 得到的群延迟时差(实曲线)符合得很好。

通过比较两组数据,RABBITT 数据中得到的群延迟差揭示了双光子 ATI 跃迁的时间表,这在目前的 TOF 技术中是无法测量得到的。两个波包一旦形成以后,其成分的演化完全相同,因此这个群延迟差来源于它们被释放之前的形成过程中。尽管 XUV 和 IR 在一个先验的非顺序区域同时作用,这也可以被看作是系统陷入双光子吸收中间过程的时间。除了可以测量这样的延时,通过在共振附近调节频率可以控制跃迁时间。

11.5 小 结

本章使用 XUV 辐射研究了一组新的分子过程,展示了最近的实验和理论结果。介绍了两个主要领域的进展:①通过分子结构相关的应用,对高次谐波辐射进行诊断和控制;②使用高次谐波辐射验证分子系统非线性响应的时间因素。得益于高次谐波脉冲串的时域结构,现在能够在阿秒时间尺度上对系统进行观测。这里着重强调 IR-XUV 的 RABBITT 技术,这是一个非常有效的工具,可以用来测量分子中电子分布随时间的改变。到目前为止,这些研究都是针对简单的分子,因此可以看作是验证性实验。尽管如此,这些实验仍开拓了有趣的方向,能够实时研究化学反应系统中的电子过程。

参考文献

[1] V. Véniard, R. Taïeb, A. Maquet, Phys. Rev. Lett. **74**, 4161 (1995).

[2] V. Véniard, R. Taïeb, A. Maquet, Phys. Rev. A **54**, 721 (1996).

[3] H. G. Muller, Appl. Phys. B **74**, S17 (2002).

[4] J. Itatani, J. Levesque, D. Zeidler, H. Niikura, H. Pépin, J. C. Kieffer, P. B. Corkum, D. M. Villeneuve, Nature **432**, 867 (2004).

[5] S. Haessler, J. Caillat, W. Boutu, C. Giovanetti-Teixeira, T. Ruchon, T. Auguste, Z. Diveki, P. Breger, A. Maquet, B. Carré, R. Taïeb, P. Salières, Nat. Phys. **6**, 200 (2010).

[6] Z. Diveki, A. Camper, S. Haessler, T. Auguste, T. Ruchon, B. Carré, P. Salières, R. Guichard, J. Caillat, A. Maquet, R. Taïeb, New J. Phys. **14**, 023062 (2012).

[7] W. Boutu, S. Haessler, H. Merdji, P. Breger, G. Waters, M. Stankiewicz, L. J. Frasinski, R. Taïeb, J. Caillat, A. Maquet, P. Monchicourt, B. Carré, P. Salières, Nat. Phys. **4**, 545 (2008).

[8] S. Haessler, B. Fabre, J. Higuet, J. Caillat, T. Ruchon, P. Breger, B. Carré, E. Constant, A. Maquet, E. Mével, P. Salières, R. Taïeb, Y. Mairesse, Phys. Rev. A **80**, 011404 (2009).

[9] J. Caillat, A. Maquet, S. Haessler, B. Fabre, T. Ruchon, P. Salières, Y. Mairesse, R. Taïeb, Phys. Rev. Lett. **106**, 093002 (2011).

[10] P. M. Paul, E. S. Toma, P. Breger, G. Mullot, F. Augé, Ph. Balcou, H. G. Muller, P. Agostini, Science **292**, 1689 (2001).

[11] Y. Mairesse, A. de Bohan, L. J. Frasinski, H. Merdji, L. C. Dinu, P. Monchicourt, P. Breger, M. Kovăcev, R. Taïeb, B. Carré, H. G. Muller, P. Agostini, P. Salières, Science **302**, 1540 (2003).

[12] M. Lein, N. Hay, R. Velotta, J. P. Marangos, P. L. Knight, Phys. Rev. Lett. **88**, 183903 (2002).

[13] M. Lein, N. Hay, R. Velotta, J. P. Marangos, P. L. Knight, Phys. Rev. A **66**, 023805 (2002).

[14] C. Vozzi, F. Calegari, E. Benedetti, J.-P. Caumes, G. Sansone, S. Stagira, M. Nisoli, R. Torres, E. Heesel, N. Kajumba, J. P. Marangos, C. Altucci, R. Velotta, Phys. Rev. Lett. **95**, 153902 (2005).

[15] T. Kanai, S. Minemoto, H. Sakai, Nature **435**, 470 (2005).

[16] E. van der Zwan, M. Lein, Phys. Rev. A **82**, 033405 (2010).

[17] J. Higuet, H. Ruf, N. Thiré, R. Cireasa, E. Constant, E. Cormier, D. Descamps, E. Mével, S. Petit, B. Pons, Y. Mairesse, B. Fabre, Phys. Rev. A **83**, 053401 (2011)

[18] H. J. Wörner, H. Niikura, J. B. Bertrand, P. B. Corkum, D. M. Villeneuve, Phys. Rev. Lett. **102**, 103901 (2009)

[19] H. J. Wörner, J. B. Bertrand, P. Hockett, P. B. Corkum, D. M. Villeneuve, Phys. Rev. Lett. **104**, 233904 (2010)

[20] O. Smirnova, Y. Mairesse, S. Patchkovskii, N. Dudovich, D. Villeneuve, P. Corkum, M. Y. Ivanov, Nature **460**, 972 (2009)

[21] B. K. McFarland, J. P. Farrell, P. H. Bucksbaum, M. Gühr, Science **322**, 1232 (2008)

[22] O. Smirnova, S. Patchkovskii, Y. Mairesse, N. Dudovich, M. Y. Ivanov, Proc. Natl. Acad. Sci. USA **106**, 16556 (2009)

[23] Y. Mairesse, J. Higuet, N. Dudovich, D. Shafir, B. Fabre, E. Mével, E. Constant, S. Patchkovskii, Z. Walters, M. Yu. Ivanov, O. Smirnova, Phys. Rev. Lett. **104**, 213601 (2010)

[24] R. Torres, T. Siegel, L. Brugnera, I. Procino, J. G. Underwood, C. Altucci, R. Velotta, E. Springate, C. Froud, I. C. E. Turcu, S. Patchkovskii, M. Yu. Ivanov, O. Smirnova, J. P. Marangos, Phys. Rev. A **81**, 051802 (2010)

[25] C. Vozzi, M. Negro, F. Calegari, G. Sansone, M. Nisoli, S. De Silvestri, S. Stagira, Nat. Phys. **7**, 823 (2011)

[26] A. -T. Le, R. R. Lucchese, C. D. Lin, J. Phys. B **42**, 21 (2009)

[27] A. Monmayrant, S. Weber, B. Chatel, J. Phys. B **43**, 103001 (2010)

[28] N. Dudovich, D. Oron, Y. Silberberg, Phys. Rev. Lett. **88**, 123004 (2002)

[29] M. Swoboda, T. Fordell, K. Klünder, J. M. Dahlström, M. Miranda, C. Buth, K. J. Schafer, J. Mauritsson, A. L'Huillier, M. Gisselbrecht, Phys. Rev. Lett. **104**, 103003 (2010)

[30] K. Klünder, J. M. Dahlström, M. Gisselbrecht, T. Fordell, M. Swoboda, D. Guénot, P. Johnsson, J. Caillat, J. Mauritsson, A. Maquet, R. Taïeb, A. L'Huillier, Phys. Rev. Lett. **106**, 143002 (2011)

[31] E. P. Wigner, Phys. Rev. **98**, 145 (1955)

[32] M. Vacher et al. in preparation (2013)

[33] M. Schultze, M. Fieß, N. Karpowicz, J. Gagnon, M. Korbman, M. Hofstetter, S. Neppl, A. L. Cavalieri, Y. Komninos, Th. Mercouris, C. A. Nicolaides, R. Pazourek, S. Nagele, J. Feist, J. Burgdörfer, A. M. Azzeer, R. Ernstorfer, R. Kienberger, U. Kleineberg, E. Goulielmakis, F. Krausz, V. S. Yakovlev, Science **328**, 1658 (2010)

第12章
分子中电子动力学行为的观测和控制

Andreas Becker, Feng He, Antonio Picón, Camilo Ruiz,
Norio Takemoto, Agnieszka Jaroń-Becker

摘要 超短脉冲技术的发展使得观测和控制原子和分子中的电子动力学过程成为可能。以在自然时间尺度下跟踪和理解电子的运动为目标,以自然界中最简单的分子——氢分子为例,回顾最近的实验和理论进展。由于电子态之间的强耦合以及外场对电子的影响,电子的运动显现出复杂和反直觉的行为。本章将介绍几种不同的方法,来观察氢分子离子中的单电子效应,以及复杂分子中价壳层电子的重新排列。在此基础上讨论最近提出的一种控制电子在分子中位置的方法,该方法包括载波包络相位稳定的脉冲、阿秒泵浦-探测方案和圆偏振激光脉冲等要素。在测量电子位于氢分子离子中质子附近的位置概率的实验中,我们观察到了不对称性;同时,基于从头开始的数值计算,给出了理论仿真结果和分析。

A. Becker · A. Picón · A. Jaroń-Becker
JILA and Department of Physics, University of Colorado, 440 UCB, Boulder, CO 80309-0440, USA
e-mail: andreas.becker@colorado.edu

A. Picón
e-mail: Antonio.Picon@uab.es

A. Jaroń-Becker
e-mail: jaron@jila.colorado.edu

F. He
Key Laboratory for Laser Plasmas (Ministry of Education) and Department of Physics and Astronomy, SJTU, Shanghai 200240, People's Republic of China
e-mail: fhe@sjtu.edu.cn

C. Ruiz
Centro de Laseres Pulsados CLPU, Edificion M3, Parque Cientifico, C/ Adaja s/n, 37185 Villamajor, Spain
e-mail: camilo@usal.es

N. Takemoto
Department of Chemical Physics, Weizmann Institute of Science, 76100 Rehovot, Israel
e-mail: norio.takemoto@weizmann.ac.il

12.1 介绍

超快强激光科学的一个中心目标是在自然时间尺度上观察、理解和控制物质组成成分的运动。运用飞秒激光技术，人们已经可以在分子和凝聚态物质中实时观察原子的运动和重新排列[1]。飞秒激光的出现可以将时间分辨率提高至更短的阿秒尺度，这是原子和分子中电子运动的时间尺度。对于阿秒时间尺度下电子运动的观察（包括由强激光脉冲激发的过程），可能给人们提供对于基础现象的新的理解，或更精练的理解。这些现象包括电离、高次谐波产生、电子和核运动的耦合、在分子之间控制电荷的位置和传输。

最近在最简单的分子（氢分子离子、氢分子及其同位素）中人们取得了很多研究进展。通过精密的数值计算，人们可以对这些系统进行高精度的理论分析。另外，人们已能在实验中（或正在实验研究中）对电子和电子-核的动力学行为进行细致的观测，即同时探测所有带电粒子的动量。在使用强激光脉冲电场对亚飞秒电子动力学行为进行分析和控制时，这些简单分子是开展理论和实验结果比对的非常理想的研究平台。最近的实验就是阿秒物理在这方面潜力的鲜活例证。对于一些似乎已被我们熟知的过程，比如激光导致的分子的电离，这些实验给出了令人惊奇，甚至是反直觉的新信息。

12.2节将讨论分子中的电子运动如何在阿秒时间尺度上影响电离过程。首先根据含时薛定谔方程进行数值计算，结合实验结果进行理论分析，并提出可行的下一步实验方案。我们还将讨论有关双原子和三原子分子中电子重新排列的可视化研究的最新实验和理论进展。然后探讨如何控制简单化学键中的电子，如何将电子局域化在氢分子离子中两个质子的其中一边，并将不同的理论概念和现有实验数据进行对比。最后简要介绍复杂分子中控制电子的最新进展。

12.2 阿秒激光驱动的分子中的电子动力学

激光场导致的分子和原子的电离是强场科学中很多现象的共同初始形态，比如高次谐波和阿秒脉冲的产生[2]、分子的解离和控制[3]以及超快分子成像[4]。在通用的电离理论和图景中，比如隧穿电离和多光子电离，人们使用准静电场近似或者周期平均近似来处理激光和电子的相互作用。目前，人们还很少研究电离过程之前和电离过程之中，振荡电场在原子和分子内部导致的电子的亚周期动力学行为。阿秒技术将改变这一研究现状，它可以探测电子运动，常常得到令人惊奇和反直觉的结果。

12.2.1 阿秒时间尺度的电荷共振增强电离

最流行的超短脉冲和物质相互作用的电离理论基于激光电场准静态近似。该近似假定，相对于这一过程中的电子运动，激光电场的变化很慢[5]。在隧穿电离的图像中，原子或分子的库仑吸引势和激光电场共同形成势垒，电子可以从中逃脱。根据这一图像，当势垒最小的时候，电离率最大。对于线偏振光来说，这发生在电场最强时，即场振幅包络的峰值处，且位于一个振荡周期的极值位置。氖气原子在近红外激光作用下电离的阿秒探测结果强烈地支持了这种图像[6]。

氢分子离子等分子显示出复杂的电离机制，但人们依然用电场准静态近似对其进行解释。相反宇称的一对准简并态(也称为电荷共振态[7])之间的强耦合极大地增强分子的电离率[8-9]。在氢分子离子中，当分子离子被拉伸，使得质子间距处于中间值时，σ_g 对称的 1s 基态和 σ_u 对称的 2p 第一激发态就可以形成这样的一对态。如图 12.1(a) 所示，在激光场的作用下，由于两个态之间的耦合，一个质子的能级变高，另外一个质子的能级降低。场强高至一定程度，高能态的能量高于两个质子之间的内部库仑势垒，电子能被有效地电离，这就导致了核间距中等时电离率极大增强(图 12.1(b))。在实验中观察到电离率和核间距的依赖关系[10]之前，相应的电离机制理论被称为电荷共振增强电离(charge-resonance-enhanced ionization，CREI)[8-9]。

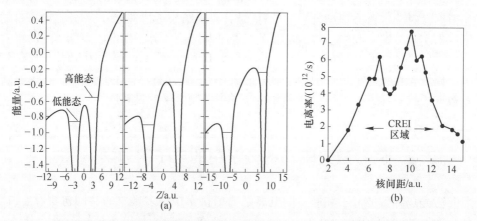

图 12.1　氢分子离子中电荷共振增强电离的机制和结果(T. Zuo 和 A. D. Bandrauk[8])
(a) 氢分子离子中由静电场(E_0 = 0.0533a.u.，对应光强 $I = 10^{14}W/cm^2$) 导致的最低能级(见正文)，从左到右，图形对应的核间距依次为 6 a.u.、10 a.u. 和 14 a.u.；(b) 氢分子离子在线偏振光场下从头开始数值计算的电离速率结果(峰值光强 $10^{14}W/cm^2$，波长 1064nm)。图中标识了 CREI 区域[8]。

在最初的 CREI 图像中，人们在核运动的飞秒时间尺度下观察氢分子离子的电离。在阿秒时间尺度下,由于同样满足准静态场近似,它和隧穿电离有着相同的特征。这意味着,若使用线偏振激光,当外场场强最大的时候,电离率也最高。然而,根据最近的含时薛定谔方程的数值解,强激光和氢分子离子相互作用显示出了和准静态场 CREI 图像不一致的结果[11]。如图 12.2(b)所示,在激光场的半个振荡周期内,氢分子离子的电离速率有两个极大值,而场强极值附近出现了电离速率的极小值。氢原子的准静电场电离理论预言,在电场的每个极大值处会出现电离速率的极大值(图 12.2(a)),而氢分子离子中却出现了多电离峰结构。实际上,进一步的理论分析发现,通过改变激光参数,光场的半个振荡周期内甚至会出现超过两个电离峰值[12]。

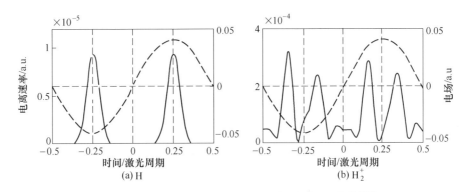

图 12.2 激光脉冲一个周期内电离速率(实线)的变化[11]。
(a) 氢原子;(b) 氢分子离子。分子电离速率是核间距为 6.75~7.25a.u. 之间结果(含时薛定谔方程的数值解)的累加。虚线代表激光的电场,激光参数:波长 800nm,峰值光强 $6\times10^{13}\mathrm{W/cm^2}$,脉冲宽度 26.69fs[11]。

Kawat 等对激光驱动下分子中两个质子间的电子运动过程进行了研究,通过数值计算,他们发现每个质子的电子布居数在光场的半个周期内达到极大值的次数大于一次[13]。随着对阿秒时间尺度下电子运动研究的发展,人们发现,这就是氢分子离子解离过程中出现多电离峰和电子位置强度依赖现象的物理源头[14](见 12.4.2 节)。关于激光周期内电子动力学过程的一种解释是强场会导致分子中的衍射调制效应(图 12.3)。电子在分子内质子间的转移受限于特定的电子动量,见下式相空间的维格纳分布①[14]:

$$W(z,p_z;t) = \frac{1}{\pi}\iint\rho\mathrm{d}\rho\mathrm{d}\boldsymbol{R}\int_{-\infty}^{+\infty}\mathrm{d}y\Psi^*(\boldsymbol{R},z+y,\rho;t)\Psi(\boldsymbol{R},z-y,\rho;t)\times\exp(2\mathrm{i}p_zy)$$

(12.1)

---

① 本章采用原子单位制:波尔半径 $a_0 = 1$,电子质量 $m_e = 1$,普朗克常数 $\hbar = 1$ 电子电量 $q_e = 1$,波尔磁子 $\mu_B = 1/2c$,c 为光速。

式中：$\Psi(R,z,\rho;t)$ 为氢分子离子和场相互作用的薛定谔方程的解；p_z 为沿着场的偏振方向的动量。图 12.3 所示为一个周期内的 4 个时间点在 3 种不同激光光强下的维格纳分布。红色斑块代表电子布居数的极大值,蓝色斑块代表相空间的禁止区域。根据最低光强条件下维格纳分布的演化(左侧一列图形),电子布居(动量离散分布)从 $z \approx 3.5$ a.u. 的质子转移到另外一个 $z \approx -3.5$ a.u. 的质子。电子动量可以被分解为原子动量分布和一个双中心的结构参数(本例中为 $\sin^2(p_zR/2)$)[14,15],其离散部分对应于衍射峰(或者动量门)[14]。在光场中,由于最小耦合原理,电子的动量 p_z 替换为 $p_z - A(t)/c$,$A(t)$ 是激光脉冲的矢势,因此动量门跟随激光的周期前后移动。光强较小时,动量移动也小,电子分布跟随振荡电场在两个质子之间振荡。然而,如果 $A(t)$ 超过了无场时候动量门的值,质子间的电流会反转并反向于经典的激光电场力。在高光强情况下,动量门会发生移动,穿过 $p_z \approx 0$ 的区域数次,这会导致在振荡激光场半周期内,分子中产生电子流聚束。基于 Bohmian 轨道的选通效应的详细分析见文献[16]。

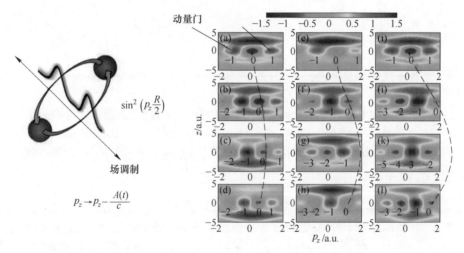

图 12.3 (见彩图)解离的氢分子离子和 800nm 近红外激光(5.3fs)相互作用的维格纳分布(伪彩色图使用线性坐标)[14]。每一列 4 幅图像分别代表一个周期内的 4 个不同时间点。从左到右的 3 列,光强分别是 3×10^{12} W/cm^2、2×10^{13} W/cm^2 和 10^{14} W/cm^2。红色斑块代表由于衍射效应(分子结构参数是 $\sin^2(p_zR/2)$)导致的动量门,强激光场沿着动量轴调制衍射。虚线代表动量分布的中心点的振荡[14]。

根据两电荷共振态模型(氢分子离子的离子中,使用 $1s\sigma_g$ 和 $2p\sigma_u$ 态),对复杂的电子动力学过程进行分析,可以从另一视角理解多电离峰现象。在含时薛定谔方程中,两个 Floquet 态被写成级数展开的形式,通过分析方程的一般解,电子分布位于一个质子的局域化极值时刻 t_{loc} 满足[11-12]

$$A(t_{\text{loc}}) = -c\frac{m\pi + \xi}{2d_{\text{gu}}}, m = 0, \pm 1, \pm 2, \cdots \quad (12.2)$$

时刻 t_{loc} 取决于两个 Floquet 态的混合角度 ξ 和两个态之间的跃迁矩阵元 d_{gu}。在分子中两个态之间的耦合远远强于其他态的情况下，基于两态模型的分析是有效的。在 H_2^+ 的例子中，如果核间距位于平衡距离附近，基态 $1s\sigma_g$ 和第一激发态 $2p\sigma_u$ 的跃迁矩阵元强度与这些态和其他激发态之间的跃迁矩阵元强度可比拟，此时，电离符合传统隧穿电离图像。但是，当核间距在解离过程中变得越来越大的时候，这两个态（$1s\sigma_g$ 和 $2p\sigma_u$）的能量近乎简并，且和其他态相分离，同时，d_{gu} 随着核间距的增大成比例增长[17]，此时，系统接近于式（12.2）的两态模型。当 d_{gu} 很大的时候，一个半周期内将存在多个 t_{loc}，因此，电子局部聚束，出现多个电离峰（详细讨论和推导见文献[12]）。根据式（12.2）简单预测的电子局域化时刻和图 12.2 的数值结果相符。尽管使用的是特定的氢分子离子模型，但对于其他准简并电荷共振双态的分子，上述推导和结论预计也成立。

12.2.2 氢分子离子中核间电子动力学的观测

阿秒激光脉冲技术允许人们在电子自身的时间尺度上拍摄原子分子中电子的运动。上一节讨论过的复杂的激光驱动的动力学过程，就是一个很有趣且具有挑战性的例子，其中我们观察到了多电离峰的反直觉现象。本节将从理论上研究分子中反向于分子轴的阿秒电离的电子密度不对称性。将阿秒脉冲的偏振方向设定为垂直于分子轴，双中心干涉的图样可以反演得到量子态。最后将介绍基于阿秒时钟概念的实验方案，使用圆偏振飞秒激光电离分子将分子中的阿秒电子运动映射至电子的动量分布上。

1. 跟踪阿秒电子运动的理论方案

目前存在不少跟踪分子中电子运动的理论方案，它们的基本思想是使用阿秒激光脉冲电离电子，然后测量光电子动量的角分布。Bandrauk 等[18-19]设计了数值模拟程序，在模型中，系统处于氢分子离子不同电子态的相干叠加中，亚飞秒的真空紫外（VUV）脉冲与其相互作用。第二个阿秒脉冲沿着核间轴的方向电离分子离子，用来探测 VUV 脉冲激发的质子间的电子波包演化（图 12.4（a））。电子布居数的振荡被映射至沿着分子轴的光电子发射不对称性上。不对称参数是 $(P_+ - P_-)/(P_+ + P_-)$，其中 $P_\pm$ 是观察到的电子沿着正向和负向的概率（图 12.4（b））。类似的概念也可应用于离子解离之后的氢分子电离中。

从概念上看，部分电子波包从双原子分子的两个原子中心发射，这类似于光波的杨氏双缝干涉实验[22]。这种类比首先由 Cohen 和 Fano 提出[23]，最近应用于解离中的氢分子离子的阿秒光电离中[24-26]。在飞秒尺度，光电离的产率（核间距的

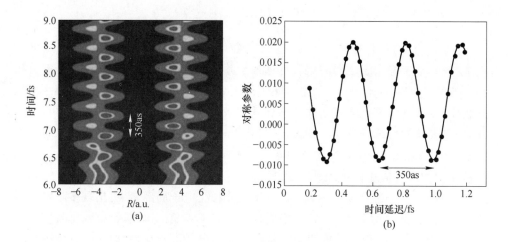

图 12.4 A. D. Bandrauk 等得到的数值结果[18]
(a)氢分子离子中两个相干叠加电子态的电子概率密度随时间的演化,核间距是 8a.u;
(b)光电子发射沿着核间轴的不对称性。横轴表示泵浦脉冲(115nm, 0.8fs)和
电离探测脉冲(20nm, 100as)之间的延时[18,20]。

函数)随时间振荡,这是双中心干涉效应的典型特征[27-29]。阿秒泵浦探测的数值计算结果显示,核波包的信息,如速度、核间距、波包的宽度,可以从振荡和振幅的衰减中得到,如图 12.5 所示[26]。

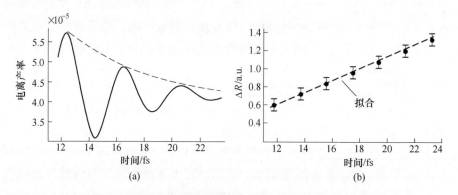

图 12.5 (a) 泵浦探测实验的数值模拟结果[26],第一个脉冲(波长 117nm,脉冲宽度 1.2 fs,光强 $8\times10^{12}\text{W/cm}^2$)激发氢分子离子至解离 $2p\sigma_u$ 态,第二个延时之后的脉冲(22nm, 73as, $1.35\times10^{14}\text{W/cm}^2$)电离解离中的分子离子。(b) 核波包的扩散。标注了误差棒的黑色点表示数值计算结果。虚线表示电离产率中振荡振幅的衰减(拟合结果)[26]。

除了核慢速运动的信息,电子动量分布中的双中心干涉效应还给出了分子中电子运动的信息。如图 12.6(a)所示,氢分子离子中的一个电子被偏振方向沿着

198

分子核间轴的近红外脉冲驱动,由垂直偏振的亚飞秒极紫外脉冲探测。在近红外光场 1/4 周期范围内改变极紫外脉冲和近红外脉冲之间的延时,图中显示了 6 个不同延时状态的结果[11]。从动量分布中可以很清晰地看到,由于近红外脉冲驱动的电子波函数的改变,干涉图像会发生变化。使用氢分子离子的两态模型(见12.2.1 节),可以从干涉图像中反演出复杂的电子运动(图 12.6(b))[11]。

最近,有研究预测了高次谐波产生过程中分子中电子运动的轨迹[30]。数值计算结果显示,光谱对电子-核的运动高度敏感,因此,可以分离氢分子离子中来自两个或更多相干叠加态的贡献。此外,阿秒脉冲的产生可以提供衍射实验中需要的时间和空间分辨率[31]。基于上述研究进展,在理论上,通过双原子分子电子脉冲的弹性散射,可以根据微分截面成像获得电子概率分布的局域化和非局域化时间演化[32]。

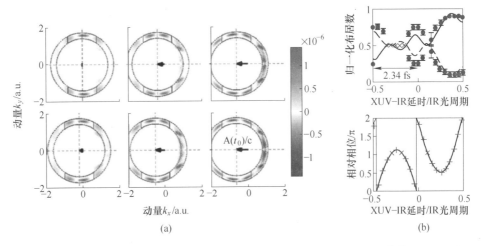

图 12.6 (见彩图)(a) 氢分子离子电离后光电子动量分布的数值计算结果[11]。氢分子离子核间距 7a.u.。极紫外脉冲参数:25nm,1×10^{12} W/cm^2,500.3as。电子的概率分布在近红外脉冲驱动下改变,近红外脉冲参数:1400nm,1.5×10^{13} W/cm^2,14.01fs。6 幅图分别对应 6 个不同的(近红外脉冲和极紫外脉冲之间的)延时,从左上角至右下角延时依次为 0、0.05、0.1、0.15、0.2、0.25 近红外光的光周期。(b) 两个质子的归一化布居数(上图)和振幅的相对相位(下图),由动量分布反演而得(图中的记号),实线是从头计算的数值计算结果[11]。

2. 基于阿秒时钟方案的实验观测

下面介绍一种可以间接捕获分子内部电子运动的实验方案。在这个方案中,一束圆偏振飞秒激光脉冲导致靶中电子电离。对于近红外(中心波长 800nm)圆偏振长脉冲激光,其电场的振幅和矢势在脉冲峰值位置附近几乎保持恒定,方向每 2.6fs 旋转一周。假设电离以后,逃脱的电子在电场中被加速,最终的动量分布 $\boldsymbol{P}_f = \boldsymbol{A}(t_i)/c$ 可以用来测量电子从靶中释放的时间[33],其中 $\boldsymbol{A}(t_i)$ 是电离时刻 t_i

的矢势。更具体地来说,光电子动量分布的角度分辨率(角度条纹)提供了阿秒时间分辨率,这种方案也称为阿秒时钟。此方案之前用于原子中的阿秒测量[34-35]。

对于电子概率密度呈球对称分布的靶(如原子),电子释放的概率不随电场旋转发生变化。因此,预估电子的动量分布为环形圈形状,半径 $|P_f|=A_0/c$, A_0 是矢势的峰值振幅。氢分子离子的基态沿着核的轴方向被拉长,当电场沿着分子轴方向时,电离速率最大。在这一时刻,沿着相对应的矢势方向,即在垂直于分子轴的环状位置 $|P_f|=A_0/c$ 处(图 12.7(a)),动量分布出现极大值。然而,最近的实验发现(图 12.7(b)),电子动量分布朝着激光电场旋转方向有一定的倾斜,动量分布峰值处的动量低于预期值[36]。这意味着,电离的时刻以及电子的初始动量和先前假设的(准静态)电离模型不一致。

从头数值计算的结果重现了电子动量分布倾斜的峰值。图 12.7(c) 进一步给出了电子波包从分子离子中释放时刻的电子概率密度[36]。可以看出,在电离时刻,激光电场并不沿着核间轴的方向,波包有一个反向于被电场加速方向的初速度,之后释放的电子波包会受到分子离子的基态和第一激发态的强耦合的影响(见 12.2.1 节),导致了分子内部复杂的电子运动。因此,波包的电离产生阿秒时间的滞后,并具有初始动量。实验将电子运动的这些特征投影至电子动量分布的倾斜角和大小上。

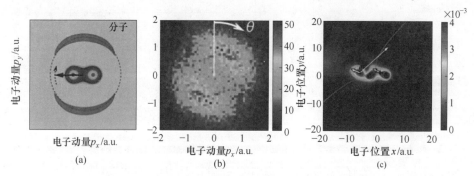

图 12.7 (见彩图)光电子动量分布

(a) 氢分子离子基态 $1s\sigma_g$ 电离的计算结果;(b) 实验数据(激光参数:$6×10^{14}W/cm^2$, 780nm, 35fs)[36];

(c) 氢分子离子在特定时刻电子概率密度的计算结果。

时间点:电场矢量被准直至沿着连接两个质子(位于$(x,y) = (±3.5a.u., 0)$)的轴,之后的356as。

灰色实线和虚线是两个最低能量态在无场时候势场的轮廓线。"+"是瞬时势场的鞍点。

粗白色箭头和细白色箭头分别代表电子波包的初始动量和 $A(t_i)/c$ [36]。

12.3 跟踪大分子中的电子重新排列

12.2 节讨论了自然界最简单的分子(只含有一个电子的氢分子离子)中的电

子运动。阿秒物理的研究目标是在电子层面上提供分子化学反应或分子电荷转移过程的新视角,因此,需要发展新的技术使得分子整个价壳层电子的重新排列实现可视化。最近,科学家至少提出了3种方法能够在时间上解析分子解离过程中的电子重新排列。如图12.8所示,这3种方法分别是光电子光谱[37]、强场阈上电离[38]和高次谐波产生[39]。每种方法都在双原子或者三原子的解离实验上初步证明了可行性。在这些实验中,通常电子从基态被激发至位于分子平衡距离的一个或几个激发态的叠加态。

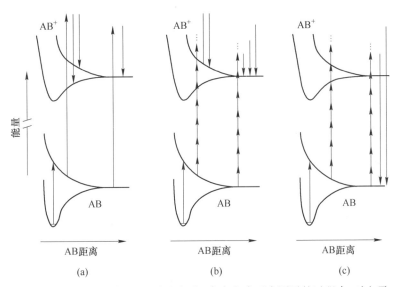

图12.8 在双原子分子AB发生解离,完全变成两个原子的过程中,对电子重新排列的时间分辨测量的3种方案。

(a)光电子光谱[37];(b)强场电离[38];(c)高次谐波产生。

在时间分辨的光电子光谱中(图12.8(a)),解离的分子被探测光——真空紫外(或者极紫外)脉冲单光子电离,出射的光电子光谱被记录下来。通过改变泵浦光和探测光之间的延时,就可以观察激发态的演化[37,40-42],获得动态过程中特定方面的详细信息[41],例如,二硫化碳分子中非对称拉伸导致的预解离。分子解离且核间距较小时,束缚能量和电子密度会改变,对于探测这样的过程这项技术特别有用。而当核间距变化时,势能曲线变成准简并,由于该方法的线性响应,将此项技术应用于这种情况将具有很大的挑战性。

除了时间分辨的光电子能谱这一方法,阈上电离(图12.8(b))和高次谐波产生(图12.8(c))也能够实现时间分辨的测量。这两种方法都植根于强场过程的内在非线性,使用一束超短超强激光作为延时以后的探测脉冲。由于典型的干涉效应,高次谐波光谱[4,43-46]和离子产量[15,47-49]反映了过程中分子轨道

201

的对称性。特别是高次谐波光谱能够在阿秒时间尺度上揭示核及轨道结构的变化、分子构型的变化[50-51]和分子的解离[39]。高次谐波信号通常反映单个有效电子的响应,如果使用强场电离作为溴分子解离过程中的探测信号,则可以观察到价壳层中多电子重新排列的痕迹[38]。图12.9显示了离子碎片的产量,横坐标是泵浦和探测脉冲之间的延时,纵坐标是释放电子的动能。实验数据(图12.9(a))和使用分子强场近似模型[15,48]计算的电离速率的理论结果(图12.9(b))符合得很好。可以看到,解离过程中的溴分子价壳层不同轨道的响应随着延时的增加而改变。令人惊奇的是,直到分子被激发之后150fs,仍然可以观察到电子密度的改变,这时分子已经被拉伸至超过平衡距离的2倍。这一结果说明,即使在势能曲线几乎简并的时候,超短超强脉冲和分子的非线性相互作用也可以用来探测电子结构的改变[38]。

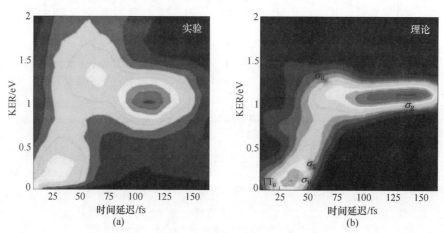

图12.9 (a)实验中测得的离子产量(b)溴分子计算结果[38]。横坐标是解离脉冲之后的时间延迟,纵坐标是动能释放能量。根据理论分析,随着延时的增加,价壳层中不同的轨道主导电离信号。激光参数:400nm,2×10^{11} W/cm^2,40fs(解离脉冲);800nm, 4×10^{13} W/cm^2,30fs[38]。

12.4 控制分子中的电荷分布

控制反应过程中所有成分的动力学行为是光化学研究的极致目标。借助于飞秒激光技术的快速发展,人们可以准确地改变飞秒激光中不同频率成分的相位、振幅和偏振[52]。这样的激光可以帮助人们在原子运动的时间尺度上控制激光驱动的反应中的各个部分[3,53]。载波包络相位稳定的少周期脉冲[54]和亚飞秒脉冲[55]使得人们可以进一步控制分子中或分子间的电子运动。本节将回顾有关解离分子中电子局域化问题的理论概念和实验实现。和12.2节中关于分子中电子运动的内容类似,本节的主要内容集中于最简单的分子。

12.4.1 使用载波包络相位稳定的脉冲控制分子中的电荷分布

控制解离分子中电子局域化的其中一种方法是使用载波包络相位稳定的少周期脉冲,这种脉冲的电场可以被控制。之前,含时薛定谔方程的计算结果显示,超短超强激光脉冲的载波包络相位会影响解离中的氢分子离子的电子位置概率[56]。当改变载波包络相位时,解离产物(氢原子和质子)的角分布显示出电子位于其中一个质子的强烈不对称性(图12.10(a))。

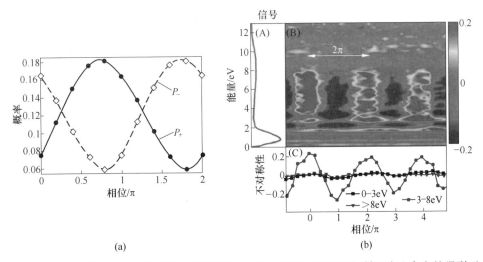

(a) (b)

图12.10 (见彩图)(a)理论预测解离的氢分子离子中沿着分子的核间轴正向和负向的强烈不对称性和载波包络相位的函数关系。激光参数:线偏振,800nm,$9\times10^{14}\,\mathrm{W/cm^2}$,10fs。(b)解离的氘分子离子中沿着分子的核间轴正向和负向的不对称参数 $A=(P_+-P_-)/(P_++P_-)$。激光参数:$10^{14}\,\mathrm{W/cm^2}$,5fs[57]。(A)载波包络相位没有被稳定时,信号和释放动能之间的关系。(B)信号和载波包络相位及释放动能的关系。(C)电子的位置不对称性和载波包络相位之间的关系,三条线表示不同能量积分范围的结果[56-57]。

实验结果证实了电子定域化和载波包络相位的依赖关系(图12.10(b)中(C)部分)。但是,在实验中,氢分子离子(或者氘分子离子)往往由激光脉冲自身[57-59]或者之前的脉冲产生[60-61]。最近的实验研究显示,从中性分子到分子离子的电离步骤并不影响对解离中离子的电子位置的控制[59]。然而,电离过程中自由电子有可能回到母离子。因此,在实验中,分子离子解离之后被激发到 $2p\sigma_u$ 态这一结果,可能由再散射电子(rescattering electron,RES)导致,也可能由激光自身通过化学键软化(bond softening,BS)或者阈上解离(above-threshold-dissocation,

ATD)导致[62]。实验中,这些不同的路径会在反应碎片的动能释放(kinetic energy release,KER)光谱中有不同的表现(图12.11)。在电离发生后的一个光周期内,同时也是分子离子的核间距较小的时候(对应于较高的动能释放),由电子的再散射主导[63]。当核间距较大(对应于较低的动能释放)时,由激光自身导致的解离主导。离子的电子基态振动的时间尺度取决于核的质量。因此,质量轻的氢分子离子的解离由激光主导[59],而超短少周期脉冲中氘分子离子的解离主要是因为再散射[57]。在不同的实验中分别观察到低动能释放和高动能释放两种情况下,对反应碎片中电子定域化的控制。图12.10(b)所示为再散射导致解离的情形。

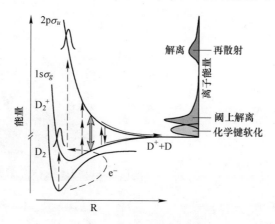

图12.11 氘分子离子的解离

虚线箭头:中性分子电离之后,离子被反向离子(recolling ion,RES)激发导致解离。

实线箭头:通过化学键软化(bond softening,BS)或者阈上解离
(above-threshold-dissocation,ATD)途径导致的传统激光解离[58]。

为了处理再散射电子引发的效应,需要发展包括电子关联的相关理论研究。最近有研究提出了描述两电子运动的理论模型[63-64]。但是,在有关载波包络相位稳定的短脉冲诱导氢分子离子(或同位素)解离这一过程的电子定域化的研究中,电离步骤和"第一个"电子被忽略了。这样的单电子模型只考虑了激光导致的解离这一过程,对前文提及的质量效应已进行过理论研究[65]。

一旦分子离子被激发至$2p\sigma_u$态,无场下的解离会导致电子在两个核区域的概率相等。两脉冲情形下的模拟结果见12.4.2节和图12.12(a)[66]。进一步和可控激光场相互作用,两核开始分开,同时形成$1s\sigma_g$和$2p\sigma_u$两个态的相干叠加态,这相当于电子定域于两个核周围的态的相干叠加。电子定域的不对称性取决于当核间距增加时,两个态布居数振幅的比值和相对相位。在特定的核间距位置两态混合,两个态之间会发生共振跃迁。然而,两个电荷共振态的跃迁矩阵元随着核间距的增加而线性增加[17],这使得发生态混合时的核间距远于共振跃迁的区域。

随着核间距进一步增加到 6~10a.u.,核之间的势垒变高,之后,当处于两个核的电子密度概率保持不变时,势垒也趋于定值[57,66]。

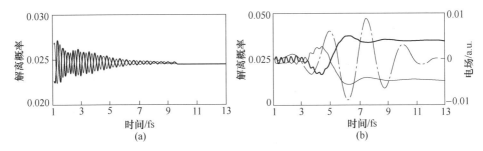

图 12.12　两个脉冲控制下,电子定域化的概率(见 12.4.2 节)。粗线:沿着分子核间轴的正方向。细线:负向。(a)没有第二个控制脉冲;(b)有第二个延时之后的脉冲(虚线)。激发脉冲的参数:106nm,10^{13}W/cm^2,0.425fs。控制脉冲的参数:800nm,3×10^{12}W/cm^2,3.8fs。激发脉冲与控制脉冲的延时为 6.9fs[66]。

让核到达定域化区域所需要的时间取决于解离的路径(RES、BS、ATD 等)。因此,电子定域化时刻场的相位也取决于特定的路径,因为不同的路径会导致电子位于两个核位置的定域化不对称性显著不同。氘分子离子在双色场作用下(400nm 和 800nm 相干叠加)的理论和实验结果都强烈支持这种解释[58]。导致解离的 3 种途径——化学键软化(KER 低于 0.3eV)、阈上解离(KER 为 0.3~2eV)、再散射(KER 为 4~6eV),对两个场相对相位的依赖程度不同(图 12.13)。其他理论研究证实电子被推向解离态时刻的电场符号是一个很重要的参数,它决定了电子将位于左边的核还是右边的核[67]。

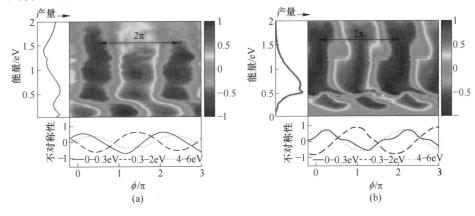

图 12.13　(见彩图)解离氘分子离子中电子定域化的非对称性

(a)实验结果;(b)理论结果[58]。横坐标是两个脉冲(800nm 和 400nm)之间的相位差,纵坐标是释放动能。左部插图对所有相位进行了积分,下部插图中不对称性曲线是对不同的能量范围进行了积分。

在泵浦探测装置中使用两个载波包络相位稳定的超短脉冲可以增强定域性[60-61]。第一个脉冲用来产生氢分子离子电子基态的多个振动态的叠加态,强场电离的情况下,态的分布会有别于通常预测的类似于 Franck-Condon 的分布[68-69]。第二个脉冲导致解离并可以控制电子的定域化,改变其和第一个脉冲之间的延时会极大改变电子定域化的程度。实验数据显示,由于核波包通过了两个态的耦合区域,因此其形式会极大地影响这一控制的方法[61]。人们希望能够控制分子离子的内部量子态(这里指振动态)。在最近的研究中提出了使用红外脉冲对振动态布居数进行相干控制[70]。

在氢分子离子中常用的从头计算的含时薛定谔方程并不适合解释复杂分子中的控制机制,需要寻找更有效的理论方法。最近提出的一种模型[67]已成功应用到氖分子[67]、一氧化碳[71]和氯化氘[72]的实验分析中。在这些实验中,都是利用载波包络相位控制电子的定域性。根据这一模型,电子波函数是由特定核间距的相关电子态布居数和态之间的干涉项确定的。通过量子化学程序包计算势能面可以获得核的运动信息。核间距和轨道的变化导致了电子波包的时间演化。这一方法在 Born-Oppenheimer 近似下考虑了电子和核的耦合,因此能够有效计算大分子中的电子定域化的变化。

12.4.2 使用阿秒泵浦脉冲(串)和红外探测脉冲控制分子中的电荷分布

另外一个控制氢分子离子中电子定域化的途径是使用两个有一定延时的相干脉冲[66]。第一个阿秒脉冲可以通过两种途径启动氢分子离子的解离,一是将离子的基态激发至 $2p\sigma_u$ 态[66],二是在电离中性氢分子的同时将其激发至离子的解离态[73-74]。第二个延时之后的脉冲可以在中等核间距位置促成电子基态和第一激发态的布居混合,从而在两个质子间驱使电子。含时薛定谔方程的数值解见图 12.12,其显示了第二个延时之后的脉冲是如何破坏了电子定域化的对称性。图 12.12(a)表示没有第二个脉冲的情况,图 12.12(b)表示有第二个脉冲,可见,第二个脉冲能在氢分子离子解离过程中控制电子定域于其中一个质子[66]。

使用两个脉冲时,第二个脉冲的载波包络相位能在不依赖解离步骤的情况下驱使电子,这可能会增强电子定域化概率的不对称性[75]。数值模拟的结果证实了在控制电子定域性中,第二个探测脉冲的时间延时和载波包络相位这两个参数很重要(图 12.14)[76]。然而,当光强很高时,分子中的电子运动会显著改变,这样控制机制会变得很复杂,电子的定域概率强烈依赖于控制参数(见 12.2.1 节的讨论)[14]。

最近的实验证实了两脉冲控制方案的这些特点[73-74]。实验中氖分子被电离成分子离子,之后被单阿秒脉冲[74]或者阿秒脉冲串[73]激发至解离 $2p\sigma_u$ 态。对于使用阿秒脉冲串的情形,只有当脉冲串内的脉冲距离是红外光的一个周期时(图 12.15(a)),才能成功控制电子的定域化。这种脉冲串可以由驱动激光和其倍频光产生[77-78]。文献[79]从理论上预言了这种脉冲串内脉冲之间延时的影响,图 12.15(b)和(c)的数值计算结果也可对其进行解释。当脉冲串内脉冲间隔是一个周期时(图 12.15(b)),激发的多个电子波包能被光场牵引至同一个核,这是因为它们的相位相同。如果脉冲串内的脉冲间隔是半个周期,由于它们之间相位相反,电子波包被牵引至相反的核(图 12.15(c))。因此,在这两种控制电子波包的情形中,仅在前一种情况下发生总的不对称参数的变化[79]。类似的分析对于分子离子被一串散射事件激发的情况也成立[58]。在实验中,使用驱动激光和其倍频场的叠加场,可以实现间隔为一个光周期的激发(见图 12.13 中 KER 在 4~6eV 之间的结果)。

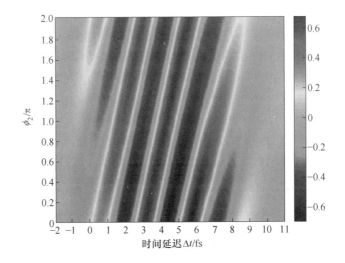

图 12.14 （见彩图)不对称参数 A 的数值模拟结果。
$A = (P_- - P_+)/(P_- + P_+)$,其中 $P_\pm$ 是沿着核间轴正向和负向的微分电离率。
Δt 是两个脉冲之间的延时,ϕ_2 是两脉冲方案中第二个脉冲的载波包络相位[76]。
激发用的 VUV 脉冲:峰值光强 10^{13}W/cm^2,波长 106nm,脉冲宽度 0.425fs。第二个红外控制脉冲:
峰值光强 $3\times10^{12}\text{W/cm}^2$,波长 800nm,脉冲宽度 5.8fs。

在最近的实验中,研究人员使用单阿秒脉冲(300~400as)和红外脉冲(5fs)实现两脉冲方案,获得了超高的时间分辨率。在考虑全部电子自由度和振动自由度的基础上进行高精度数值计算,对实验结果进行分析[74]。实验和理论的研究揭示了先前没有注意到的复杂的定域化机制,当核间距比较短,接近于平衡距离的时候,红外脉冲导致离子不同态(包括自电离态)之间的量子干涉。这些结果表明,即使是在存在电子-振动能级之间强耦合的情况下,阿秒脉冲依然是研究电子动力学行为的强有力技术。

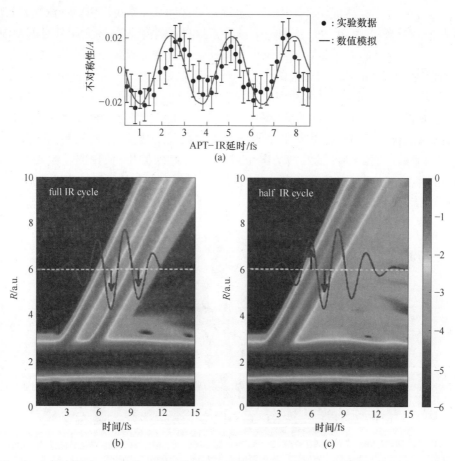

图 12.15 (见彩图)(a)氘分子离子中电子定域化不对称参数 A 的实验数据(带有误差棒的圆圈)和数值计算结果(曲线)的比较。横坐标是激发用的阿秒脉冲串(单个脉冲的宽度是 400as)和控制用的红外脉冲(800nm,$5×10^{13}$ W/cm^2,40fs)之间的延时[73]。(b)、(c) 积分的电子概率密度,纵坐标是核间距,横坐标是氢分子离子在阿秒脉冲串作用下解离时刻之后的时间延迟,图(b)中阿秒脉冲串之间的脉冲间隔是红外激光的一个光周期(full IR cycle),而图(c)中间隔是半个光周期(half IR cycle) [73, 79]。

最近人们在复杂分子中开展了有关电子波包牵引的研究[80-83]。例如,在镁卟啉(Mg-porphyrin)分子[81]和手性芳香分子(chiral aromatic molecules)中产生出环状感应电流的理论研究[83]。如图 12.16 所示,使用几飞秒的圆偏振紫外激光可以在定向镁卟啉分子中激发出电流。

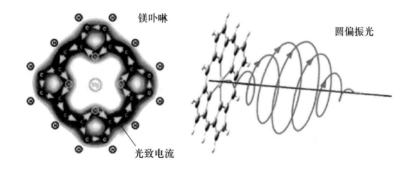

图 12.16　定向镁卟啉分子中的电子环流(由圆偏振激光导致)的理论结果[81]。
激光参数:3.42eV,1.28×10^{12}W/cm^2,9.67fs[81]。

参考文献

[1] A. H. Zewail, J. Phys. Chem. A **104**, 5660 (2000)

[2] T. Popmintchev, M. C. Chen, P. Arpin, M. M. Murnane, H. C. Kapteyn, Nat. Photonics **4**, 822 (2010)

[3] A. Assion, T. Baumert, M. Bergt, T. Brixner, B. Kiefer, V. Seyfried, M. Strehle, G. Gerber, Science **282**, 919 (1998)

[4] J. Itatani, J. Levesque, D. Zeidler, H. Niikura, H. Pepin, J. C. Kieffer, P. B. Corkum, D. M. Villeneuve, Nature **432**, 867 (2004)

[5] L. V. Keldysh, Zh. Eksp. Teor. Fiz. **47**, 1945 (1964). Engl. Transl. in Sov. Phys. JETP **20**, 1307 (1964)

[6] M. Uiberacker, Th. Uphues, M. Schultze, A. J. Verhoef, V. Yakovlev, M. F. Kling, J. Rauschenberger, N. M. Kabachnik, H. Schröder, M. Lezius, K. L. Kompa, H.‐G. Muller, M. J. J. Vrakking, S. Hendel, U. Kleineberg, U. Heinzmann, M. Drescher, F. Krausz, Nature **446**, 627 (2007)

[7] R. S. Mulliken, J. Chem. Phys. **7**, 20 (1939)

[8] T. Zuo, A. D. Bandrauk, Phys. Rev. A **52**, R2511 (1995)

[9] T. Seideman, M. Yu. Ivanov, P. B. Corkum, Phys. Rev. Lett. **75**, 2819 (1995)

[10] G. N. Gibson, M. Li, C. Guo, J. Neira, Phys. Rev. Lett. **79**, 2022 (1997)

[11] N. Takemoto, A. Becker, Phys. Rev. Lett. **105**, 203004 (2010)

[12] N. Takemoto, A. Becker, Phys. Rev. A **84**, 023401 (2011)

[13] I. Kawata, H. Kono, Y. Fujimura, J. Chem. Phys. **110**, 11152 (1999)

[14] F. He, A. Becker, U. Thumm, Phys. Rev. Lett. **101**, 213002 (2008)

[15] J. Muth-Böhm, A. Becker, F. H. M. Faisal, Phys. Rev. Lett. **85**, 2280 (2000)

[16] N. Takemoto, A. Becker, J. Chem. Phys. **134**, 074309 (2011)

[17] K. C. Kulander, F. H. Mies, K. J. Schafer, Phys. Rev. A **53**, 2562 (1996)

[18] A. D. Bandrauk, S. Chelkowski, H. S. Nguyen, Int. J. Quant. Chem. **100**, 834 (2004)

[19] G. L. Yudin, S. Chelkowski, J. Itatani, A. D. Bandrauk, P. B. Corkum, Phys. Rev. A**72**, 051401(R) (2005)

[20] F. Krausz, M. Ivanov, Rev. Mod. Phys. **81**, 163 (2009)

[21] S. Gräfe, V. Engel, M. Yu. Ivanov, Phys. Rev. Lett. **101**, 103001 (2008)

[22] T. Young, Philos. Trans. R. Soc. Lond. **94**, 1 (1804)

[23] H. D. Cohen, U. Fano, Phys. Rev. **150**, 30 (1966)

[24] G. L. Yudin, S. Chelkowski, A. D. Bandrauk, J. Phys. B, At. Mol. Opt. Phys. **39**, L17 (2006)

[25] S. Chelkowski, A. D. Bandrauk, Phys. Rev. A **81**, 062101 (2010)

[26] A. Picón, A. Bahabad, H. C. Kapteyn, M. M. Murnane, A. Becker, Phys. Rev. A **83**, 013414 (2011)

[27] A. V. Davis, R. Wester, A. E. Bragg, D. M. Neumark, J. Chem. Phys. **118**, 999 (2003)

[28] R. Mabbs, K. Pichugin, A. Sanov, J. Chem. Phys. **122**, 174305 (2005)

[29] R. Mabbs, K. Pichugin, A. Sanov, J. Chem. Phys. **123**, 0534329 (2005)

[30] T. Bredtmann, S. Chelkowski, A. D. Bandrauk, Phys. Rev. A **84**, 021401 (2011)

[31] S. A. Hilbert, C. Uiterwaal, B. Barwick, H. Batelaan, A. H. Zewail, Proc. Natl. Acad. Sci. USA **106**, 10558 (2009)

[32] H. -C. Shao, A. F. Starace, Phys. Rev. Lett. **105**, 263201 (2010)

[33] P. B. Corkum, N. H. Burnett, F. Brunel, Phys. Rev. Lett. **62**, 1259 (1989)

[34] P. Eckle, M. Smolarski, P. Schlup, J. Biegert, A. Staudte, M. Schöffler, H. G. Muller, R. Dörner, U. Keller, Nat. Phys. **4**, 565 (2008)

[35] A. N. Pfeiffer, C. Cirelli, M. Smolarski, R. Dörner, U. Keller, Nat. Phys. **7**, 428 (2011)

[36] M. Odenweller, N. Takemoto, A. Vredenborg, K. Cole, K. Pahl, J. Titze, L. Ph. H. Schmidt, T. Jahnke, R. Dörner, A. Becker, Phys. Rev. Lett. **107**, 143004 (2011)

[37] O. Geßner, A. M. D. Lee, J. P. Shaffer, S. V. Levchenko, A. I. Krylov, J. G. Underwood, H. Shi, A. L. L. East, D. M. Wardlaw, E. T. H. Chrysotom, C. C. Hayden, A. Stolow, Science **311**, 219 (2006)

[38] W. Li, A. A. Jaroń-Becker, C. W. Hogle, V. Sharma, X. Zhou, A. Becker, H. C. Kapteyn, M. M. Murnane, Proc. Natl. Acad. Sci. USA **107**, 20219 (2010)

[39] H. J. Worner, J. B. Bertrand, D. V. Kartashov, P. B. Corkum, D. M. Villeneuve, Nature **466**, 604 (2010)

[40] A. S. Sandhu, E. Gagnon, R. Santra, V. Sharma, W. Li, P. Ho, P. Ranitovic, C. L. Cocke, M. M. Murnane, H. C. Kapteyn, Science **322**, 1081 (2008)

[41] C. Z. Bisgaard, O. J. Clarkin, G. Wu, A. M. D. Lee, O. Geßner, C. C. Hayden, A. Stolow,

Science **323**, 1464 (2009)

[42] Ph. Wernet, M. Odelius, K. Godehusen, J. Gaudin, O. Schwarzkopf, W. Eberhardt, Phys. Rev. Lett. **103**, 013001 (2009)

[43] M. Lein, N. Hay, R. Velotta, J. P. Marangos, P. L. Knight, Phys. Rev. Lett. **88**, 183903 (2002)

[44] P. Torres, N. Kajumba, J. G. Underwood, J. S. Robinson, S. Baker, J. W. G. Tisch, R. de-Nalda, W. A. Bryan, C. Altucci, I. C. E. Turcu, J. P. Marangos, Phys. Rev. Lett. **98**, 203007 (2007)

[45] M. F. Ciappina, A. Jaron-Becker, A. Becker, Phys. Rev. A **76**, 063406 (2007)

[46] X. Zhou, R. Lock, W. Li, N. Wagner, M. M. Murnane, H. C. Kapteyn, Phys. Rev. Lett. **100**, 073902 (2008)

[47] X. M. Tong, C. D. Lin, Phys. Rev. A **66**, 033402 (2002)

[48] A. Jaron-Becker, A. Becker, F. H. M. Faisal, Phys. Rev. A **69**, 023410 (2004)

[49] A. Jaron-Becker, A. Becker, F. H. M. Faisal, Phys. Rev. Lett. **96**, 143006 (2006)

[50] W. Li, X. Zhou, R. Lock, S. Patchkovskii, A. Stolow, H. C. Kapteyn, M. M. Murnane, Science **322**, 1207 (2008)

[51] S. Baker, J. S. Robinson, M. Lein, C. C. Chirila, R. Torres, H. C. Bandulet, D. Comtois, J. C. Kieffer, D. M. Villeneuve, J. W. G. Tisch, J. P. Marangos, Phys. Rev. Lett. **101**, 053901 (2008)

[52] A. Weiner, Opt. Commun. **284**, 3669 (2011)

[53] R. S. Judson, H. Rabitz, Phys. Rev. Lett. **68**, 1500 (1992)

[54] C. P. Hauri, W. Kornelis, F. W. Helbing, A. Heinrich, A. Couairon, A. Mysyrowicz, J. Biegert, U. Keller, Appl. Phys. B **79**, 673 (2004)

[55] M. Hentschel, R. Keinberger, Ch. Spielmann, G. A. Reider, N. Milosevic, T. Brabec, P. Corkum, U. Heinzmann, M. Drescher, F. Krausz, Nature **414**, 509 (2001)

[56] V. Roudnev, B. D. Esry, I. Ben-Itzhak, Phys. Rev. Lett. **93**, 163601 (2004)

[57] M. F. Kling, Ch. Siedschlag, A. J. Verhoef, J. I. Khan, Th. Uphues, Y. Ni, M. Uiberacker, M. Drescher, F. Krausz, M. J. J. Vrakking, Science **312**, 246 (2006)

[58] D. Ray, F. He, S. De, W. Cao, H. Mashiko, P. Ranitovic, K. P. Singh, I. Znakovskaya, U. Thumm, G. G. Paulus, M. F. Kling, I. V. Litvinjyuk, C. L. Cocke, Phys. Rev. Lett. **103**, 223001 (2009)

[59] M. Kremer, B. Fischer, B. Feuerstein, V. L. B. de Jesus, V. Sharma, C. Hofrichter, A. Rudenko, U. Thumm, C. D. Schröter, R. Moshammer, J. Ullrich, Phys. Rev. Lett. **103**, 213003 (2009)

[60] C. R. Calvert, R. B. Kling, W. A. Bryan, W. R. Newell, J. F. McCann, J. B. Greenwood, I. D. Williams, J. Phys. B, At. Mol. Opt. Phys. **43**, 011001 (2010)

[61] B. Fischer, M. Kremer, T. Pfeifer, B. Feuerstein, V. Sharma, U. Thumm, C. D. Schröter, R. Moshammer, J. Ullrich, Phys. Rev. Lett. **105**, 223001 (2010)

[62] A. Zavriyev, P. H. Bucksbaum, H. G. Muller, D. W. Schumacher, Phys. Rev. A **42**, 5500 (1990)

[63] X. M. Tong, C. D. Lin, Phys. Rev. Lett. **98**, 123002 (2007)

[64] S. Gräfe, M. Yu. Ivanov, Phys. Rev. Lett. **99**, 163603 (2007)

[65] J. J. Hua, B. D. Esry, J. Phys. B, At. Mol. Opt. Phys. **42**, 085601 (2009)

[66] F. He, C. Ruiz, A. Becker, Phys. Rev. Lett. **99**, 083002 (2007)

[67] D. Geppert, P. von den Hoff, R. de Vivie-Riedle, J. Phys. B, At. Mol. Opt. Phys. **41**, 074006 (2008)

[68] X. Urbain, B. Fabre, E. M. Staicu-Casagrande, N. de Ruette, V. M. Andrianarijaona, J. Juretta, J. H. Posthumus, A. Saenz, E. Baldit, C. Cornaggia, Phys. Rev. Lett. **92**, 163004 (2004)

[69] E. Goll, G. Wunner, A. Saenz, Phys. Rev. Lett. **97**, 103003 (2006)

[70] A. Picón, J. Biegert, A. Jarón-Becker, A. Becker, Phys. Rev. A **83**, 023412 (2011)

[71] I. Znakovskaya, P. von den Hoff, S. Zherebtsov, A. Wirth, O. Herrwerth, M. J. J. Vrakking, R. de Vivie-Riedle, M. F. Kling, Phys. Rev. Lett. **103**, 103002 (2009)

[72] I. Znakovskaya, P. von den Hoff, N. Schirmel, G. Urbasch, S. Zherebtsov, B. Bergues, R. de Vivie-Riedle, K.-M. Weitzel, M. F. Kling, Phys. Chem. Chem. Phys. **13**, 8653 (2011)

[73] K. P. Singh, F. He, P. Ranitovic, W. Cao, S. De, D. Ray, S. Chen, U. Thumm, A. Becker, M. M. Murnane, H. C. Kapteyn, I. V. Litvinyuk, C. L. Cocke, Phys. Rev. Lett. **104**, 023001 (2010)

[74] G. Sansone, F. Kelkensberg, J. F. Pérez-Torres, F. Morales, M. F. Kling, W. Siu, O. Ghafur, P. Johnsson, M. Swoboda, E. Benedetti, F. Ferrari, F. Lépine, J. L. Sanz-Vicario, S. Zherebtsov, I. Znakovskaya, A. L'Huillier, M. Yu. Ivanov, M. Nisoli, F. Martin, M. J. J. Vrakking, Nature **465**, 763 (2010)

[75] F. He, A. Becker, J. Phys. B, At. Mol. Opt. Phys. **41**, 074017 (2008)

[76] F. He, C. Ruiz, A. Becker, unpublished

[77] J. Mauritsson, P. Johnsson, E. Gustafsson, A. L'Huillier, K. J. Schafer, M. B. Gaarde, Phys. Rev. Lett. **97**, 013001 (2006)

[78] N. Dudovich, O. Smirnova, J. Levesque, Y. Mairesse, M. Yu. Ivanov, D. M. Villeneuve, P. B. Corkum, Nat. Phys. **2**, 781 (2006)

[79] F. He, C. Ruiz, A. Becker, J. Phys. B, At. Mol. Opt. Phys. **41**, 081003 (2008)

[80] P. Krause, T. Klamroth, P. Saalfrank, J. Chem. Phys. **123**, 074105 (2005)

[81] I. Barth, J. Manz, Y. Shigeta, K. Yagi, J. Am. Chem. Soc. **128**, 7043 (2006)

[82] F. Remacle, R. D. Levine, Proc. Natl. Acad. Sci. USA **103**, 6793 (2006)

[83] M. Kanno, H. Kono, Y. Fujimura, S. H. Lin, Phys. Rev. Lett. **104**, 108302 (2010)

第13章
凝聚态物质中阿秒时间分辨的光电子发射光谱

Ulrich Heinzmann

摘要 本章首先回顾钨单晶表面的首个阿秒时间分辨光电子发射谱实验,并讨论凝聚态物质中此研究领域的现状和局限。在自旋分辨的光电子发射实验中可以得到光电子波包的相移,我们也会讨论光电子发射中特定轨道角动量的维格纳时间延迟和相移的关系。最后,回顾类似于化学分析电子能谱(electron spectroscopy for chemical analysis, ESCA)的光电子发射实验,最近人们在固体和分子吸附物中进行了相关实验,时间分辨率在飞秒量级,能量分辨率为0.1eV。

13.1 介绍

100多年以来,光电子发射是研究物质电子结构最重要的分析方法之一。当光强不是很高的时候,每吸收一个光子,体系就会放出一个自由电子,其有可能离开固体晶体及其表面成为一个光电子。光电子的动量等于光子能量减去逸出功(真空能级和费米能量的差值)和相对于费米能量的束缚能量。可见光和紫外光可以使得导带中的非定域化电子出射,极紫外光能够使得定域于特定原子内壳层的电子出射,这些原子可以位于晶体的内部或表面。

金属固体(导体)内电子的运动是现代电子学技术的基础;吸收光子能够使束缚电子被激发至导带,这一过程可以作为一个快速的开关[1]。只有最上面少数原

U.Heinzmann
Faculty of Physics (Molecular and Surface Physics), University of Bielefeld, P.O. Box 10 01 31,
33501 Bielefeld, Germany
e-mail: uhcinzm@Physik.Uni-Bielefeld.de

子层的光电子才有可能离开晶体[2],因此光电子发射是一种对表面十分敏感的实验工具,可以广泛应用于表面化学和表面物理领域[3]。几十年来,极紫外和软X射线波段的飞秒激光有很大的发展,这使得人们可以研究表面化学反应过程[3]和各种体系的电子跃迁,如金属表面[5]、分子吸附物[6]、界面[7]、磁性层[8]和半导体[9]。双光子激发的光电子发射实验(2PPE)可以测量激发态的寿命[10],利用这项技术人们观察到了金属表面的相干电子波包[11]、激光辅助下金属表面的光电子发射[12],还在飞秒时间分辨率下研究了半导体表面的光伏超快现象[13]。

13.2 亚飞秒时间分辨的光电子发射实验

2005年,科学家通过原子芯能级空穴时钟谱(core-hole clock spectroscopy,CHC)在亚飞秒时间尺度下测量了一个吸附物中的Koster-Kronig衰变的寿命[14]。吸附于Ru(0001)表面的原子(这里使用的是硫)的芯能级电子从2s基态被共振激发至3p态。3p态高于费米能量但是低于真空能级,这样就创造了一个寿命为500as的芯能级空穴。但是,束缚于表面的吸附物并不是孤立的,能够交换电荷和能量。如果共振激发的电子在达到芯能级寿命时间之前状态改变,激发和退激发的相干性就会消失。比较俄歇共振拉曼效应(auger resonant raman effect,ARRE)和通常的俄歇过程的强度,吸附物到固体电子传递的电荷转移时间可以由这两种俄歇过程强度的比值得到,单位是芯能级空穴寿命。利用连续辐射,如同步辐射进行芯能级空穴时钟谱分析,通过比较不同俄歇电子发射的强度,可以间接地研究吸附系统不同部分间电子传递的动力学,时间分辨率达到阿秒量级。

2007年,科学家使用超短极紫外激光在W(110)表面实现了阿秒时间分辨的光电子发射实验,这是在凝聚态体系内进行的第一次实验[15]。光电子发射过程常常被描述为三步模型:①电子被光激发至上层能带(中间束缚态);②电子输运通过存在屏蔽空穴态的晶体;③电子从表面逸出,并且产生一个像电荷。过去,这样的过程时间尺度过快,实验上无法测量。一方面,通过经典方法计算,60eV的电子从一团原子内部传输到表面的时间约为200as,在计算中考虑电子逃逸深度仅为几个原子层,为0.5~1nm[2];另一方面,人们之前一直认为,表面逃逸是瞬时的,就像原子中的隧穿电离一样,直到最近,其时域动力学过程才成为一个研究专题[16]。电子以超快波包形式从上层导带运动到表面,并且具有特定的群速度。多电子能带中的单电子运动可以描述成单粒子的流动,电荷依然是e,但其有效质量m^*有别于自由电子的质量,会随着所处亚能带的不同而发生变化。在光电子发射过程中,空穴态被周围的非定域化电子屏蔽。而且光电子离开金属表面的时候会留下一个像电荷。人们在理论上研究了空穴屏蔽、像电荷产生和衰减等凝聚态物理中的时间演化过程[5,17],现在在实验上也有了探索的手段。然而,之前提到飞秒尺度的方法都不能在时域直接测量光电子发射的过程。引入新的方法,科学家可以在阿秒时间尺度下测量从金属固体的不同能带顺序发射的光电子,还能测量光电子脉冲的脉宽[15],这些进展开拓出一个新的研究领域——固体中的阿秒光谱学。

使用载波包络相位稳定的超短近红外(NIR)光脉冲作为时钟,人们可以在阿秒时间分辨率下测量原子束中自由原子的光电离过程:近红外激光通过高次谐波产生的方式得到一个250as的极紫外(XUV)辐射,这个阿秒脉冲被用来电离原子,出射光电子的运动依赖于近红外光脉冲光场的相位[19]。相对于NIR脉冲的光周期(2.3fs),光电子脉冲很短(250as),像一个弹道粒子一样,出射的电子在相位稳定、无抖动的NIR脉冲电场中加速或减速。这样,类似于传统条纹相机,从原子中发射的光电子会得到或失去动能,最高可以获得20eV的动能。通过改变阿秒XUV脉冲和NIR脉冲之间的延时,可以获得光电子动能随着延时的振荡信号,这样的"条纹曲线"说明了光电子脉冲阿秒量级的脉宽;同时,两个脉冲之间的延时可以作为一个真实的时钟,在实验中测量不同类型电子发射的时间延迟(比如,俄歇与光电子发射)[20]。最近,有人从实验中测量了原子光电离过程中不同光电子发射的时间延迟为21as[21]。在这些阿秒时间分辨的光电子发射实验中使用了气相的单个原子,这就引出一个问题,阿秒分辨光谱的实验方式是否能应用于固体晶体这样的凝聚态体系中。本章的目标是回顾第一个使用钨单晶产生光电子发射的阿秒分辨的光电子辐射实验[15],并讨论这一领域的研究现状。

金属晶体中的光电子发射和原子中的光电离有很大的不同:

(1) 相比原子束中的实验,在凝聚态物质中,入射光轰击的原子数目超过其10^8倍。这些原子之间的距离大约是0.3nm,原子的最外层轨道重叠,形成了导带,其中很多电子的初始态是非定域的。由于表面原子的芯能级相对于大部分原子有一定的移动,从核心态发射的光电子能谱就变复杂了,在这个W(110)4f态的例子中,能级移动量是0.3eV[22-23]。也就是说,光电子来自固体中的不同位置。对于相同的电子态,它们有着不同的束缚能量,相对于从晶体外部逃逸,在从表面逃逸之前它们具有不同的速度。

(2) 在以红外光电场作为时钟的条纹技术中,可以通过自由态-自由态跃迁的方式加速或减速光电子。在金属表面,是否会有什么不同?实验中采取了和之前稍微不同的架构。NIR和XUV共线传播,并掠入射,这样,NIR光的电场几乎垂直于表面(p光)(图13.1中的插图)。布儒斯特角可以避免入射和反射NIR光相消干涉造成的表面驻波,这样就不会形成电场的节点,防止条纹技术失效。

原子系统在特定的能量位置只有很少量的电子态,使用NIR激光作为条纹时钟,可以获得自由态-自由态跃迁的单XUV光电子能谱。而凝聚态物质存在能带,其中有大量远高于费米能量的被占据和未被占据的态,这会极大地增加多余的背景信号。在能够分辨不同固体能带所需要的光电子能谱分辨率和时间分辨率之间,必须做出一个平衡选择。通过改变XUV光学元件的膜系,光谱带宽可以覆盖1~15eV,对应于2fs[24]到150as[25-26]。最后我们决定使用中心能量位于91eV、带宽6eV的XUV光学元件,能获得300as的时间分辨率。

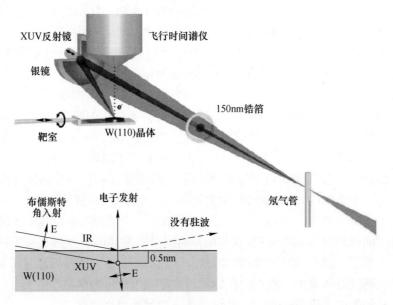

图13.1 W(110)中阿秒时间分辨的光电子发射实验装置[15]。使用5fs的激光脉冲,通过HHG的方式在氖气管中产生300as的XUV脉冲,两束光共线传播至一个延时可控的双镜系统,之后以布儒斯特角入射到W(110)晶体的表面(插图)。红外光为线性偏振,光电子沿垂直于表面的方向发射,改变延时,使用飞行时间谱仪记录下光电子能谱随IR和XUV之间延时的变化(条纹技术)。

图13.1为新实验的装置图。光电子发射的靶材是钨,和其他固体不同,90eV电子的逃逸深度(平均自由程)为2层原子,比50eV的3层原子要浅[27],低能电子后逃逸速度慢,电子在晶体中产生的位置也较深。

产生XUV使用的激光是波形可控的线偏振光,脉宽5fs,能量0.4mJ,中心波长750nm(T_0 = 2.5fs)。通过优化载波包络相位,在氖气原子中产生的高次谐波梳齿的高能端,可以得到一个91eV的孤立XUV脉冲。XUV脉冲和激光的性质很相似,其和5fs激光脉冲共线传播,通过球面反射Mo/Si镜聚焦(焦距120mm)至W(110)晶体上,入射角是15°的布儒斯特掠入角。聚焦镜分成内、外两部分,中心部分的镜子前面放置能够阻挡NIR而让XUV透过的锆薄膜,XUV辐射通过聚焦镜中心部分反射,中心能量为91eV,带宽为6eV,这样就能够产生6eV带宽的光电子,动能是 $p_i^2/2m = \hbar\omega_{XUV} - W_b$,$W_b$ 是电子的束缚能加上晶体的逸出功,p_i 是电子的动量。光场的探测体积由两个方向决定,横向小于 XUV 聚焦光斑的 $10\mu m$ 直径,纵向大约是 1nm 的光电子逃逸深度。这个体积被限制在激光的聚焦范围之内(直径大于 $60\mu m$)。对于动能 $p_i^2/2m \approx 100(eV)$ 的电子,在 10fs 之内的运动距离小于 100nm,因此,被限制于晶体表面之外的恒定激光场振幅的区域内。在晶体内部,激光场的振幅在 1nm 的厚度之内被近似认为不变。但是由于表面(第一排原子最外层的导带)对 IR 光的衍射效应,线偏振的方向几乎平行于表面,晶体内部垂直于表面出射的电子不会被加速(图 13.1 的插图)。

当电子位于线性偏振的电场中时,动量在位置 r 和时间 t 处有一个沿着电场方向的改变量 $\Delta p(r,t)$:

$$\Delta p(r,t) = e\int_t^\infty E_L(r,t')dt' = eA_L(r,t)$$

式中:$A_L(r,t)$ 为电场 $E_L(r,t')$ 的矢势,$E_L(r,t) = E_0 \varepsilon_L(r,t) \times \cos(kr - \omega_L t + \varphi)$,$E_0$ 是最大电场振幅,k 是波矢。

因此,由于和 NIR 相互作用导致的动能改变量 $\Delta W(t) \approx e(p_i/m)A_L(t)$。

以上分析说明,电子的探测不仅要求定域于远小于波周期 T_0 的时间内,而且要求定域于远小于波长 λ_L 的空间内。如果电子的释放是由和 NIR 激光共线传播的高能光子脉冲所导致的,那么空间限制这个条件可以稍微放松。在晶体以外的区域,这是成立的,因此,探测脉冲相对于光场的时间在沿着激光传播的空间内是不变的。光场导致了最终光电子能谱随着延时变化,可以看出,同步于 NIR 激光(同步精度为亚飞秒)的单个亚飞秒脉冲实现了所需要的探测。

完整的光电子发射实验需要在超高真空(ultra-high vacuum, UHV, 10^{-9} mbar)下进行。放置在氧气剂量器前的钨晶体被加热至 1400K(晶体前的压强大约是 10^{-6} mbar,腔体中的压强小于 3×10^{-8} mbar),之后为了清除杂质,钨晶体被反复快速加热至 2200K。光电子中 4f 的峰可以作为晶体表面纯度的一个指标,这是因为,如果吸附杂质的厚度大于 1nm(电子的逃逸深度),这个峰就会消失。光电子发射实验的进行时间小于 1 小时,之后需要在一个和 UHV 腔体独立的预备腔体中对晶体进行清洁。晶体被安装在一个可以旋转和移动的操作台上,为了定义零能量需要将晶体接地以避免带电。为了避免多光子光电子发射造成的空间电荷效应的变化,在所有的条纹实验中 NIR 的激光强度保持不变。同时,激光强度有一个上限,要保证 NIR 所导致的多光子光电子信号在飞行时间电子谱中不占主导成分,从而使得来自钨的 4f 能带的光电子能够与 NIR 导致的背景定量地区分开。根据 TOF,可以在能谱上分析垂直于 W(110) 表面发射的不同动能的光电子。通过压电平移台控制双镜系统的内镜位移,可以增加或减小 300as 的 XUV 脉冲的延时,相对于载波包络相位稳定的 NIR 脉冲来说,50nm 的步长对应于 300as。

图 13.2 给出了 W(110) 的光电子能谱和延时之间的函数关系,时间窗口覆盖 NIR 脉冲的整个脉宽[15],延时的正值意味着 XUV 早于 NIR 到达。在图 13.2 的数据中没有去除背景,飞行时间谱仪的时间轴被转化为能量轴。可以观察到费米边下面位于 87eV 附近宽度为 10eV 的导带,以及 W(110) 在 60eV 附近的 4f 带。在两条能带辐射出的光电子信号中都能观察到明显的随着延时(相对于相位稳定的 NIR 激光脉冲)变化的条纹结构。在 3 个激光振荡周期的整个 NIR 脉冲宽度内都可以看见这样的结构。图 13.2 仅显示了能量大于 55eV 的部分,这是因为在这个能量区间内 NIR 导致的背景可以被忽略,所以,即使是在这样的原始光谱中,一次实验得到的两条条纹曲线(费米边和 4f 电子)之间的时间延迟偏移也能够直接用肉眼观察到:费米边条纹的极大和极小(动能的正弦振荡)相对于 4f 边的条纹向左边有一定偏移。不同能带发射的不同类型的光电子在不同时刻顺序离开晶体,在实验上第一次观测到这种现象。实验结果证实,在 300as 的 XUV 脉冲的激发下,来自费米边的非局域 d 能带的光电子脉冲宽度也在亚飞秒量级;否则就不会出现图 13.2 中的条纹。由于 4f 带的电子类似于定域原子态,因此来自其中的条纹信号(光电子动能随 IR 脉冲电场延时的振荡)是可以预测的。但是,由于导带中有很多可以由 Bloch 波描述的非局域化电子,这些多电子的效应会抹平时间结构,因此人们本以为不会出现任何条纹信号。很明显这种图像是错误的:对于导带的电子云来说,300as 的激发以及固体中 2~3 个原子层的传播都太快,不足以把时间信息抹平。为了更好地获取数据中的信息,需要对原始数据进行拟合。

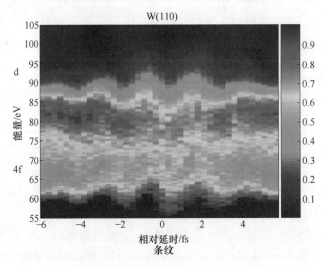

图 13.2 (见彩图)W(110) 的原始条纹信号:光电子动能随 IR 和 91eV XUV 脉冲之间的延时的变化。来自 4f 核心态的电子和来自靠近费米能量 d 导带的电子的能量都跟随 IR 脉冲的电场振荡[15]。

第一步需要探测并且从原始数据中减去背景电子能谱。测量到的电子能谱在背景上存在两个峰。背景来自两个过程：首先，类似于单原子里的阈上电离（above threshold ionization，ATI）过程，NIR 探测光能产生动能高至 100eV 的电子，这部分背景称为 ATI 背景；其次，被 XUV 激发的电子，在离开金属之前会经历非弹性碰撞。如图 13.3 所示，比较有无 NIR 条纹场下的光电子能谱，可以看到 XUV 导致的背景和 ATI 背景的特性。这里需要注意的是，在条纹实验中，IR 光的强度必须大幅降低，让 50eV 动能的 f 带的 ATI 背景消失。

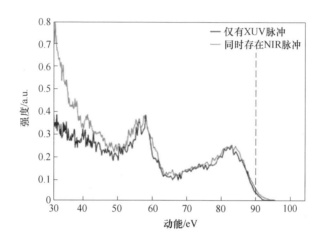

图 13.3　黑色曲线表示 91eV XUV 脉冲激发下的 W(110) 的光电子能谱。浅色曲线表示同时存在 NIR 脉冲时的光电子能谱。竖直虚线表示从费米能级释放的光电子的动能。50eV 和 65eV 以及 65eV 和 95eV 的测量强度值之间的直线标记的是背景的贡献[15]

改变延时，直到 NIR 激光脉冲的电场消失，可以得到 W(110) 光电子谱和束缚能量之间的函数关系，如图 13.4 所示，图 13.3 中的背景已经被减掉。来自定域化的 4f 原子态的电子组成了 4f 带，这条能带又由 4 条 32eV 附近的亚能带组成，在高分辨的光电子发射实验中已经观察到这样的能带结构[22,23,29,30]。自旋轨道分裂导致 $f_{7/2}$ 及 $f_{5/2}$ 的能级差为 2.18eV，这两个能级的表面态和体态各自有 0.3eV 的能级偏移。通过拟合得到 $f_{7/2}$ 到 $f_{5/2}$ 的分支比为 1.6。导带位于费米边下方（以巡游类 d 态电子为主）。需要说明的是，由于使用了超短的 300as XUV 脉冲（带宽 6eV）进行光电子发射实验，图 13.4 并没有给出自然线宽。我们对上面描述的 4 条 4f 亚能带分别进行高斯曲线拟合，图 13.4 将这 4 条曲线绘制到一起以拟合整个 4f 带以及位于费米边的能带。

傅里叶分析可以用来研究原始光谱及任何和时间有关的背景减除过程，结果

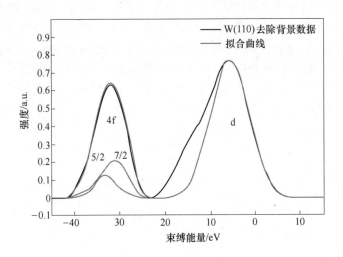

图 13.4 图 13.2 中的数据按照图 13.3 中的程序减去背景以后的结果。图中显示了 4f 核心态和导带(d)发射的光电子的强度与 W(110)束缚能量之间的关系,并对 $f_{7/2}$ 和 $f_{5/2}$ 的体态、表面态以及导带进行了高斯峰的拟合

如图 13.5 所示。位于载波激光频率 ω_L 处的傅里叶成分的幅值在峰值的一边达到最大,在此处光谱的移动导致了光谱强度的最大变化。可以清晰地看到,在仅有背景的区域,特别是在低于 4f 峰以及位于峰之间的区域,激光频率处并没有周期性调制。因此,在测量中 XUV 所导致的背景的条纹信号很小,可以忽略。

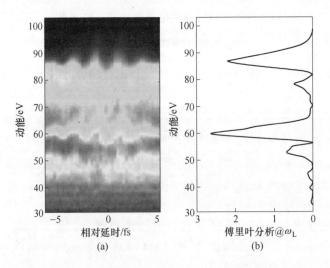

图 13.5 (a)为减去 ATI 背景以后的 W(110)的条纹谱,对应于图 13.2;(b)为电子谱在 IR 激光频率 ω_L 处的傅里叶分析[15]。

背景电子静态特征的来源有几种可能,其中最重要的是,只有当被电场驱动的电子波包脉宽足够小的时候,才能观察到条纹信号。理想情况下,波包必须远短于条纹电场。光电子发射峰值的电子来自第一层原子层,而背景电子来自材料更深的地方,这些电子需要更长的时间才能到达表面,这使得电子发射时间被展宽,从而削弱条纹效应。

图 13.6 比较了两条电子能谱曲线,分别来自 4f 能带峰值和费米能量峰值(图 13.3 和图 13.4)。两条曲线都可以看到条纹信号,4f 电子和费米能量电子的动能振荡范围分别超过 4eV 和 8eV,它们在时间上都跟随 NIR 脉冲的电场变化。图 13.2 中已经显示,相对于费米边电子的条纹曲线,4f 电子的条纹曲线有 (140 ± 70)as (单标准差) 的偏移。这说明,非定域能带电子的出射,时间上早于定域化 4f 电子 140as。这首次证明了,从不同能带出射的不同类型的光电子在不同的时间顺序出射。

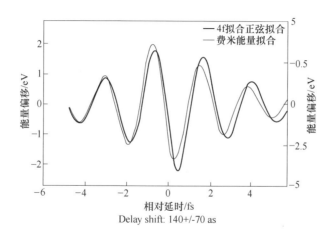

图 13.6　图 13.2 中数据的条纹曲线的正弦拟合

背景已经被减去,见图 13.3 和图 13.4。图中的两条曲线分别表示来自 4f 芯能级态和 W(110) 费米能量能带的光电子。两条曲线之间的延时是 (140 ± 70)as。

由于图 13.6 中的两条拟合曲线并不完全一样(可以看到结构有移动),我们对原始数据进行了第二次处理:首先分别计算 45~65eV 和 65~100eV 这两个能量范围的两个峰值的重心,然后看它们的条纹振荡[15]。这样做的优点是峰值的重心相对于背景波动来说更加稳定;缺点是不能拟合费米能量处导带的信号(但可以拟合低于费米能量 8eV 的动能能量的条纹信号),因此需要对导带其他部分的条纹信号进一步分析。将原始数据平滑处理,但是并不对背景进行修正(图 13.7 中的重心的分析),再通过三次样条插值,可以得到图 13.8 的结果。依然可以看到,两条条纹曲线有一个平移,平移量是 (110 ± 70)as。需要说明的是,图 13.8 中

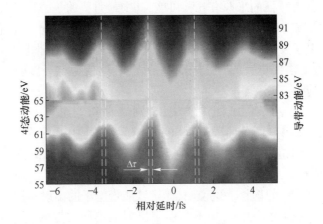

图 13.7 平滑后的 W(110) 条纹光谱。动能的振荡数据(图 13.2)经过三次样条插值处理。图中的横坐标是 IR 和 XUV 之间的延时,纵坐标是光电子的动能[15]。

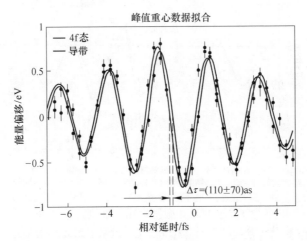

图 13.8 (见彩图)W(110) 的条纹振荡曲线的拟合。数据来自图 13.7 中 4f 态峰值和导带峰值的重心。两条曲线的时间延迟是 (110±70)as[15]

(重心)条纹的振荡振幅小于图 13.6 中的条纹(峰值的背景已被直接修正)。最近,有人使用更短的 80as 的 XUV 脉冲重复了这个实验[31],W(110) 中 3d 导带和 4f 带的条纹信号有 (85±35)as 的移动。尽管这三个结果[(140±70)as、(110±70)as、(85±35)as]在误差范围内,它们涉及的却是导带的不同部分。85as 脉冲的带宽是 20eV,这导致研究的能量范围移动至远离费米能量的区域,并且将整个导带(包括 5p、5s、6sp)的贡献平均掉了。在时间分辨的光电子发射中,不同轨道角动量相移与能量有关,因此,它们的时间延迟也与能量有关,这些将会在本章后面讨

222

论。需要提及的是,2012 年 Stefan Neppl (TU Munich)使用更高能量的 XUV 光重复了 W(110)中的阿秒时间分辨光电子发射实验,获得了明显更短的发射时移(未发表)。

13.3 对不同的电子发射时间的解释

电子有不同的动能,它们可能来自相对于表面不同距离的位置,因此,实验中观察到的来自 W(110)不同能带的光电子发射的时间延迟可能有着不同的原因,目前存在 5 种理论,可以描述 W(110)中的光电子发射过程,对于内壳层和导带发射的电子,所有理论都给出了 42~110as 的发射时间延迟。Echenique 基于静态能带结构进行了理论计算(图 13.9[15]),他认为终态的不同群速度导致了电子发射时间的延迟。群速度可以写成 dE/dp,其中电子的动量是 $p = kh/2\pi$。经典模型假设了红外激光在表面有会突然折射(图 13.1),这样的话,红外电场和光电子的速度(被观察到垂直于表面)相互垂直,因此晶体内部不会有条纹效应。计算可以得到光激发至表面的电子飞行时间的差异[15],85eV 的电子传播 0.4nm 需要 60as,而 58eV 的电子需要 150as,这些计算结果和实验一致。这一模型的缺陷在于静态能带结构的假设,对于超快光电子发射的过程这一假设可能不成立。

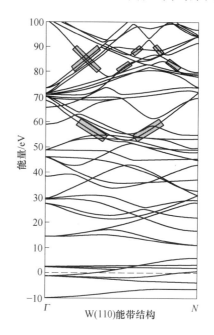

图 13.9 体心立方钨沿着 ΓN 动量方向[110],的静态能带结构。能量轴零点位置是费米能量。来自 4f 态的电子被 88~94eV 的 XUV 激发至上层导带(图中心在 58eV 的阴影部分)。类似的,来自导带的电子到达 85eV 附近的能带。可以用上层导带的斜率来估计晶体中电子的群速度[15]。

基于量子力学原理,并假设红外激光不能穿透至晶体内部,Kazansky 和 Echenique 发现[32],由于钨的 4f 和 5d 态的非定域性,在短时间间隔内群速度的概念可能并不合适。延时的主要来源是芯电子的定域化,而导带的电子是完全非定域的。Baggesen 和 Madsen[33]使用了不同的量子力学方法,令终态为 Volkov 态,他们发现电子穿越表面导致了延时。Zhang 和 Thumm[34]认为,在固体内部存在条纹激光场的情况下,基于凝胶近似,假定核心态是定域化的,而导带电子是非定域化的。他们使用一阶微扰理论处理 XUV 脉冲导致的光电子发射,但是,条纹自身不使用微扰理论处理;对于光学跃迁的偶极矩矩阵元,在认为芯电子处于凝胶模式的非定域状态的情况下,他们考虑了来自不同晶格层的干涉,计算得到了 110as 延时,和实验结果一致。

Lemell 等使用经典传输理论,忽略了红外激光场向晶体内部的穿透,但是对于来自 4f、6s 和 5d 态的电子设定了不同的群速度。使用文献[15]中的群速度,他们得到了和实验一致的 110as 延时,但是,如果使用自由粒子色散关系,延时是 42as。总之,到目前为止,使用已有的理论方法,我们还不能定量地理解延时的本质。然而可以肯定的是,不同态的电子在超短阿秒脉冲的激发下离开晶体的时间是不同的。

不同能带的电子具有不同的对称性,也就是说,即便不同轨道角动量(s,p,d,f)的电子有着相同的动能,它们的群速度也可能不同[35],这就涉及一个普遍性的问题,究竟是全哈密顿算符的哪一部分影响条纹方法测量到的光电子发射的延时。最近,Zhang 和 Thumm 在理论上讨论了条纹和 Wigner 时间延迟之间的关系[36]。基于 Wigner 和 Smith 引入的时间延迟的本质[37-38],他们在理论上讨论了单个平面行波成分的相移对光谱延时的影响。光谱延时 $\tau = d\varphi/d\varepsilon$,$\tau$ 是 Wigner 时间延迟,φ 是相移,ε 是光电子的动能。在 Wigner 关系中,群速度 $v = dE/dp$。这意味着,光电子波包的延时 t 是相移相对于电子能量的导数,$t = 658\text{as} \cdot dE/dp$,其中 E 的单位是 eV。如果部分波有着不同的色散关系,就会自发产生电子波包的延时,$t_1 - t_2 = 658\text{as} \cdot d(\varphi_1 - \varphi_2)/dE$,这就提出了一个问题,如何实现能够分辨相移的光电子发射实验。

13.4 能够分辨相移的光电子发射实验及其与时间延迟的关系

10 年来,本章作者所在的研究团队已经在自由原子和分子、吸附物和固体中成功进行了相移分辨的光电子发射实验[39-47]。这些实验,比如前面提到的芯能级空穴时钟谱,使用的光源是连续 XUV 辐射,通过发射出的光电子的动态自旋极化,能够获得相位的移动量,因此也能够获得时域的动力学信息。到目前为止,在超过 60 个系统中的实验研究结果表明,通过自旋轨道相互作用,吸收圆偏振光,会使得出射的光电子 100% 自旋极化。然而,如果能在光电子谱中分辨出自旋轨道相互作用的影响[39-40],就可以看到,对于垂直于反应面的动态自旋极化(反应面由光子和电子动量给定),即使使用线偏振光甚至使用非偏振光,也可以实现这种程度的极化,见图 13.10(a)。动态自旋极化会随着光电子发射角 θ 而变化,其正比于 $\sin\theta \cdot \cos\theta$ [41]。图 13.10(b) 给出了 $\theta_m = 54°$ 时,动态自旋极化随着离开自由氙原子的光电子波长变化,氙离子处于 $2P_{1/2}$ 态。通过由选择定则决定的来自 $p_{1/2}$ 原子轨道的跃迁,d 和 s 连续波函数的量子力学干涉会导致动态自旋极化。它的值直接正比于 $\sin(\delta_d - \delta_s)$,$\delta_d - \delta_s$ 为两个部分光电子波的相移差:

$$P(54°) = \frac{D_d \cdot D_s}{D_d^2 + D_s^2} \cdot \sin(\delta_d - \delta_s)$$

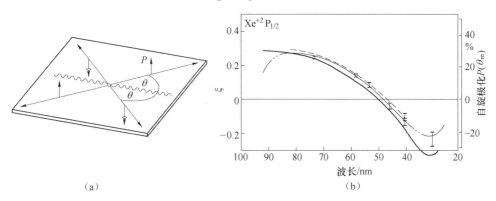

图 13.10 由光子和光电子动量给定的自旋分辨的光电子发射的反应平面(原子体系)。激发光电子辐射使用的是非偏振光。动态自旋极化 P 垂直于这个平面,它的值随着发射角度 θ 而变化(图(a))。在魔法角度 $\theta_m = 54°$ 时,测量来自氙原子出射的光电子(对于 $5P_{1/2}$ 轨道,氙离子处于 $2P_{1/2}$ 态)的自旋极化 P。图中给出了根据不同理论得到的 P 和光电子波长的函数关系(图(b)不同曲线)。ξ 是由 $P(\theta_m)$ 得到的动态自旋参数。

实验中,使用圆偏振光,根据光电子截面和自旋极化的值可以得到矩阵元 D_d 和 D_s。人们已经实现了在量子力学上"完整"的光电子发射实验。也就是说,实验中可以分别得到所有矩阵元和相移差。氙气原子的实验结果如图 13.11 所示,图 13.11(a) 显示了相移的差与能量的关系,其值是库仑相移差($\sigma_d - \sigma_s - \pi$)的总和。库仑相移差描述了核的纯库仑势(类氢部分)的影响,以及氙原子大量电子系对相移差的影响。相移差与能量的函数曲线的斜率就是光电子发射的时间延迟,对于来自连续通道 d 和 s 的光电子,若只考虑库仑相移,则它们发射的时间差是 45as;在 7eV 的联合动能(20.5eV 光子能量)上考虑总的相位,这个值是 76as =(45+31)as(图 13.11)。如图 13.12 所示,库仑相移随着动能的增加急剧降低,因此,对于动能高于 30eV 的电子,其导致的时间延迟(<8as)可以忽略。前述 W(110) 的时间分辨的 f 芯能级能带和导带的光电子出射,相对于汞原子中光电子出射的 $p_{3/2}$ 连续波,$f_{7/2}$ 和 $f_{5/2}$ 的连续波有一个相移,图 13.13 给出了这个相移以及对应的矩阵元[45]。需要注意的是,相移仅仅描述了减去库仑相位之后的非类氢部

分,以量子缺陷 $\Delta\mu$ 的差值表示(单位:π)[40]。在图 13.13 标注的能量范围之内,非库仑相移的斜率决定了 f 波和 p 波的时延,当初态是 Hg 原子的 $d_{3/2}$ 态或 $d_{5/2}$ 态时,这个值分别是 77as 和 59as。需要注意的是,由于单独的自旋轨道相互作用(光电子离开时受到的势场的一部分)不产生任何时间延迟,在图 13.13 中,$f_{7/2} - f_{5/2}$ 以及 $p_{3/2} - p_{1/2}$ 的相移没有任何色散关系。很明显,f 波和 p 波时间延迟主要是薛定谔方程中不同的离心项 $l(l+1)/r^2$ 所导致的。

在金属表面的光电子发射中,若存在显著的动态自旋极化,就会伴随很大的相位差和时间延迟,举例来说:线偏振光正入射于 Pt(110),光电子沿法线方向出射,动态自旋极化的值取决于 $\sin\phi \cdot \cos\phi$,其中 ϕ 是方位旋转角。如图 13.14 所示,电场矢量 E 和晶体 $[1\bar{1}0]$ 方向决定了反应平面。根据所有实验数据得到的自旋极化的变化范围是 $\pm 10\%$,对于给定的光子能量

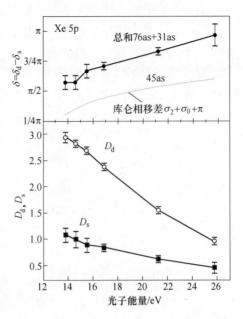

图 13.11 Xe 的光电子发射,电子从 5p 态跃迁至简并的 d 和 s 连续态。横坐标是光子能量。a 纵坐标是测量到的相移差,b 的纵坐标是偶极阵元[39-40]。其中,虚线表示计算得到的库仑相移 $\sigma_d - \sigma_s - \pi$。实线连接的是实验数据,$d\delta/dE$ 是部分波包 d 和 s 的 Wigner 时间延迟(见正文)。

11.8eV,图 13.14(c) 中给出了相移差和束缚能量之间的函数关系[44]。从函数曲线斜率和能量之间的关系可以得到两条能带 Σ_5^3 和 Σ_5^4 出射的电子的时间延迟

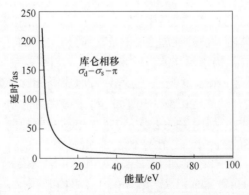

图 13.12 库仑相移 $\sigma_d - \sigma_s - \pi$ 关于能量的斜率(时间延迟)的解析计算结果

4.7fs[44,46-47]。这一延时很大,原因在于光电子的低动能和两条能带强烈的杂化。从图 13.11~图 13.14 中可以看到,相移的斜率随着光电子能量的增加而显著减小,所以光电子辐射的时间延迟有同样的变化趋势,这就能解释 13.2 节的结尾部分关于高能光子的结果。光电子越快,飞行时间越短,而时间差必须足以通过和原子尺寸相当的距离。

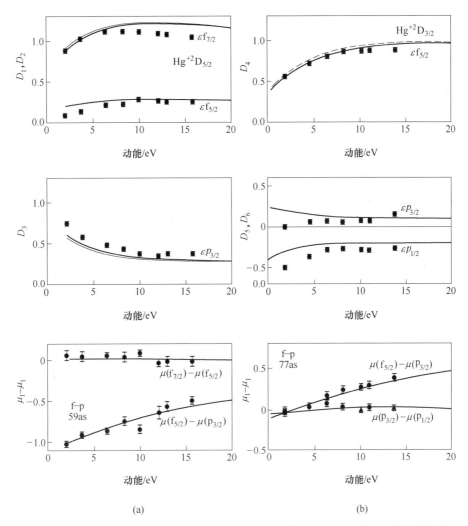

图 13.13 f 和 p 的光电子离开汞原子,跃迁至(a) $5d^2D_{5/2}$ 和(b) $5d^2D_{3/2}$ 的离子终态 图中给出了矩阵元 D 和相移差 $\mu = (\delta - \alpha)/\pi$ 与光电子动能的对应关系。相移以 π 为单位,没有考虑库仑相位 σ。图中包含实验数据(带误差棒)和理论结果[45]。数字表示根据相移曲线斜率得到的时间延迟。

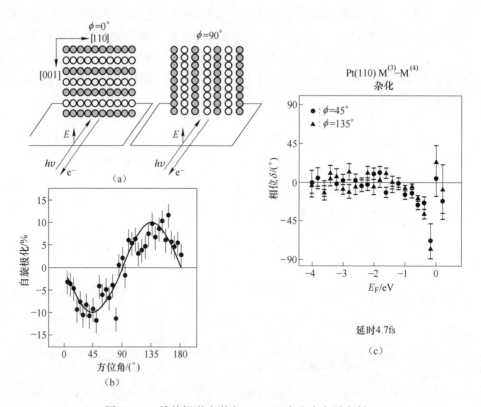

图 13.14 线偏振激光激发 Pt(110)产生光电子发射

(a)动态自旋极化[44];(b)横坐标为测量得到的自旋极化,纵坐标为绕表面法线旋转的方位角 φ 光子能量 11.8eV,自旋极化沿电子出射方向,垂直于表面金属;(c)根据实验数据,得到从初始能带跃迁的光电子波的相位差[47]。由束缚能低于费米能量 0.5eV 处的曲线斜率,计算出 4.7 fs 的时间延迟。

13.5 展望:同时实现高的时间分辨率和能量分辨率

在目前为止,讨论的光电子发射的所有例子中,时间延迟的大小与能量有很强的依赖关系。不同于自由原子和分子,凝聚态物质能带范围宽,其中的电子具有明显的色散。因此,对于阿秒时间分辨的光电子发射光谱学,如果研究体系是凝聚态物质,就会面临能量-时间的不确定关系。XUV 阿秒脉冲越短,能谱就越宽,固体中电子结构的能谱分辨率就越低。在分子和吸附物系统中,化学分析电子光谱(electron spectroscopy for chemical analysis,ESCA)非常重要:光电子谱中几十分之一电子伏的变化意味着化学键发生了变化[48]。因而有必要进一步研究 ESCA 与超快光电子发射时间分辨率的联系。然而,为了得到小于 1eV 的能量分辨率,时间分辨必须维持在飞秒量级。最近有两个不同类型的 ESCA 实验,都使用了飞秒时间尺度的 XUV 脉冲,用来激发凝聚态物质发射光电子,实验装置与图 13.1 相似。图 13.15 是碘苯基苯酚分子(吸附在硅衬底上)的 ESCA 光电子发射泵浦-探测实验[49],UV 脉冲泵浦苯环,探测碘原子中 4d 芯能级光电子的 ESCA 移动。实验中通过对时间和能量尺度的合适选择,揭示出(富烯,盆苯)亚稳态的分子构型。如图 13.15,飞秒脉冲激发之后 50ps,系统被有效地引导回到基态。

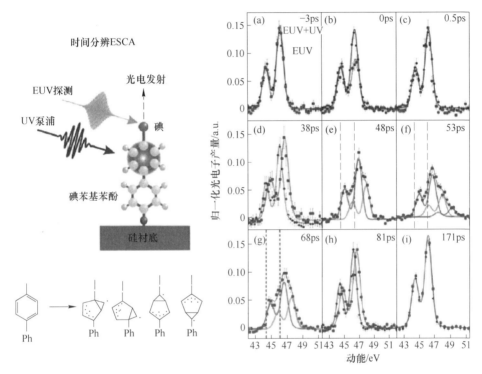

图 13.15　(见彩图)时间分辨的 ESCA。30fs 的 UV 脉冲泵浦吸附在硅衬底上的碘苯基苯酚分子,EUV 脉冲用来探测,(a)~(g)是不同延时条件下的光电子能谱。泵浦过程会改变苯环的结构[49]。

在另一个泵浦-探测 ESCA 的时间分辨的光电子发射实验中,高次谐波产生的 XUV 激光脉冲被用于研究 VO_2 绝缘体-金属的相变[50]。实验装置与图 13.1 类似,30fs 的 IR 光作为泵浦脉冲,将费米能级下面的 HOMO 电子激发至 LUMO 带,延时之后的 XUV 探测脉冲用来研究钒 3p 芯能级和导带的 ESCA 移动,延时精度在飞秒量级。光谱上 ESCA 的移动对应于 VO_2 中单斜绝缘相到四方金属相的相移(图 13.16),图 13.16(a)为冷却和加热两种情况下的磁滞曲线。因此,使用超短飞秒 IR 和 XUV 辐射的时间分辨 ESCA 实验证实了带隙崩塌和绝缘体-金属相变

229

的 Mott-Hubbard 性质都是由电子跃迁引起的。在这两个时间分辨 ESCA 实验中，对时间和能量分辨率进行了折中的选择，这种折中处理在时间分辨的光谱学实验中是必需的。

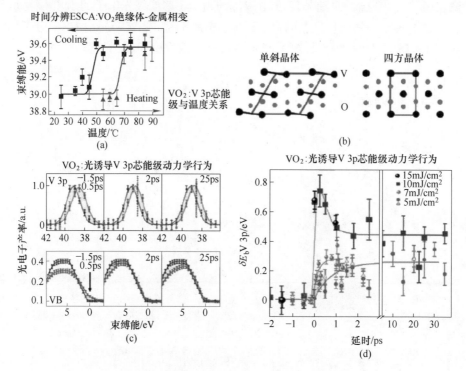

图 13.16　(见彩图) VO_2 绝缘体-金属相变的时间分辨 ESCA[50]。
(a)(b) 通过加热和冷却晶体(磁滞效应)，3p 芯能级光电子辐射束缚能产生偏移，
可用于研究单斜绝缘相到四方金属相的相变。
(c)(d) 相变的飞秒和皮秒动力学过程，泵浦光为 30fs 的 IR 光，探测光为 EUV 脉冲，
用于探测 3p 芯能级的光电子辐射。

参考文献

[1] D. Diesing, M. Merschdorf, A. Thon, W. Pfeiffer, Identification of multiphoton induced photocurrents in metal-insulator-metal junctions. Appl. Phys. B **78**, 443 (2004)

[2] S. Tanuma, C. J. Powell, D. R. Penn, Calculations of electron inelastic mean free paths. II. Data for 27 elements over the 50-2000 eV range. Surf. Interface Anal. **17**, 911 (1991)

[3] H. L. Dai, W. Ho, *Laser Spectroscopy and Photochemistry on Metal Surfaces* (World Scientific, Singapore, 1995)

[4] M. Bauer, C. Lei, K. Read, R. Tobey, J. Gland, M. M. Murnane, H. C. Kapteyn, Direct observation of surface chemistry using ultrafast soft-x-ray pulses. Phys. Rev. Lett. **87**, 025501 (2001)

[5] P. M. Echenique, R. Berndt, E. V. Chulkov, Th. Fauster, A. Goldmann, U. Höfer, Decay of electronic excitations at metal surfaces. Surf. Sci. Rep. **52**, 219 (2004) and references therein

[6] X. Y. Zhu, Electronic structure and electron dynamics at molecule-metal interfaces: implications for molecule-based electronics. Surf. Sci. Rep. **56**, 1 (2004)

[7] H. Zacharias, M. Wolf (guest editors), Special issue 2 on "Dynamics of electron transfer at interfaces". Appl. Phys. A **78**, 125–252 (2004)

[8] M. Lisowski, P. A. Loukakos, A. Melnikov, I. Radu, L. Ungureanu, M. Wolf, U. Bovensiepen, Femtosecond electron and spin dynamics in Gd(0001) studied by time-resolved photoemission and magneto-optics. Phys. Rev. Lett. **95**, 137402 (2005)

[9] V. M. Axt, T. Kuhn, Femtosecond spectroscopy in semiconductors: a key to coherences, correlations and quantum kinetics. Rep. Prog. Phys. **67**, 433 (2004)

[10] R. W. Schoenlein, J. G. Fujimoto, G. L. Eesley, T. W. Capehart, Femtosecond studies of imagepotential dynamics in metals. Phys. Rev. Lett. **61**, 2596 (1988)

[11] U. Höfer, I. L. Shumay, Ch. Reuß, U. Thomann, W. Wallauer, Th. Fauster, Time-resolved coherent photoelectron spectroscopy of quantized electronic states on metal surfaces. Science **277**, 1480 (1997)

[12] P. Siffalovic, M. Drescher, M. Spieweck, T. Wiesenthal, Y. C. Lim, R. Weidner, A. Elizarov, U. Heinzmann, Laser-based apparatus for extended ultraviolet femtosecond time-resolved photoemission spectroscopy. Rev. Sci. Instrum. **72**, 30 (2001)

[13] P. Siffalovic, M. Drescher, U. Heinzmann, Femtosecond time-resolved core-level photoelectron spectroscopy tracking surface photovoltage transients on p-GaAs. Europhys. Lett. **60**, 924 (2002)

[14] A. Fohlisch, P. Feulner, F. Hennies, A. Fink, D. Menzel, D. Sanchez-Portal, P. M. Echenique, W. Wurth, Direct observation of election dynamics in the attosecond domain. Nature **436**, 373 (2005)

[15] L. Cavalieri, N. Müller, Th. Uphues, V. S. Yakovlev, A. Baltuska, B. Horvath, B. Schmidt, L. Blümel, R. Holzwarth, S. Hendel, M. Drescher, U. Kleineberg, P. M. Echenique, R. Kienberger, F. Krausz, U. Heinzmann, Attosecond spectroscopy in condensed matter. Nature **449**, 1029–1032 (2007) and Supplementary Material

[16] M. Uiberacker, Th. Uphues, M. Schultze, A. J. Verhoef, V. Yakovlev, M. F. Kling, J. Rauschenberger, N. M. Kabachnik, H. Schröder, M. Lezius, K. L. Kompa, H. G. Müller, M. J. J. Vrakking, S. Hendel, U. Kleineberg, U. Heinzmann, M. Drescher, F. Krausz, Attosecond real-time observation of electron tunnelling and multi-electron dynamics in atoms. Nature **446**, 627 (2007)

[17] P. M. Echenique, J. M. Pitarke, E. V. Chulkov, A. Rubio, Theory of inelastic lifetimes of lo-

wenergy electrons in metals. Chem. Phys. **251**, 1 (2000)

[18] E. Goulielmakis, M. Uiberacker, R. Kienberger, A. Baltuska, V. Yakovlev, A. Scrinzi, Th. Westerwalbesloh, U. Kleineberg, U. Heinzmann, M. Drescher, F. Krausz, Direct measurement of light waves. Science **305**, 1267 (2004)

[19] R. Kienberger, E. Goulielmakis, M. Uiberacker, A. Baltuska, V. Yakovlev, F. Bammer, A. Scrinzi, T. Westerwalbesloh, U. Kleineberg, U. Heinzmann, M. Drescher, F. Krausz, Atomic transient recorder. Nature **427**, 817 (2004)

[20] M. Drescher, M. Hentschel, R. Kienberger, M. Uiberacker, V. Yakovlev, A. Scrinzi, Th. Westerwalbesloh, U. Kleineberg, U. Heinzmann, F. Krausz, Time-resolved atomic inner-shell spectroscopy. Nature **419**, 803 (2002)

[21] M. Schultze, M. Fieß, N. Karpowicz, J. Gagnon, M. Korbman, M. Hofstetter, S. Neppl, A. L. Y. Komninos, Th. Mercouris, C. A. Nicolaides, R. Pazourek, S. Nagele, J. Feist, J. Burgdörfer, A. M. Azzeer, R. Ernstorfer, R. Kienberger, U. Kleineberg, E. Goulielmakis, F. Krausz, V. S. Yakovlev, Delay in photoemission. Science **328**, 1658 (2010)

[22] T. M. Duc, C. Guillot, Y. Lassailly, L. Lecante, I. Jugnet, J. C. Vedrine, Direct Observation of 4f splitting between (110) surface and bulk atoms of W. Phys. Rev. Lett. **43**, 789 (1979)

[23] P. M. Leu, J. D. Denlinger, E. Rotenberg, S. D. Kevan, B. P. Tonner, Y. Cheu, M. A. Van Hove, C. S. Fadley, Holographic atomic images from surface and bulk W (110) photoelectron diffraction data. Phys. Rev. B **59**, 5857 (1999)

[24] Y. C. Lim, T. Westerwalbesloh, A. Aschentrup, O. Wehmeyer, G. Haindl, U. Kleineberg, U. Heinzmann, Fabrication and characterization of EUV multilayer mirrors optimized for small spectral reflection bandwidth. Appl. Phys. A **72**, 121 (2001)

[25] A. Wonisch, U. Neuhäusler, N. M. Kabachnik, Th. Uphues, M. Uiberacker, V. Yakovlev, F. Krausz, M. Drescher, U. Kleineberg, U. Heinzmann, Design, fabrication and analysis of chirped multilayer mirrors for reflection of XUV attosecond pulses. Appl. Opt. **45**, 4147 (2006)

[26] A. Wonisch, Th. Westerwalbesloh, W. Hachmann, N. Kabachnik, U. Kleineberg, U. Heinzmann, Aperiodic nanometer multilayer systems as optical key components for attosecond electron spectroscopy. Thin Solid Films **464-465**, 473 (2004)

[27] A. Zangwill, *Physics at Surfaces* (Cambridge University Press, Cambridge, 1988)

[28] U. Kleineberg, Th. Westerwalbesloh, W. Hachmann, U. Heinzmann, J. Tümmler, F. Scholze, G. Ulm, S. Müllender, Effect of substrate roughness on Mo/Si multilayer optics for EUVL produced by UHV-e-beam evaporation and ion polishing. Thin Solid Films **433**, 230 (2003)

[29] H. B. Rose, A. Fanelsa, T. Kinoshita, Ch. Roth, F. U. Hillebrecht, E. Kisker, Spin-orbit induced spin polarization in W 4f photoemission. Phys. Rev. B **53**, 1630 (1996)

[30] K. Starke, A. P. Kaduwela, Y. Lin, P. D. Johnson, M. H. Van Hove, C. S. Fadley, V.

Chakarian, E. E. Chabran, G. Meigs, C. T. Chen, Spin polarized photoelectrons excited by circularly polarised radiation from a nonmagnetic solid. Phys. Rev. B **53**, R10544 (1996)

[31] A. Cavalieri, F. Krausz, R. Ernstofer, R. Kienberger, P. Feulner, J. Earth, D. Menzel, Attosecond time-resolved spectroscopy at surfaces, in *Dynamics at Solid State Surface and Interfaces. Volume* 1: *Current Developments*, ed. by U. Bovensiepen, H. Petek, M. Wolf (Wiley, New York, 2010), p. 537

[32] A. K. Kazansky, P. M. Echenique, One-electron model for the electronic response of metal surfaces to subfemtosecond photoexcitation. Phys. Rev. Lett. **102**, 177401 (2009)

[33] J. C. Baggesen, L. B. Madsen, Theory for time – resolved measurements of laser – induced electron emission from metal surfaces. Phys. Rev. A **78**, 032903 (2008). Also in Phys. Rev. A **80**, 030901 (2009)

[34] C. H. Zhang, U. Thumm, Attosecond photoelectrons spectroscopy of metal surfaces. Phys. Rev. Lett. **102**, 123601 (2009)

[35] C. Lemell, B. Solleder, K. Tökesi, J. Burgdörfer, Simulation of attosecond streaking of electrons emitted from a tungsten surface. Phys. Rev. A **79**, 062901 (2009)

[36] C. H. Zhang, U. Thumm, Streaking and Wigner time delays in photoemission from atoms and surfaces. Phys. Rev. A **84**, 033401 (2011)

[37] E. P. Wigner, Lower limit for the energy derivative of the scattering phase shift. Phys. Rev. **98**, 145 (1955)

[38] T. F. Smith, Lifetime matrix in collision theory. Phys. Rev. **118**, 349 (1960)

[39] U. Heinzmann, Experimental determination of the phase differences of continuum wavefunctions describing the photoionisation process of xenon atoms. I. Measurements of the spin polarisations of photoelectrons and their comparison with theoretical results. J. Phys. B **13**, 4353 (1980)

[40] U. Heinzmann, Experimental determination of the phase differences of continuum wavefunctions describing the photoionisation process at xenon atoms. II. Evaluation of the matrix elements and the phase differences and their comparison with data in the discrete spectral range in application of the multi channel quantum defect theory. J. Phys. B **13**, 4367-4381 (1980)

[41] U. Heinzmann, J. H. Dil, Spin-orbit induced photoelectron spin polarization in angle resolved photoemission from both atomic condensed matter targets. J. Phys. Condens. Matter **24**, 173001 (2012)

[42] B. Kessler, N. Müller, B. Schmiedeskamp, B. Vogt, U. Heinzmann, Spin resolved off-normal photoemission from xenon adsorbates in comparison with free atom photoionization. Z. Phys., D At. Mol. Clust. **17**, 11-16 (1990)

[43] N. Irmer, F. Frentzen, B. Schmiedeskamp, U. Heinzmann, Spin polarized photoelectrons with unpolarized light in normal emission from Pt(110). Surf. Sci. **307-309**, 1114 (1994)

[44] S.-W. Yu, R. David, N. Irmer, B. Schmiedeskamp, N. Müller, U. Heinzmann, N. A. Cherepkov, Determination of phase differences of transition matrix elements from Pt(110) by means of spin-resolved photoemission with circularly and linearly polarized radiation. Surf. Sci.

416, 396–402 (1998)

[45] F. Schäfers, Ch. Heckenkamp, M. Müller, V. Radojevic, U. Heinzmann, Hg 5d and 6s: multichannel quantum-defect analysis of experimental data. Phys. Rev. A **42**, 2603 (1990)

[46] G. Leschik, R. Courths, H. Wern, S. Hüfner, H. Eckardt, J. Noffke, Band structure of platinum from angle resolved photoemission experiments. Solid State Commun. **52**, 221 – 225 (1984)

[47] J. Noffke, Private communication. Published in N. Irmer, F. Frenzen, R. David, P. Stoppmanns, B. Schmiedeskamp, U. Heinzmann, Photon energy dependence of spin-resolved photoemis13 Attosecond Time-Resolved Photoemission spectra in normal emission from Pt(110) by linearly polarized light. Surf. Sci. **331**, 1147 (1995)

[48] K. Siegbahn, D. Hammond, H. Fellner-Feldogg, E. F. Barnett, Electron spectroscopy with monochromatized X-rays. Science **176**, 245 (1972)

[49] H. Dachraoui, M. Michelswirth, P. Siffalovic, P. Bartz, C. Schäfer, B. Schnatwinkel, J. Mattay, W. Pfeiffer, M. Drescher, U. Heinzmann, Photoinduced reconfiguration cycle in a molecular adsorbate layer studied by femtosecond inner-shell photoelectron spectroscopy. Phys. Rev. Lett. **106**, 107401 (2011)

[50] H. Dachraoui, N. Müller, G. Obermeier, C. Oberer, S. Horn, U. Heinzmann, Interplay between electronic correlations and coherent structural dynamics during the monoclinic insulator to rutile metal phase transition in VO_2. J. Phys. Condens. Matter **23**, 435402 (2011)

第四部分
未来趋势

第14章
阿秒科学时代的来临

Ferenc Krausz

摘要：经过10年的发展,阿秒科学已日渐成熟,建立了基本的研究手段和研究技术。在不久的将来,增强光子通量和光子能量以及实现光场的亚飞秒控制会成为主要的技术前沿发展方向。在这一章中,将回顾阿秒科学发展进程、阿秒技术应用及其对科学新发现的影响。

十几年前首次出现的短于1fs的孤立光脉冲[1]和脉冲串[2]的有关报道标志着阿秒分辨率计量学的诞生,从而允许对原子核外最快的动力学行为——电子运动[3]和光场振荡[4]进行实时观测。随着光波形控制技术的发展[5],阿秒脉冲[6]引发了对微观世界中电子现象进行探索和控制的科学革命。本章综述了阿秒科学的第一个10年发展历程,这是由基本研究手段与研究技术引领发展的10年[7],这些技术手段已获得验证并成功应用,为推动光学新分支领域的进一步演化发展提供了基础。

未来10年,阿秒光源和技术会进一步加速发展,带来全新的科研机遇,研究对象将从简单系统(原子和简单分子)转变到更复杂的系统,如大型生物分子、固体、表面和表面制备的分子。阿秒技术的进步将促使激光和加速器光源产生前所未有的协同增强作用,为自然科学、生命科学和技术中的重大问题寻求答案:是否可能制造结构紧凑的X射线激光器并获得一系列科学技术应用? 初始阿秒电子运动会影响复杂分子结构的变化吗,又如何影响这些变化呢? 能够实现光场控制的阿秒化学吗? 电子学的最终速度极限是多少,又该如何达到这种速度? 电子信号处理速度能否加速到光频段? 是否能够记录时空中具有原子分辨率的快照? 这种快照能使得原子核外任何运动,包括最快的电子运动,直接可视化。

F. Krausz
Max Planck Institute of Quantum Optics, Hans-Kopfermann-Str. 1, 85748 Garching, Germany
e-mail: ferenc.krausz@mpq.mpg.de

下面将展望并预测阿秒科学这一非常年轻的学科在未来10年的主要可能发展路线,探寻其中的技术进步及其对新发现和新进展可能产生的影响。

14.1 阿秒光源与技术前沿

波形受控的少周期激光脉冲是孤立阿秒脉冲产生及其计量的技术基础,并促进了相关技术在电子时域特性研究中的应用。图14.1所示为一种最先进的阿秒计量设备和阿秒频谱仪,即马克斯·普朗克量子光学研究所的AS-2束线(图14.1(a))。AS-2以亚4fs、750nm的近单周期激光脉冲为种子光,产生光子能量100eV、脉宽小于100as的极紫外脉冲。这两个脉冲是进行阿秒时间分辨测量的两个工具。通过阿秒条纹相机的方法可以对这两个工具进行时域诊断,原理如图14.1(b)所示。光场驱动的条纹相机记录了由极紫外脉冲诱导、受激光光场影响的光电子,与极紫外脉冲和激光脉冲的延时成函数关系。产生的条纹光谱能够用于完整恢复亚4fs激光和72as极紫外脉冲的波形。在完全同步的情况下(阿秒脉冲作为泵浦或探测脉冲),可以实现以下光谱技术:以极紫外脉冲为泵浦光、受控激光脉冲为探测光,获得阿秒条纹光谱[8-9]和隧穿光谱[10];以极紫外脉冲为探测光的强场过程中的阿秒光电子能谱或吸收光谱[11]。

尽管取得了巨大的进步,阿秒技术仍然局限于中等强度的阿秒脉冲能量(通常是亚纳焦量级)和极紫外波段的光子能量(通常在100eV或以下)。这些局限性使得阿秒脉冲无法同时作为泵浦光和探测光,也无法分别探测原子和分子内部强束缚态电子的动力学行为。人们迫切希望增加光子通量和阿秒脉冲能量,并积极寻求相关技术方案。X射线自由电子激光器[12-14]有望满足上述需求,它可以在硬X射线频段提供前所未有的高强度通量和光子能量。据报道,软X射线到硬X射线频段的自由电子激光器已能产生10fs以下的脉冲[15],甚至拥有输出亚飞秒乃至阿秒脉冲的潜力。受振奋人心的应用前景激励,人们提出多种技术概念[16-17],并开展更广泛的理论和实验研究发掘阿秒科学的潜力。

通过激光技术也有望显著提高阿秒脉冲的通量与光子能量,尽管这些参数无法与自由电子激光器比拟。气体中的高次谐波产生是目前生成阿秒脉冲的标准技术,利用峰值功率高达几个太瓦的高强激光[18]作为驱动脉冲,可以提高高次谐波通量。使用少周期激光脉冲作为驱动光源[19]或运用选通技术[20],有望获得能量达到毫焦量级、峰值功率达到几吉瓦的阿秒极紫外脉冲。使用长波的驱动光场经由原子高次谐波产生过程能够得到千电子伏的光子[21],但这一过程的转换效率很低,对于很多的应用来说光通量还远远不够。如何利用原子高次谐波产生获得高通量的千电子伏阿秒脉冲,仍是一个悬而未决的问题。

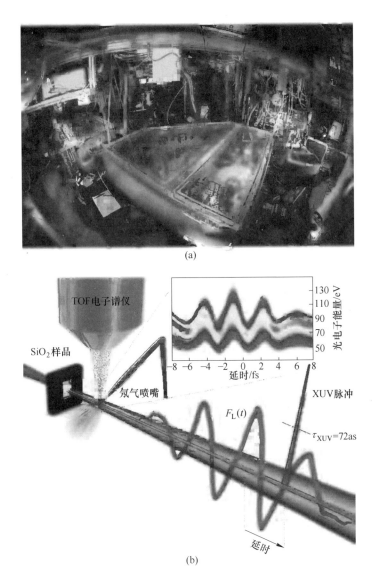

图14.1(a) 马克斯·普朗克量子光学研究所的第二代阿秒束线 AS-2。(b) 使用亚 4fs、波形受控的激光脉冲和亚 100as 极紫外脉冲对超快电子过程进行时间分辨测量。利用阿秒条纹相机测量这两个脉冲的时域特性(见记录的阿秒条纹光谱图),随后使用这两个脉冲进行泵浦探测光谱的研究,如利用阿秒极紫外吸收光谱测量电介质中强场诱导的电子过程。(a)和(b)分别由 Thorsten Naeser 和 Martin Schultze 提供

相对论相互作用似乎更适用于提高阿秒脉冲的通量和光子能量。激光可以以多种方式驱动这一相互作用。在低密度等离子体中,激光可以将电子束加速到只持续几飞秒的超相对论能量[22-23]。数兆电子伏、几飞秒、数千安峰值电流的电子

束可以产生超快 X 射线脉冲[24],这些脉冲可能缩短为亚飞秒量级[16-17]。在固体表面形成的稠密等离子体中,由太瓦激光驱动的高次谐波产生有望提高光通量几个数量级,光子能量可突破 1keV[25]。少周期相对论场驱动下的孤立阿秒脉冲产生过程如图 14.2 所示,图中预测了可实现的光子能量和转换效率,同时这种方法的可行性也经由实验获得了证实[26-28]。

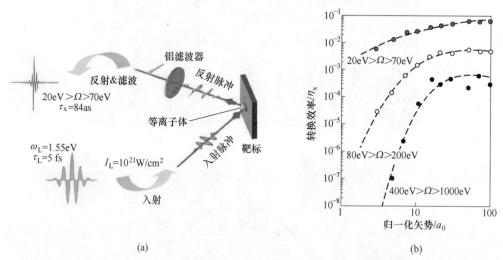

图 14.2 （a）相对论强度的超短激光脉冲与固体表面相互作用产生高次谐波,在少周期激光脉冲激发下,反射的相干光经过带通滤波,预计可以得到孤立极紫外光;（b）在不同的极紫外光谱范围内激光峰值强度与转换效率的对应关系（Tsakiris[7]）。

总之,第一代阿秒光源的通量和能量参数有望通过多种技术手段获得进一步突破。这些技术无论是强场还是相对论相互作用,都将依托于驱动激光与加速器技术的进步,以及两者间的协同作用。下一代阿秒光源无疑将成为阿秒科学在第二个 10 年发展中的主要研究热点。

14.2 从观察到控制

超快激光脉冲的电场对电子施加的力可以与将电子束缚在原子和分子价电子层的束缚力相比拟,甚至远远超过束缚力。因此,如果受到控制,这种电场力就可以操控原子系统内部和周围的电子运动。控制电场力的第一步是少周期激光脉冲载波包络相位的稳定[5]。这一参数的控制以及脉冲包络和啁啾控制,使得光场的亚周期控制成为可能,即可见/红外光瞬时电场的亚飞秒演化,这样就使得激光电场力可用于原子的电子操控。这种新型量子控制的应用首先表现在可复现孤立阿秒脉冲的产生[6]和孤立阿秒脉冲时间分辨测量以及少周期激光的波形测量[4]。

对电子的原子尺度运动的多方面控制要求外控力具备亚飞秒时间演化能力，也就是说相较于少周期激光脉冲的载波包络相位调节，激光波形变化必须更灵活。更高的灵活性要求更大的带宽和更多的控制参数。通过飞秒脉冲在充气空心光纤中的自相位调制可以很容易地获得所需带宽，自相位调制产生的超连续谱可以超过一个倍频程，从深紫外一直到近红外[29]。然而对激光波形的亚周期塑形，或者说光波形合成，所需的控制要求就困难了。

为此，必须将连续谱的频谱细分为几个相当带宽的频带，由这些频带产生的相干红外、可见和紫外光波包以不同的相对相位和振幅相互重叠。如图14.3(a)所示，这些相位和振幅就是光波形亚周期塑形的关键。带宽越宽，光谱频道越丰富，具有阿秒尺度合成演化能力的光波形种类就越多。

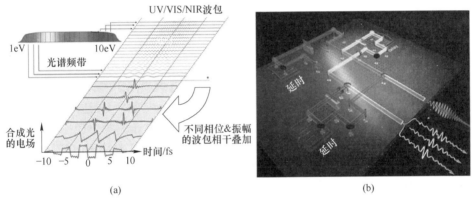

图14.3 (a)光波形合成原理[7]；(b)3个频带、1.5个倍频程的光波合成器结构[30]。

光波形合成首先是由多层介质啁啾镜实现的[30]。为实现上述光波形合成概念，双色啁啾镜将相干超连续白光(从小于400nm的紫外一直延伸到超过1000nm的近红外)分为3个相当的频带。通过分别独立地操控脉宽小于10fs的近红外、可见和紫外波包，这个3个频带、1.5个倍频程的原型装置可以实现光波形合成。仅改变波包之间的延时就能输出各种波形，如图14.3(b)所示。这一装置的首次应用已经证明了光波合成新技术的力量。超倍频程光波形合成提供了近单周期的激光波形，半高全宽约2fs。使用这样的脉冲可以将强场电离限制在半个光周期之内，有选择性地对特定量子态的电离率进行定量精确测量，时间精度小于1fs。此外，这种前所未有的强场电离的时域限制使得在原子系综中产生的价电子波包具有近乎完美的相干性。

最近，这套原型系统补充了一个深紫外频带，扩展为2个倍频程、4个频带的合成器[31]，具备合成脉宽小于1fs的高强亚周期瞬态脉冲的潜力，并且可以对少周期脉冲的亚周期电场进行多种剪裁。小于1fs的亚周期脉冲和同步的孤立阿秒脉冲将开启阿秒泵浦-阿秒探测光谱学的研究路径,并将非线性光学扩展到之前无法涉及的单周期和亚周期相互作用的体系中。而对亚周期光场的控制将提供一种在电子运动的阿秒级自然时间尺度上操控电子的新方法。

这些新兴能力的出现可能产生的影响数不胜数,意义深远。例如,将强光场限制在半个光周期之内,将允许多电离过程发生在1fs之内,因此,能够激发高度关联的电子动力学行为。对多个倍频程波形的剪裁可能为分子动力学行为的量子控制开辟新途径,并能够研究更快的固态电子学。对电子关联前所未有的深入观测,先进的分子控制和半导体电子学等领域需要人们对光场合成和应用进行更深入的研究。未来几年光场合成很可能会成为阿秒科学的另一个主要分支。

14.3 原子和分子中的电子

时间分辨原子和分子科学有几处未知领域有望通过阿秒光谱进行探索。

原子内壳层动力学就属于这个领域。孤立X射线光电子和吸收谱线的宽度确实暗示了X射线光子或大量高能粒子的冲击会激发快速的内壳层过程。然而,在许多情况下,原子的激发态可以通过相互竞争的多条量子力学路径达到,因此线型十分复杂,无法提供相关过程时间演化的可靠信息。如果动力学过程处于强激光场影响下,其频域(或能量)光谱也无法提供有关时间演化的信息,只能得到简单的时间间隔,通过传统的(时间积分)光谱学无法获得光谱信息。在所有这些情况下,就需要亚飞秒或阿秒的时间分辨率。

阿秒X射线脉冲可以解决这一问题,阿秒脉冲要么与波形受控的高强少周期光场同步,要么强度极高,在被分束后既可以作为泵浦脉冲,也可以作为探测脉冲。以激光为基础的技术,如果能够提供光子能量足够高的阿秒脉冲,典型值如千电子伏,很有可能就会使用第一种方法。然而X射线自由电子激光器采用第二种阿秒泵浦阿秒探测的方法。第一种方法中,相对较弱的阿秒X射线脉冲会产生一个内壳层空穴,然后发射一个光电子和/或第二(俄歇)电子。有了波形受控的同步少周期激光场,就可以用阿秒条纹相机的方法测量这些发射的时间演化,从中可以提取内壳层激发(空穴)的产生和湮灭的信息。

一旦X射线自由电子激光器能够输出强阿秒X射线脉冲,就可以使用同一X射线脉冲的复制脉冲作为探测光以实现上述第二种方法。阿秒泵浦-阿秒探测法具有以下优势:时间分辨探测并不依赖于自由电子束缚态到束缚态的跃迁,而且可以探测与之相伴的弛豫过程。此外,阿秒X射线泵浦-X射线探测光谱学的可观测量不仅仅是光电子,透射的X射线探测光子可以提供和光电子谱相互补充的信息。因此,阿秒X射线泵浦-X射线探测光谱学似乎是揭示原子内壳层激励和弛豫动力学最全能的方法。阿秒X射线自由电子激光脉冲在探索内壳层过程领域极具应用前景,这可能促使基于原子跃迁的X射线激光器新方案的产生。

分子中电子和核运动的耦合仍是分子科学的未知领域,人们对复杂生物系统中的这种耦合以及这种耦合在构象变化和反应过程中的作用充满研究兴趣。此外,另一个非常令人兴奋的问题是,在亚飞秒到几飞秒时间尺度上揭示的初始电子动力学行为是否能够影响或是预先确定电子激发之后的原子核关联演化过程和相关的结构变化,这些过程在数飞秒的时间尺度上。

多倍频程光波形合成技术[30-31]为寻找这些问题的答案提供了激动人心的前景。宽带连续谱的深紫外-紫外部分可以在亚飞秒时间尺度上将价电子从分子的最高占据轨道激发到数个未被占据轨道上,从而在分子中发射一个相干的宽带价电子波包。对于随后一到几飞秒内展现出的电子波包动力学行为和这种初始动力学行为,如何影响发生在更长时间尺度上的分子结构的变化以及电子-核子耦合的作用,可以直接利用延时阿秒深紫外脉冲的光电子或吸收光谱进行探测和研究。此外,将波形合成范围扩展到几微米的中红外波段将使得电场力的合成从电子时间尺度(亚飞秒)到分子时间尺度(数飞秒)可变。通过光场直接操纵价电子运动,这种力可以控制改变复杂(生物)分子,方法类似于通过受控波形使得简单的(双原子)分子有序分离,具体实验结果如图14.4所示[32]。

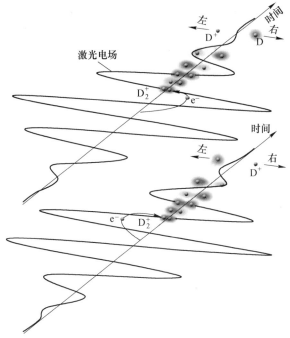

图14.4 在受控激光电场作用下分解双原子分子可以控制并定位电子运动[7,32]。

243

原子和电子-核子甚至是分子动力学中的时间分辨内壳层过程研究将成为阿秒科学的另一主要研究前沿,可能推动物理学和生命科学的巨大进步。

14.4 凝聚态物质中的电子

凝聚态物理在很大程度上是(准)周期电势电子物理。使用激光和同步光源,人们已经对凝聚态物质(尤其是固体)中的静态电子结构做了彻底的研究。而对于固体中快速的电子动力学行为,直到最近,最快的时间分辨技术才刚开始能够分辨这些过程,所以大部分的动力学过程还没有被仔细研究。金属中的电荷屏蔽、热电子动力学、半导体中的集合运动和相干现象、电介质中的强场过程、纳米结构中的电荷转移和表面分子装配就是这些动力学行为的代表。现在阿秒技术为实时研究这些凝聚态物质现象提供了方法。

以阿秒极紫外脉冲为触发,受控近红外场为探针可形成阿秒条纹光谱,对输运现象和电荷屏蔽现象进行研究。以几飞秒激光脉冲或其低阶高次谐波为泵浦光,阿秒极紫外脉冲为探测光,形成阿秒光电子能谱可以研究布居动态、集合运动和相干现象。这两种方法都需要超高真空条件,以避免表面污染导致光电子无法逃逸,见图14.5。以极紫外和紫外-真空紫外为探针,形成阿秒吸收光谱可以研究电介质中的强场过程。尽管首个概念性实验已获成功,阿秒凝聚态光谱学仍然处于起步阶段。世界各地的实验室需要共同努力,推动这一领域的发展,势必获得丰硕的研究成果。

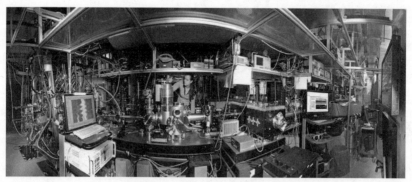

图 14.5 世界上首台超高真空阿秒计量和光谱装置

马克斯·普朗克量子光学研究所的 AS-3(照片由 Thorsten Naeser 提供)。

少周期激光合成还能够以极快的开关速度控制电流。最近的实验证明,由少周期可见光和近红外光合成的强电场可以将电介质转化为高极化态,如在几飞秒时间尺度上转变为导电状态,这一过程可逆;还可以在金属电极之间产生光学频率的诱导电流[35]。这些实验表明，基于电子的信号处理速度和固态计量学可能进一步提高至光频段。

电介质电子学有望成为阿秒科学领域另一个不断前进发展的新方向。

14.5 原子分辨率的时空(4D)成像

在阿秒科学发展的前10年，原理性验证实验为研究量子定态布居的动态变化[3]以及量子波包的时间演化提供了时域方法[11]。目前，还没有获得有关电子位置概率分布变化的显性信息。对于复杂系统，只有通过显微观察或衍射现象才能明确这一信息，前提是能够达到飞秒或阿秒时间分辨率。

我们用显微方法研究这些可能性。具有亚飞秒尺度控制特性的光脉冲的实用化为建立具有阿秒分辨率的显微技术提供了多种方法。在光发射电子显微镜(PEEM)中必须将连续波紫外/深紫外光源替换为能够辐射这一形式阿秒脉冲的光源[36]。在扫描隧道显微镜(STM)中，通过光场电离激励电子产生余弦形少周期光脉冲，使得从纳米尺寸的尖端发射的电子限制在几百阿秒[37]。这样PEEM几纳米的空间分辨率和STM几埃的空间分辨率就可以与阿秒时间分辨率相结合。这两种技术都要求具有适度脉冲峰值功率和高重复频率的辐照，最好是远大于1kHz，这样可以满足(平均)每个光脉冲发射电子少于一个的要求，以满足统计测量。这就要求对亚兆赫兹重复频率的少周期光源进行波形控制，并利用其驱动阿秒极紫外光源。

为了将衍射成像从三维空间扩展到具有第四个时间维度，用于分子或晶体中电子密度成像的电子束或X射线就必须替换为短脉冲。对于大尺寸(>10nm)复杂系统的成像要求光束/电子束的能量集中度高(≤1%)，即要求光谱窄；而对于分子和电子的探测分别要求超短脉冲的脉宽短于1000fs和1fs；高能粒子(multi-keV)可以满足窄光谱和短脉冲这两个看似矛盾的要求。超快电子[38]或X射线[39]脉冲可以记录由短泵浦脉冲激励产生的电子密度分布的动态演变。电子分布的动态变化可能是由原子核的运动(电子云几乎会立即适应这一运动)或电子激发引起的。

如图14.6所示，原子核运动过程在数个飞秒的时间尺度上演变，反映出分子或固体中原子的重新排布，这种亚皮秒时间分辨率的成像已经实现。电子重新排列可能发生在阿秒时间尺度(图14.6)。在不久的将来，硬X射线频域内(几千电子伏或更高)的阿秒光子脉冲或可由X射线自由电子激光器实现，随着技术的进一步发展，也可能由紧凑型激光驱动实验装置获得。在静电场中单电子脉冲加速到近相对论(通常为10~100keV)能量，脉宽可能小于10fs[41-42]，而在快速变换场

(微波场或光场)中的加速可能产生亚飞秒和阿秒电子脉冲[43]。这些单电子波包同时达到几十纳米的相干长度,使其适用于大型生物样本的瞬态成像[44],如图14.7所示。这些研究将推动飞秒结构动力学和阿秒电子密度变化的原子时空分辨率4D成像技术的发展。

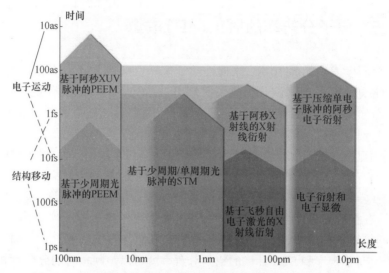

图14.6 研究原子核外运动(结构和电子)的手段(P. Baum 提供)

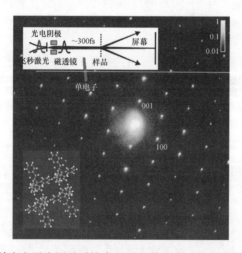

图14.7 单个电子为原子系统中电子电荷分布动态变化的直接成像提供了可能。它们可以记录原子或分子结构变化中极短的瞬时状态,甚至可以记录运动中的电子电荷密度。图中展示了一种分子开关光化学异构作用的衍射快照,时间尺度小于100fs[44]。

14.6 预期影响

未来10年阿秒科学将促成激光光源和加速器光源间的协同作用。由激光-物质相互作用及加速器装置产生的阿秒电子和光子脉冲能够完美地相互补充,为研究原子和亚原子尺度的电子运动提供实时手段,这意味在阿秒时间精度上对运动进行捕捉和控制。电子微观运动将会推进紧凑X射线源的技术,推动电存储和磁存储向更小的尺度和更快的速度发展,在化学反应控制、生物学信号转换、DNA损伤和修复机制、癌症诊断和治疗中对生物物质的不良辐射和期望辐射损伤等研究中都发挥着关键作用。阿秒科学对物理和生命科学及技术必将产生深远的影响。

参考文献

[1] M. Hentschel et al., Nature **414**, 509 (2001)
[2] P. M. Paul et al., Science **292**, 1689 (2001)
[3] M. Drescher et al., Nature **419**, 803 (2002)
[4] E. Goulielmakis et al., Science **305**, 1267 (2004)
[5] A. Baltuska et al., Nature **421**, 611 (2003)
[6] R. Kienberger et al., Nature **427**, 817 (2004)
[7] F. Krausz, M. Ivanov, Attosecond physics. Rev. Mod. Phys. **81**, 163 (2009)
[8] A. Cavalieri et al., Nature **449**, 1029 (2007)
[9] M. Schultze et al., Science **328**, 1658 (2010)
[10] M. Uiberacker et al., Nature **446**, 627 (2007)
[11] E. Goulielmakis et al., Nature **466**, 739 (2010)
[12] P. Emma et al., Nat. Photonics **4**, 641 (2010)
[13] J. N. Galayda et al., J. Opt. Soc. Am. B **27**, 106 (2010)
[14] D. Pile et al., Nat. Photonics **5**, 456 (2011)
[15] S. Düsterer et al., New J. Phys. **13**, 093024 (2011)
[16] A. A. Zholents, W. M. Fawley, Phys. Rev. Lett. **92**, 224801 (2004)
[17] E. L. Saldin, E. A. Schneidmiller, M. V. Yurkov, Opt. Commun. **239**, 161 (2004)
[18] G. Sansone, L. Poletto, M. Nisoli, Nat. Photonics **5**, 655 (2011)
[19] D. Herrmann et al., Opt. Lett. **34**, 2459 (2009)
[20] P. Tzallas et al., Nat. Phys. **3**, 846 (2007)
[21] V. S. Yakovlev, M. Ivanov, F. Krausz, Opt. Express **15**, 15351 (2007)

[22] O. Lundh et al., Nat. Phys. **7**, 219 (2011)

[23] A. Buck et al., Nat. Phys. **7**, 543 (2011)

[24] M. Fuchs et al., Nat. Phys. **5**, 826 (2009)

[25] G. Tsakiris et al., New J. Phys. **8**, 19 (2006)

[26] B. Dromey et al., Nat. Phys. **2**, 456 (2006)

[27] B. Dromey et al., Phys. Rev. Lett. **99**, 085001 (2007)

[28] Y. Nomura et al., Nat. Phys. **5**, 124 (2009)

[29] E. Goulielmakis et al., Opt. Lett. **33**, 1407 (2008)

[30] A. Wirth et al., Science **334**, 195 (2011)

[31] M. Hassan, E. Goulielmakis, Unpublished

[32] M. F. Kling et al., Science **312**, 246 (2006)

[33] S. Neppl et al., Phys. Rev. Lett. **109**, 087401 (2012)

[34] M. Schultze et al., Nature **493**, 11720 (2013)

[35] A. Schiffrin et al., Nature **493**, 11567 (2013)

[36] M. Stockman et al., Nat. Photonics **1**, 539 (2007)

[37] M. Krüger, M. Schenk, P. Hommelhoff, Nature **475**, 78 (2011)

[38] H.-C. Shao, A. F. Starace, Phys. Rev. Lett. **105**, 263201 (2010)

[39] G. Dixit, O. Vendrell, R. Santra, Proc. Natl. Acad. Sci. USA **109**, 11636 (2012)

[40] M. Chergui, A. H. Zewail, Chem. Phys. Chem. **10**, 28 (2009)

[41] A. H. Zewail, Science **328**, 187 (2010)

[42] M. Aidelsburger et al., Proc. Natl. Acad. Sci. USA **107**, 19714 (2010)

[43] E. Fill et al., New J. Phys. **8**, 272 (2006)

[44] F. O. Kirchner et al., New J. Phys. **15**, 063021 (2013)

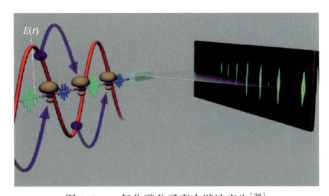

图 1.2 一氧化碳分子高次谐波产生[28]

一氧化碳分子的不对称性导致了偶次谐波的产生,图中最右边是 H15,最左边是 H29。

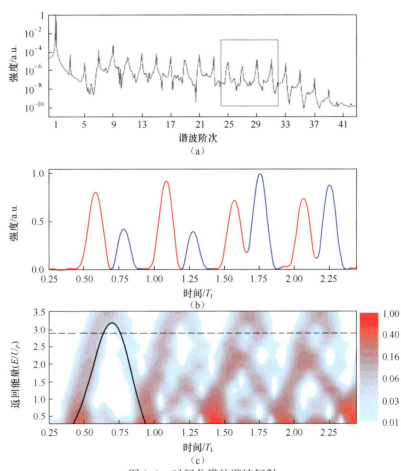

图 2.2 时间分辨的谐波辐射

(a) 800nm 激光脉冲驱动下氩原子的单原子谐波,脉冲峰值功率密度为 $1.6\times10^{14}\,\mathrm{W/cm^2}$,时域波形为平顶型;
(b) 图(a)中方框内光谱的时域波形;(c) 偶极辐射的时间频率分析。黑实线为两条最短轨道返回能量的半经典结果,水平虚线表示构造图(b)中脉冲串的谐波范围的中心频率[38]。

彩 001

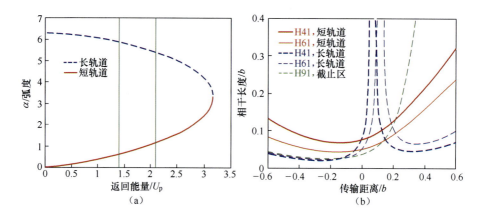

图 2.3 量子路径对相干长度的贡献

(a)相位系数 α 与电子返回能量的函数关系(单位为 U_p/ω_1);

(b)氖气在 $6.6\times10^{14}\,\text{W/cm}^2$ 峰值功率密度激发下产生的 41 次和 61 次谐波中短量子路径(实线)和长量子路径(虚线)下轴线相位匹配的相干长度。长度单位为共焦参数 b。

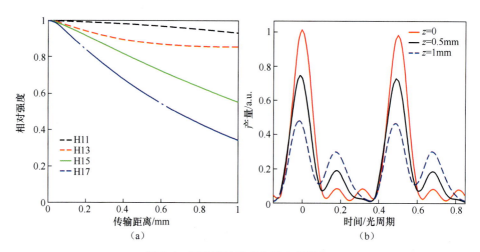

图 2.4 阿秒脉冲串在介质上的吸收

(a)在 1mm 长、密度 $1.5\times10^{18}\,\text{cm}^{-3}$ 的氙气中,11~17 次谐波强度与传播距离的函数关系;

(b)阿秒脉冲串在气体喷流起始端、中间和末端位置的时域波形。

彩 002

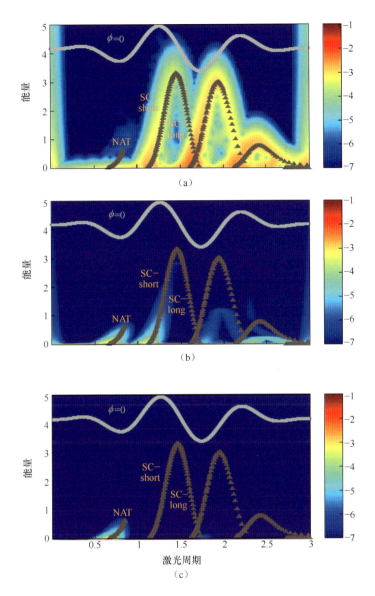

图 3.4 根据 3D TDSE 数值解提取的偶极加速度进行小波变换分析

棕色三角形显示出了电子复合时间和经典再散射能量间的关系,激光脉冲为式(3.2)表述形式,$\phi=0$,激光强度为图 3.3 中所示的 3 种情况:(a) $E_0=0.1$ 原子单位;(b) $E_0=0.4$ 原子单位;(c) $E_0=1.0$ 原子单位。驱动激光脉冲如灰实线所示。注意,在所有情况下,彩色标尺上表示效率的单位刻度是相同的。

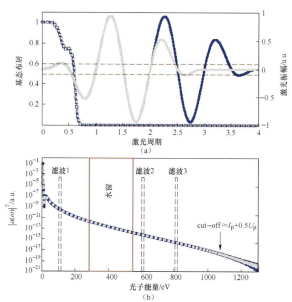

图3.5 (a)具有相同启动过程而长度不同的 NAT 型驱动激光脉冲。灰色实线表示式(3.2)中的激光,$\phi=0$。蓝色实线表示与式(3.2)中的激光启动相同的激光脉冲,$\phi=0$,其后两个周期振幅不变。灰色虚线表示灰色激光脉冲对应的基态布居数,蓝色虚线表示蓝色激光脉冲对应的基态布居数。水平虚线表示氢原子势垒抑制的估算值。(b)由图(a)中的激光脉冲驱动产生的谐波谱。灰色虚线表示图(a)中灰色激光驱动产生的光谱,蓝色实线表示图(a)中蓝色激光驱动产生的光谱。虚线矩形代表沿平台区的3种滤波,每个滤波窗口都为15eV。

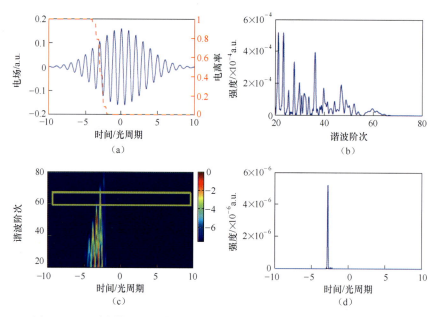

图4.6 (a)多周期(15fs)激光脉冲电场(实线)和氩原子电离率(虚线),激光强度 $8\times10^{14}\text{W/cm}^2$,中心波长800nm;(b)高次谐波光谱;(c)HHG 的时频谱图;(d)通过选择截止区附近60次谐波产生的孤立阿秒脉冲时域波形。

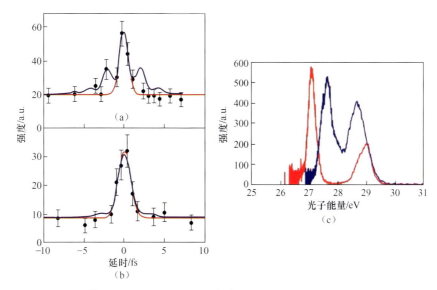

图 4.7 使用(a)8.3fs 和(b)12fs 脉冲生成的超连续谱的自相关曲线，红色实线为拟合结果，蓝色实线为根据超连续谱计算的自相关曲线；(c)12fs 与 8.3fs 脉冲产生的超连续谱，分别由蓝色和红色线表示[22]。

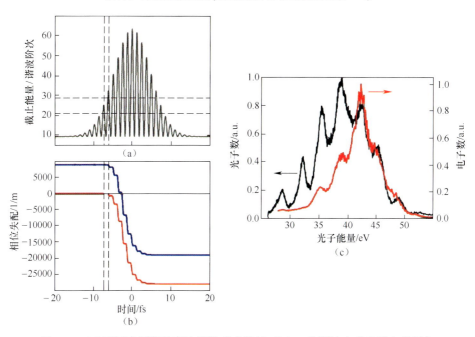

图 4.8 (a)不同半周期的高次谐波截止能量；(b)25 次谐波在直光纤中的相位失配(红色)和在准相位匹配光纤中的效应(蓝色)；(c)高次谐波光谱(黑色)和无光场条件下的光电能谱(红色，加上了电离势)[29]。

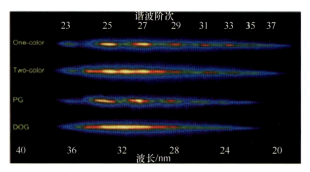

图 4.11　不同选通方式获得的谐波光谱[10]

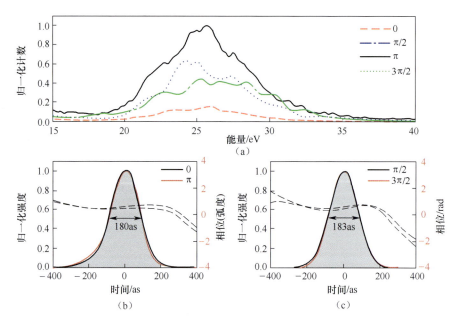

图 4.12　(a) 基频光存在下超连续高次谐波产生的光电子光谱；(b) CEP=0(黑线)和 CEP=π(红线)时获得的孤立阿秒脉冲的时域曲线和相位；(c) CEP=π/2(黑线)和 CEP=3π/2 (红线)时获得的孤立阿秒脉冲的时域曲线和相位[30]。

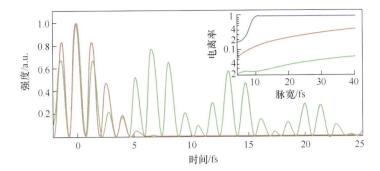

图 4.13 光场振幅(E_{mix}^2),红色:800nm,5fs;绿色:双色场(800nm,30fs+1300nm,40fs)。强度比(ξ)和相位(ϕ_{CE},ϕ_1)被固定为 0.15 和 0。插图:DOG(蓝线)、OC(红线)和 TC(绿线)驱动下,Ar 原子中的 ADK 电离率和主光场的脉冲宽度之间的关系[9]。

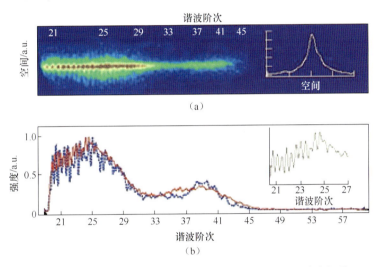

图 4.14 (a)双色场二维单发谐波图像;(b)双色场一维谐波频谱。上面的插图表示截止谐波(38~45 次)的空间波形,下面的插图放大显示了 21~27 次谐波的波形[9]。

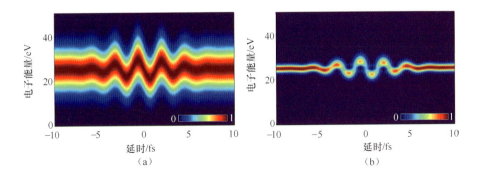

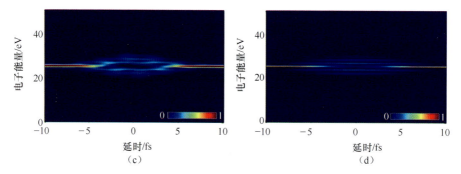

图 5.1 光电子能谱演化与极紫外脉冲和红外脉冲延时的函数关系

(a)孤立极紫外脉冲的转换极限脉宽为 130as；(b)脉宽 750as；(c)脉宽 1.5fs；(d)脉宽 5fs，假设红外光脉宽 5fs，峰值功率密度 $I=1.5\times10^{15}\,W/cm^2$。光电子平均动能 25eV，固定探测角为 $\theta=0°$。

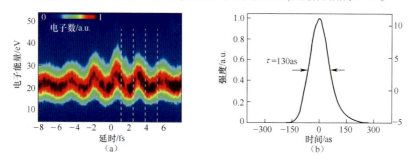

图 5.2 FROG CRAB 测量和重建

(a)实验测量获得的 FROG CRAB 频谱与阿秒脉冲和条纹红外脉冲间延时的函数关系。利用相位稳定、偏振调制的 5fs 脉冲产生了孤立阿秒脉冲。白色虚线表明驱动矢势零点位置，这些位置周围几乎不变的电子计数率是 300nm 厚铝箔提供了啁啾补偿的结果。(b)PCGPA 算法 5×10^4 次迭代后重建的阿秒脉冲时间强度波形。

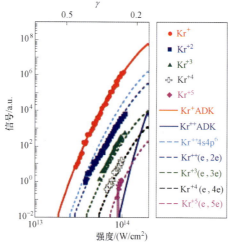

图 6.4 3.6μm 激光作用下氪电离产量。根据式(6.7)得到的计算结果用虚线表示。

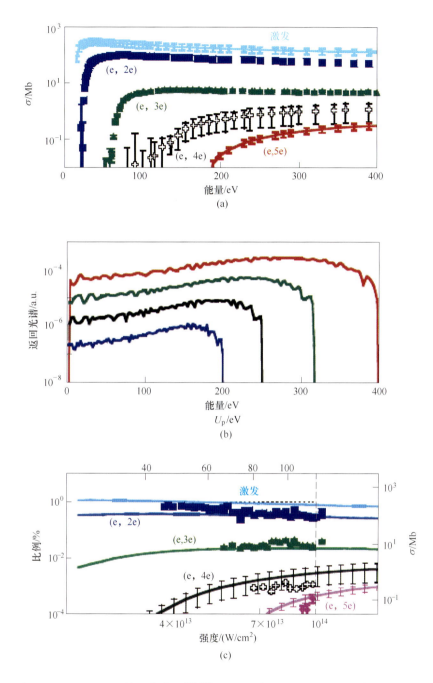

图 6.5 （a）(e, ne)碰撞电离截面[28-29]；（b）W_p 激光强度：100TW/cm²（红色），80TW/cm²（绿色），64TW/cm²（黑色）和 51TW/cm²（蓝色）；（c）式(6.6)的计算结果。

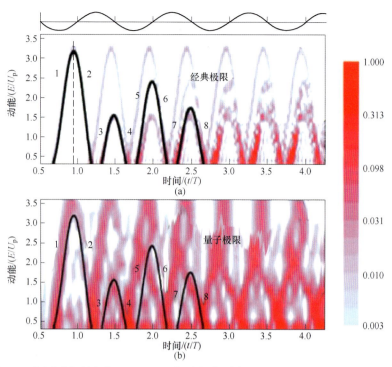

图 6.6 氙原子在强度为 0.16PW/cm^2、波长分别为 2μm(图 6.6(a))和 0.8μm (图 6.6(b))激光激励下,根据 TDSE 计算的高次谐波能量,图中以红到蓝的颜色表示能量变化。黑实线表示经典计算结果,数字代表第几条轨道。最上面的曲线表示输入脉冲的电场,其时间轴单位为激光周期 T。

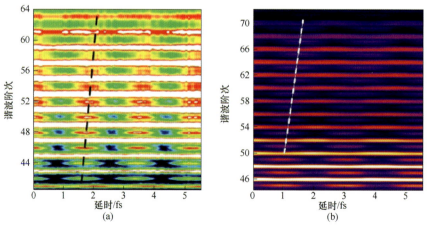

图 6.8 (a)ω-2ω 双色光全延时扫描高次谐波谱,靶标气体为氙气,激光波长 2μm,峰值功率密度 21TW/cm^2。偶次谐波强度振荡的频率是基波的 4 倍。虚线标记了偶次谐波达到最大值时的延时变化。(b)RABBITT 光谱图,激光波长 1.3μm,峰值功率密度 18TW/cm^2。反映偶次谐波随延时的变化振荡。

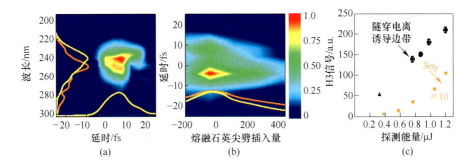

图 7.4 氩气中隧穿电离引起的 3 次谐波附近的边带

(a)光谱分辨测量信号与泵浦-探测延时的对应关系,黄色曲线是信号沿着延时和波长方向积分的结果,橙色曲线表示无泵浦脉冲情况下测得的探测脉冲的三次谐波(归一化值);(b)频谱信号与熔融石英尖劈在泵浦光路中插入量的对应关系,引入的啁啾导致峰值强度降低,电离产量和电离诱导边带也随之减小。黄色曲线表示归一化的频谱信号,橙色曲线表示估算的泵浦脉冲峰值强度(归一化值);

(c)边带信号和探测脉冲能量的对应关系,橙色曲线表示无泵浦脉冲时的信号。

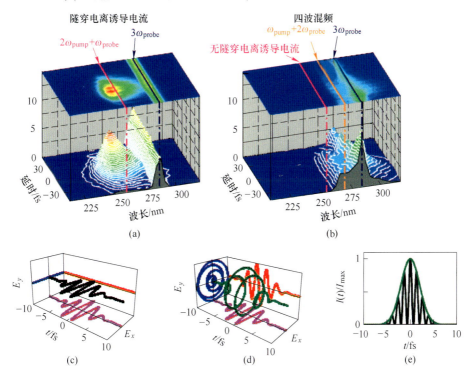

图 7.5 块状介质(熔融石英)中隧穿电离诱导边带的产生

由于隧穿电离速率很大程度上依赖于瞬时场强,在线偏振场作用下每半周期电离速率达到一次峰值。在圆偏振场中,场强始终不为零,隧穿电离速率随激光脉冲平稳变化。
(a)线偏振激光脉冲泵浦下熔融石英中隧穿电离导致的边带产生;(b)放置在光谱仪前面的偏振片无法阻挡四波混频信号 $\omega_{pump}+2\omega_{probe}$,因此,该信号可用于验证泵浦光和探测光在时间和空间上的重合;(c)和(d)分别表示线偏振和圆偏振少周期脉冲的时域演化过程;(e)给出了(c)(黑线)和(d)(绿线)所示脉冲的归一化瞬时强度。

彩 011

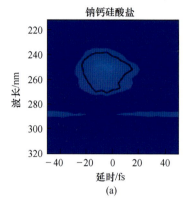
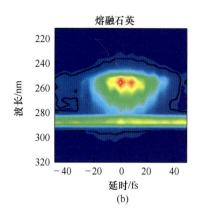
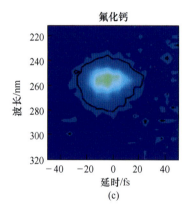
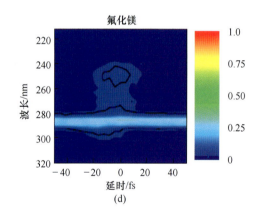

图 7.6 不同块状介质中观察到的隧穿电离诱导第一边带

(a)钠钙硅酸盐—$Na_2O(22\%)CaO(3\%)SiO_2(75\%)$—带隙 6.5eV；
(b)熔融石英—带隙 9eV；(c)CaF_2—带隙 10eV；(d)MgF_2—带隙 11eV。

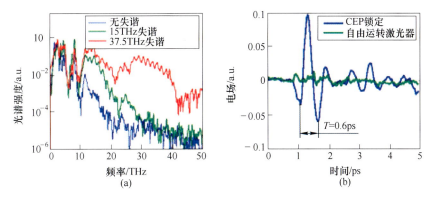

图 7.7 （a）频率为 ω 和 $\omega/2 + 2\pi\Delta\upsilon$ 的光场激发的等离子体发射光谱，其中 $\Delta\upsilon = 2\upsilon_s - \upsilon_p$ 为失谐频率，驱动的双激光场包括基频光（$\lambda_p = 1.03\mu m, 250\mu J$）和 OPA 产生的可调谐信号光（$\lambda_s = 2.06 - 1.8\mu m, 20\mu J$）；（b）CEP 锁定激光与自由运转激光产生的太赫兹瞬态信号对比。

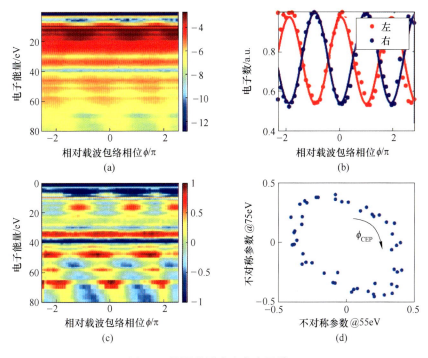

图 7.8 测量的隧穿电离电子谱

（a）向右发射的电子谱与 CEP 的关系；（b）向左、右发射的 15eV 电子与 CEP 的关系；（c）不对称参数与激光脉冲能量和 CEP 的对应关系；（d）根据 55eV 电子与 75eV 电子获取的相位椭圆。

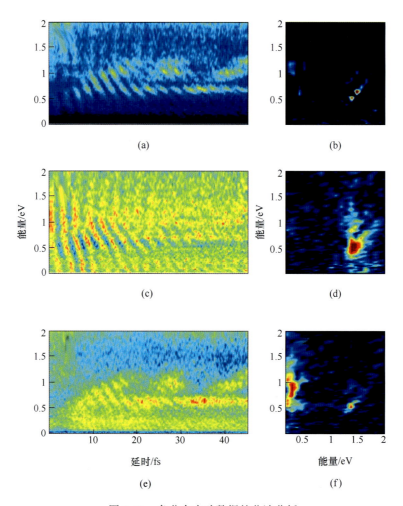

图 8.12 角分布实验数据的分波分析

(a)实验中记录沿偏振轴分布的光电子获取的干涉图;(b)对(a)数据的傅里叶变换。

主要由 4p 和 5p 态被激励发射的电子波产生的拍频,周期约为 13fs((a)中可以发现 3 个拍频周期)。根据(b)的傅里叶分析,我们可以解析这两种状态以及它们之间的拍频,但也可以发现少量来自 3p 态的影响,在实验中 3p 态也被轻微地激励了。通过分波分析可以分离不同的过程,直接-间接干涉主要体现在奇数项的展开系数中,见(c)和(d);量子拍频信号只体现在偶数项系数中,见(e)和(f)。

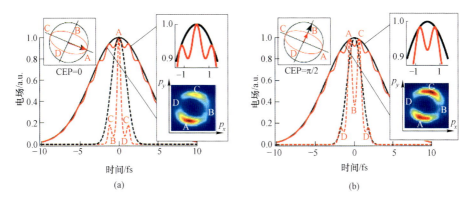

图 9.3 载波包络相位与椭偏度效应。载波包络相位不同时,5.5fs 脉冲的电场时域演化,(a) CEO = 0,(b) CEO = π/2。图中实线表示电场,虚线表示相应的电离速率[式(9.8)],黑色部分代表圆偏振光情况,红色部分代表椭圆偏振光情况(ε = 0.92)。数据已归一化处理。左边的插图表示在圆偏振光情况下电场沿圆形旋转(黑线),在椭圆偏振光情况下电场沿椭圆旋转(红色),图中箭头指向电场最大值方向。右边的插图为光学周期中心处(大部分电离都发生在此处)的放大显示:电场振幅最大峰值处标记为 A 和 C,局部最小振幅处标记为 B 和 D,在左边的插图中也标记了这些点。这一演化过程也可直接用动量分布图形(p_x, p_y)表示[28]

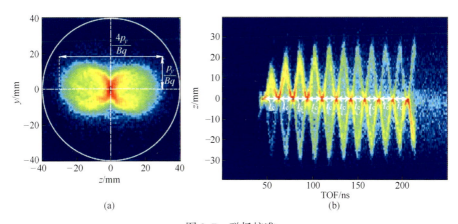

图 9.7 磁场校准

(a)电子检测图像:对于给定的光谱仪磁场 B,根据式(9.16)可在探测器上成像的最大动量(80mm 直径,白色圆圈);(b)在每一个回旋加速周期 t_c 后,电子会适时地重新聚焦并返回 $y=0$、$z=0$ 位置,从而在所谓的"鱼谱"上产生周期性节点。根据式(9.15),由 t_c 的估值(图中所示为 15.77ns)可确定磁场强度($B=2.266$mT)。电子是在近圆偏振光作用下(椭偏度为 0.95)由氩原子产生的。

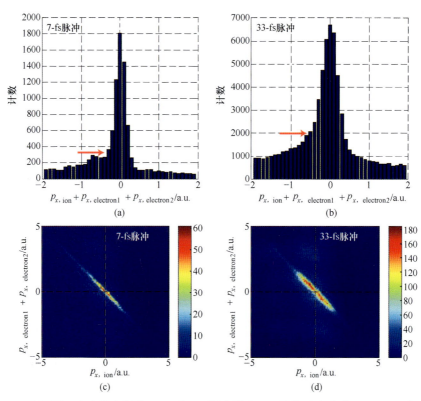

图 9.10 氩原子双电离符合频谱。(a)和(c)激光脉宽 7fs,峰值功率密度 3.5PW/cm², (b)和(d)激光脉宽 33fs,峰值功率密度 6PW/cm²[24]。在脉宽较宽而功率密度较高的激光作用下,"伪"符合数量较多,箭头所指为伪符合测量导致的本底高度,在(b)中要高于(a)。

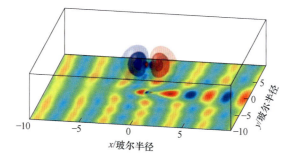

图 10.2 氩气的 $3p_x(m_l = 0)$ 轨道波函数及连续态波函数($k = 1.8$ a.u.)实部的二维切面。原子轨道是通过量子化学计算得到,其中使用了 Hartree-Fock 方法和 cc-pVTZ 基矢。两种颜色对应波函数的不同符号,颜色深浅反映了振幅大小。在有效势(见正文)的基础上,添加了 $l = 0 \sim 50$ 的成分,可以计算得到连续态波函数。伪彩色显示振幅的强度[23]。

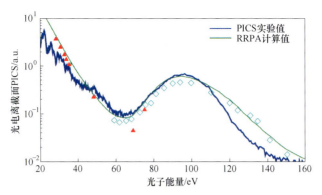

图 10.5 图中蓝线表示实验得到的氙气中的高次谐波光谱,使用的激光参数:波长 1.8μm,脉宽 11fs(约 1.8 周期),光强 $1.9\times10^{14}\,\mathrm{W/cm^2}$,光谱数据已经过校准。图中绿线表示氙气中 RRPA 计算结果[47]。红色三角形[48]和绿色菱形[49]表示 PICS 测量结果,两者使用非对称参数[47]加权处理[39]。

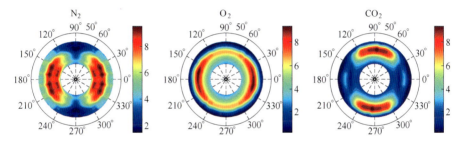

图 10.6 实验得到的相对于分子轴和激光偏振方向夹角的 N_2、O_2 和 CO_2 的高次谐波光谱。伪彩色表征每一阶次谐波强度的平方根除以连续态波函数的振幅 $\Omega^2 a(\Omega)$,极坐标的半径表示谐波的阶次(17~43),极坐标的角度表示分子轴和激光偏振方向的夹角[56]。

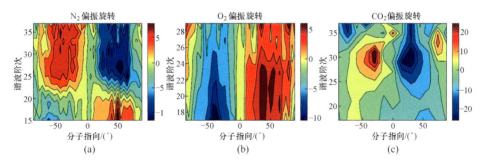

图 10.8 准直 N_2、O_2 和 CO_2 产生的高次谐波的偏振旋转测量。颜色代表着相对于垂直方向的旋转角。正值(红色)意味着辐射出的 XUV 偏振沿着分子轴相对于探测激光偏振方向的偏移。对于原子来说,旋转角度为 0°。在实验的准确度范围内,XUV 辐射是线性偏振的[68]。

彩 017

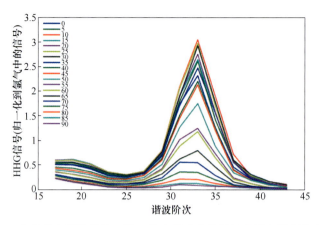

图 10.9　N_2 中的高次谐波光谱。以 5° 为步长改变分子轴和激光偏振方向的夹角。为了去除重碰撞电子波包的振幅，每一个光谱都除以线性化的氩气参考光谱[56]。

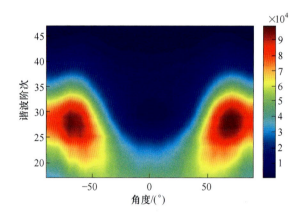

图 10.11　使用椭圆偏振光在 CO_2 中产生的高次谐波强度。改变椭偏度，当谐波强度下降至 1/3 时，记录下光谱。光谱数据是左旋椭圆偏振和右旋椭圆偏振情况下的平均值。由于重碰撞波包沿着一个角度回到节点平面，节点平面的效应被消除。

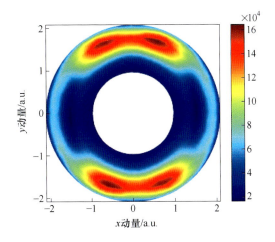

图 10.12 极坐标下 CO_2 中产生的信号（图 10.11）的平方根，归一化到氩气中的参考光谱。

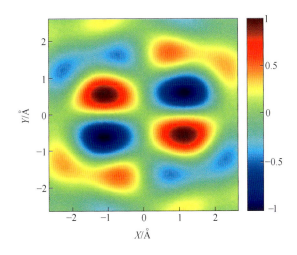

图 10.14 速度规范下跃迁动量（图 10.13）的反傅里叶变换。这是 CO_2 的 HOMO 波函数的重构图像，显示出和预期一样的 Π_g 对称性。相位跃变假设见图 10.13，这种跃变决定了对称性。如果假设其他跃变形式，对称性也会相应发生变化。

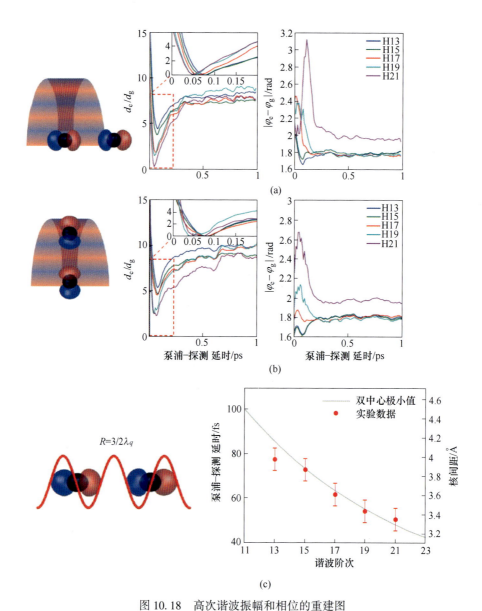

图 10.18 高次谐波振幅和相位的重建图

（a）、（b），激发态相对于基态的重建振幅（中）和相位（右）。400nm 激发脉冲的偏振和 800nm 高次谐波产生脉冲的偏振方向在图（a）中平行，在图（b）中垂直。（c）测量到的由每个阶次谐波双中心干涉决定的核间距[107]。

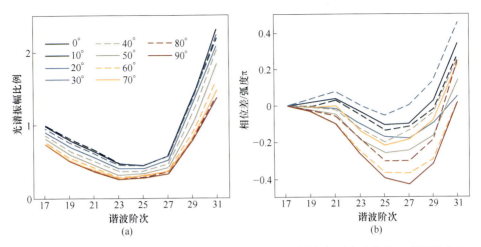

图 11.1 实验得到的 N_2 分子的复合偶极矩。N_2 分子不同取向下产生的软 X 射线的(a)振幅和(b)相位。数据相对 Ar 归一化处理。当分子取向垂直时($\theta = 90°$),谐波 H_{27} 的相位比 H_{17} 少 $\pi/2$。逐渐将分子取向转至平行于激光偏振方向($\theta = 0$),这种相位差就渐渐消失了。对于所有的取向角度,H_{27} 之后的阶次,相位逐渐增加 $\pi/2$,这很可能是一个很大的跃变的开始,我们的光谱测量范围无法覆盖更高的阶次。最低阶次 H_{17} 的相位被设为 0。

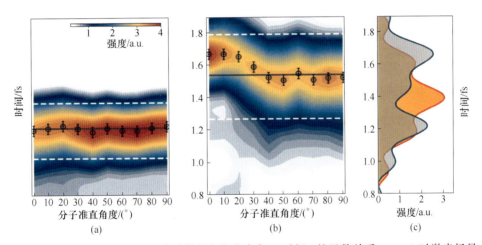

图 11.4 脉冲串中典型的阿秒脉冲的强度和准直角 θ、时间 t 函数关系。$t = 0$ 时激光场最大。图中圆圈表示一系列 RABBITT 扫描中脉冲的峰值位置,误差条表示边带 SB_{16} 辐射时间的标准偏差,也就是阿秒脉冲绝对时间的误差。黑线和白色虚线分别表示同样实验条件下氩气中产生的阿秒脉冲的峰值和半高。(a) 使用相位跃变以下的谐波,H_{17}-H_{29}。(b) 使用相位跃变附近的谐波,H_{23}-H_{29}。(c) 使用 H_{17}-H_{29} 并假设它们的光谱振幅相同。蓝色,$\theta = 0°$;橙色,$\theta = 90°$。[7]

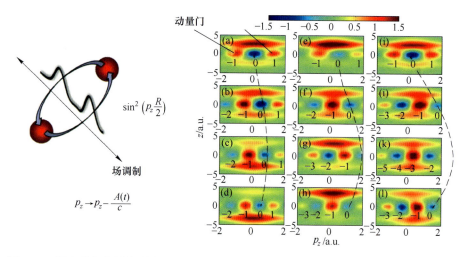

图 12.3 解离的氢分子离子和 800nm 近红外激光(5.3fs)相互作用的维格纳分布(伪彩色图使用线性坐标)[14]。每一列 4 幅图像分别代表一个周期内的 4 个不同时间点。从左到右的 3 列,光强分别是 $3\times10^{12}\,\text{W/cm}^2$、$2\times10^{13}\,\text{W/cm}^2$ 和 $10^{14}\,\text{W/cm}^2$。红色斑块代表由于衍射效应(分子结构参数是 $\sin^2(p_z R/2)$)导致的动量门,强激光场沿着动量轴调制衍射。虚线代表动量分布的中心点的振荡[14]。

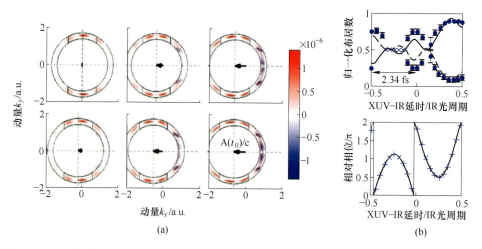

图 12.6 (a) 氢分子离子电离后光电子动量分布的数值计算结果[11]。氢分子离子核间距 7a.u.。极紫外脉冲参数:25nm,$1\times10^{12}\,\text{W/cm}^2$,500.3as。电子的概率分布在近红外脉冲驱动下改变,近红外脉冲参数:1400nm,$1.5\times10^{13}\,\text{W/cm}^2$,14.01fs。6 幅图分别对应 6 个不同的(近红外脉冲和极紫外脉冲之间的)延时,从左上角至右下角延时依次为 0、0.05、0.1、0.15、0.2、0.25 近红外光的光周期。(b)两个质子的归一化布居数(上图)和振幅的相对相位(下图),由动量分布反演而得(图中的记号),实线是从头计算的数值计算结果[11]。

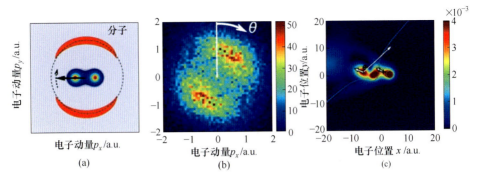

图 12.7 光电子动量分布

(a) 氢分子离子基态 $1s\sigma_g$ 电离的计算结果;(b) 实验数据(激光参数:$6\times10^{14}\,\text{W/cm}^2$,780nm,35fs)[36];
(c) 氢分子离子在特定时刻电子概率密度的计算结果。

时间点:电场矢量被准直至沿着连接两个质子(位于$(x,y)=(\pm 3.5\,\text{a.u.},0)$)的轴,之后的356as。
灰色实线和虚线是两个最低能量态在无场时候势场的轮廓线。"+"是瞬时势场的鞍点。
粗白色箭头和细白色箭头分别代表电子波包的初始动量和 $A(t_i)/c$ [36]。

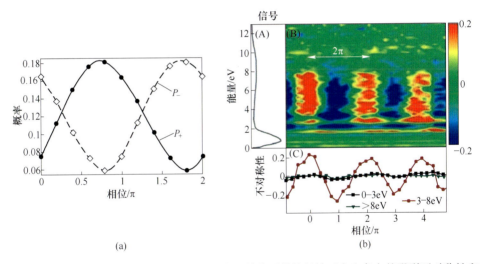

图 12.10 (a) 理论预测解离的氢分子离子中沿着分子的核间轴正向和负向的强烈不对称性和载波包络相位的函数关系。激光参数:线偏振,800nm,$9\times10^{14}\,\text{W/cm}^2$,10fs。(b) 解离的氘分子离子中沿着分子的核间轴正向和负向的不对称参数 $A=(P_+-P_-)/(P_++P_-)$。激光参数:$10^{14}\,\text{W/cm}^2$,5fs[57]。(A) 载波包络相位没有被稳定时,信号和释放动能之间的关系。(B) 信号和载波包络相位及释放动能的关系。(C) 电子的位置不对称性和载波包络相位之间的关系,三条线表示不同能量积分范围的结果[56-57]。

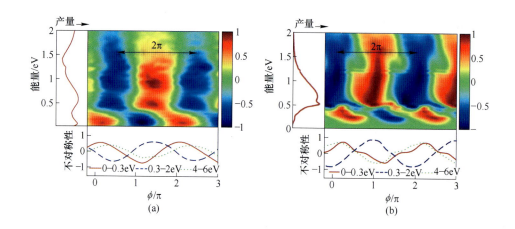

图 12.13 解离氘分子离子中电子定域化的非对称性

（a）实验结果；（b）理论结果[58]。横坐标是两个脉冲（800nm 和 400nm）之间的相位差，纵坐标是释放动能。左部插图对所有相位进行了积分，下部插图中不对称性曲线是对不同的能量范围进行了积分。

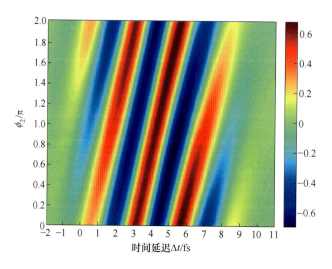

图 12.14 不对称参数 A 的数值模拟结果。

$A = (P_- - P_+)/(P_- + P_+)$，其中 $P_\pm$ 是沿着核间轴正向和负向的微分电离率。Δt 是两个脉冲之间的延时，ϕ_2 是两脉冲方案中第二个脉冲的载波包络相位[76]。激发用的 VUV 脉冲：峰值光强 $10^{13}\,W/cm^2$，波长 106nm，脉冲宽度 0.425fs。第二个红外控制脉冲：峰值光强 $3\times10^{12}\,W/cm^2$，波长 800nm，脉冲宽度 5.8fs。

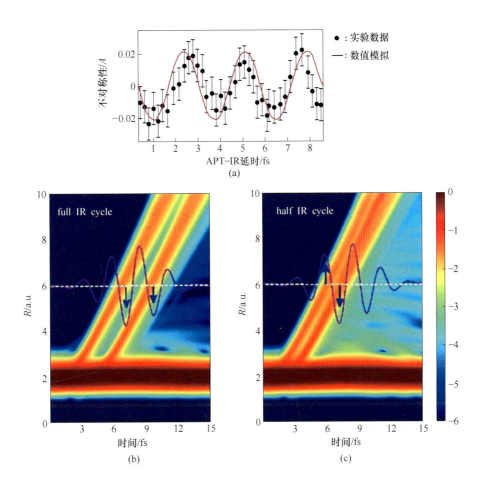

图 12.15 （a）氢分子离子中电子定域化不对称参数 A 的实验数据（带有误差棒的圆圈）和数值计算结果（曲线）的比较。横坐标是激发用的阿秒脉冲串（单个脉冲的宽度是 400as）和控制用的红外脉冲（800nm，$5\times10^{13}\text{W/cm}^2$，40fs）之间的延时[73]。（b）、（c）积分的电子概率密度，纵坐标是核间距，横坐标是氢分子离子在阿秒脉冲串作用下解离时刻之后的时间延迟，图（b）中阿秒脉冲串之间的脉冲间隔是红外激光的一个光周期（full IR cycle），而图（c）中间隔是半个光周期（half IR cycle）[73,79]。

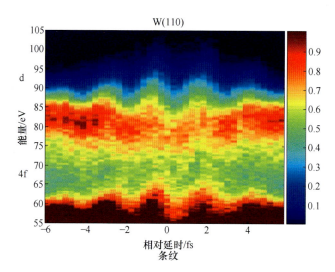

图 13.2 W(110)的原始条纹信号:光电子动能随 IR 和 91eV XUV 脉冲之间的延时的变化。来自 4f 核心态的电子和来自靠近费米能量 d 导带的电子的能量都跟随 IR 脉冲的电场振荡[15]。

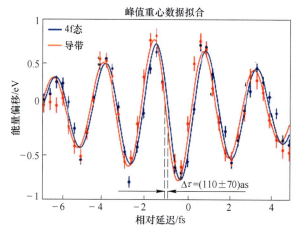

图 13.8 W(110)的条纹振荡曲线的拟合。数据来自图 13.7 中 4f 态峰值和导带峰值的重心。两条曲线的时间延迟是(110±70)as[15]

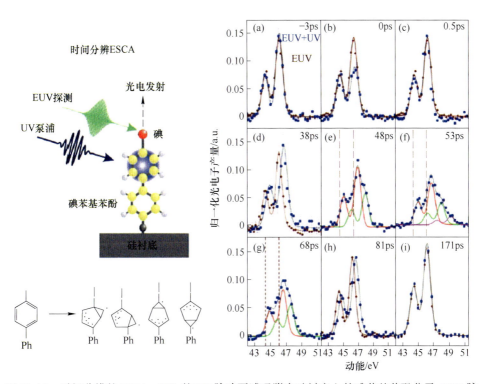

图13.15 时间分辨的ESCA。30fs 的 UV 脉冲泵浦吸附在硅衬底上的碘苯基苯酚分子,EUV 脉冲用来探测,(a)-(g)是不同延时条件下的光电子能谱。泵浦过程会改变苯环的结构[49]。

彩027

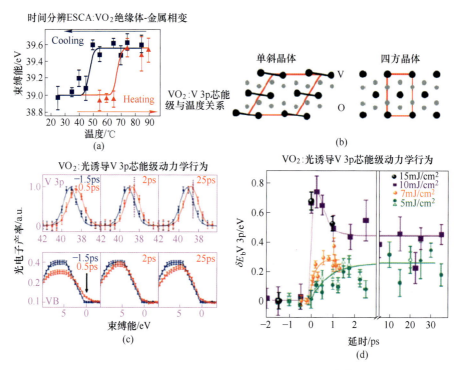

图 13.16 VO$_2$ 绝缘体-金属相变的时间分辨 ESCA[50]。
(a)(b) 通过加热和冷却晶体(磁滞效应),3p 芯能级光电子辐射束缚能产生偏移,
可用于研究单斜绝缘相到四方金属相的相变。
(c)(d) 相变的飞秒和皮秒动力学过程,泵浦光为 30fs 的 IR 光,探测光为 EUV 脉冲,
用于探测 3p 芯能级的光电子辐射。